KB115154

Blouse

프로에게 자 사용법으로
쉽게 배우는

Collar Blouse.. Flat Collar Blous.. Dolman Sleeve Blouse.. Tie Collar Blouse..　Sailor Collar Blouse.. Wing Collar Blouse.. Frill Collar Blouse..　Draped Collar Blouse.. French Sleeve Blouse.. Open Collar Blouse..　Sleeve-less Blouse..

블라우스 제도법

이광훈 · 정혜민 · 임병렬 공저

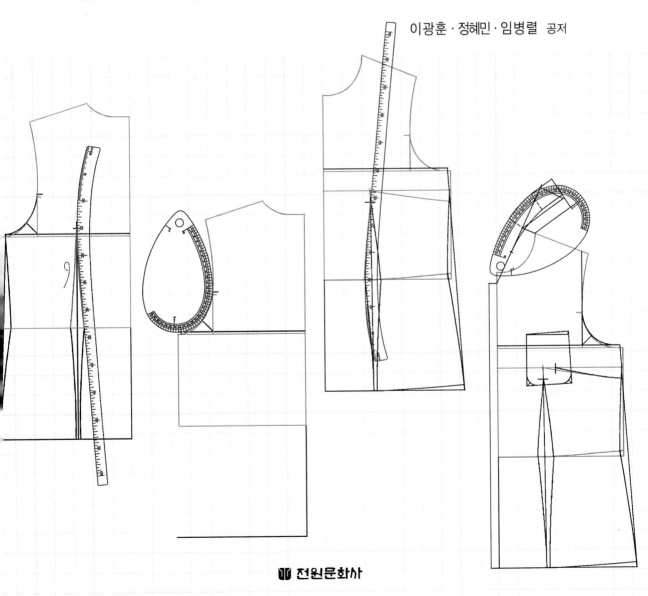

전원문화사

● 머리말 ●

오늘날 패션 산업은 인간의 생활 전체를 대상으로 커다란 변화를 가져오게 되었다. 특히 의류에 관한 직업에 종사하는 직업인이나 학습을 하고 있는 학생들에게 있어서, 의복제작에 관한 전문적인 지식과 기술을 습득하는 것은 매우 중요한 일이다.

본서는 '이제창작디자인연구소'가 졸업 후 산업현장에서 바로 적응할 수 있도록 패턴 제작과 봉제에 관한 교재 개발을 목적으로, 패션업계에서 50여 년간 종사해 오시면서 많은 제자들을 육성해 내신 임병렬 선생님과 함께 실제 패션 산업현장에서 이루어지고 있는 제도와 봉제 방법에 있어서 패턴에 대한 교육을 전혀 받아 본 적도, 전혀 옷을 만들어 본 경험이 없는 초보자라도 단계별로 색을 넣어 실제 자를 얹어 놓은 그림 및 컬러 사진을 보아 가면서 쉽게 따라 할 수 있도록 구성한 10권의 책자(스커트 제도법, 팬츠 제도법, 블라우스 제도법, 원피스 제도법, 재킷 제도법과 스커트 만들기, 팬츠 만들기, 블라우스 만들기, 원피스 만들기, 재킷 만들기) 중 블라우스 제도법 부분을 소개한 것이다.

강의실에서 학생들에게 패턴을 제도하는 방법과 봉제 방법을 가르치면서 경험한 바에 의하면 설명을 들은 방법대로 학생들이 완성한 패턴이 각자 다르고, 가봉 후 수정할 부분이 많이 생기게 된다는 것이었다. 이 문제점을 해결할 방법은 없을까 오랜 기간 고민하면서 체형별 차이를 비교하고 검토한 결과 자를 어떻게 사용하는가에 따라 패턴의 완성도에 많은 차이가 생기게 된다는 것을 알게 되었다. 그래서 자를 대는 위치를 정한 다음 체형별로 여러 패턴을 제도해 보고 교육해 본 체험을 통해서 본서를 저술하게 되었다.

단계별로 색을 넣어 실제 자를 얹어 가면서 그림으로 설명하고 있어 초보자도 쉽게 이해할 수 있도록 구성하였으며, 또한 본서의 내용은 www.jaebong.com 또는 www.jaebong.co.kr에서 제도하는 과정을 동영상과 포토샵 그림으로 볼 수 있도록 되어 있다.

제도에서 봉제까지 옷이 만들어지는 과정에 있어서 기본적인 지식이나 기술을 습득하고, 자기 능력 개발에 도움이 되었으면 하는 바람에서 미흡한 면이 많은 줄 알지만 시간을 거듭하면서 수정 보완해 나가기로 하고 감히 출간에 착수하였다. 보다 알찬 내용의 책이 될 수 있도록 많은 관심과 지도 편달을 경청하고자 한다.

끝으로 동영상 제작에 도움을 주신 영남대학교 한성수 교수님을 비롯하여 섬유의류정보센터의 권오현, 배한조, 우일훈 연구원님과, 함께 밤을 새워 가면서 동영상 편집을 해 주신 이재은 씨, 출판에 협조해 주신 전원문화사의 김철영 사장님을 비롯하여 편집에 너무 고생하신 김미경 실장님, 최윤정 씨에게 깊은 감사의 뜻을 표합니다.

2003년 11월 이광훈 · 정혜민

Blouse

제도를 시작하기 전에..

- 제도 시 계측한 치수와 제도하기 위해 산출해 놓는 치수를 패턴지에 기입해 놓고 제도하기 시작한다.

- 여기서 사용한 치수는 참고 치수가 아닌 실제 착용자의 주문 치수를 사용하고 있다.

- 여기서는 각 축소의 눈금이 들어 있는 제도 각자와 이제창작디자인연구소의 AH자를 사용하여 설명하고 있으므로, 일반 자를 사용할 경우에는 제도 치수 구하기 표의 오른쪽 제도 치수를 참고로 한다.

- 제도 도중에 ⌒◯ 모양의 기호는 hip곡자의 방향 표시를 나타낸 것이다.

- 설명을 읽지 않고도 빨간색 선만 따라가다 보면 블라우스의 패턴이 완성된다.

- 또한 반드시 책에 있는 순서대로 제도해야 하는 것은 아니고, 바로 전에 그린 선과 가까운 곳의 선부터 그려도 상관없다. 기본적인 것을 암기 방식이 아닌 어느 정도의 곡선으로 그려지는 것인가를 감각적으로 느끼고 이해하는 것이 중요하며, 몇 가지 제도를 하다 보면 디자인이 다른 패턴도 쉽게 응용하여 제도할 수 있게 될 것이다.

- 여기서 사용하고 있는 자들은 www.jaebong.com 또는 www.jaebong.co.kr로 접속하여 주문할 수 있다.

C.O.N.T.E.N.T.S.

....Blouse

Waist Sloper

Shirt Collar
Half Sleeve Blouse

Tie Collar/
Puff Sleeve Blouse

Flat Collar/
Three Quarter Sleeve of Dropped Cuffs/
Panel Line Blouse

Sailor Collar/
Set-in Band Cuffs Sleeve Blouse

Draped Collar/
Set-in Wrist Length Sleeve Blouse

Dolman Sleeve/
Single Cuffs/
Y-Shirt Collar Blouse

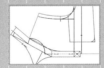

Wing Collar/
Shirt Half Sleeve of Droppe
Shoulder Blouse

Boat Neck Line /
French Sleeve Blouse

Frill Collar/
Set-in Three Quarter
Sleeve Blouse

Open Collar/
Winged Cuffs Sleeve Blouse

U Neck Line/
Sleeve-less Blouse

블라우스란 상반신에 착용하는 의복의 총칭으로, 착용 방법에 따라 하의(스커트나 팬츠) 위로 블라우스의 밑단 쪽을 빼내어 입는 오버 블라우스(그림 1)와 하의(下衣)속으로 블라우스의 밑단 쪽을 넣어 입는 턱인 블라우스 또는 언더 블라우스(그림 2) 스타일이 있으며, 또한 디자인이나 소재, 착용목적에 따라 명칭도 다양하다. 상반신의 일상적인 동작은 그림 3에서 보는 바와 같이 팔을 벌리거나, 위로 올리거나, 물건을 안거나 하는 등의 일상동작에 있어서 특히 뒤 겨드랑이점 부근에서 당김이 많이 생기게 된다. 이 상반신의 움직임에 방해가 되지 않으면서 아름답게 기능 하는 블라우스를 만들기 위해서는 정확한 치수의 계측을 하는 것이 무엇보다 중요하며, 정확한 계측을 바탕으로 실루엣에 적합한 적당한 여유분을 넣어 제도하였을 때 비로소 아름답게 몸에 맞는 착용감이 좋은 블라우스를 만들 수 있다.

블라우스의 밑단 쪽을 스커트나 팬츠 속으로
넣지 않고 밖으로 빼내어 입는 블라우스

그림 ❶ 오버 블라우스(Over Blouse)

블라우스의 밑단 쪽을 스커트나
팬츠 속으로 넣어 입는 블라우스

그림 ❷ 턱인 블라우스(Tuck in Blouse)

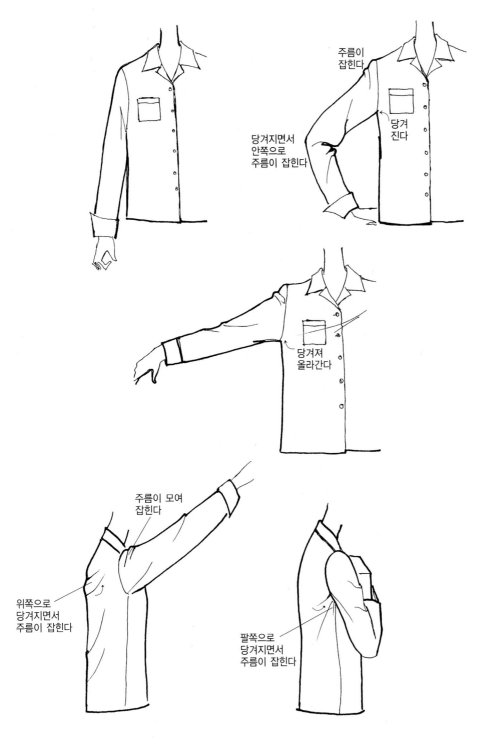

주름이
잡힌다

당겨
진다

당겨지면서
안쪽으로
주름이 잡힌다

당겨져
올라간다

주름이 모여
잡힌다

위쪽으로
당겨지면서
주름이 잡힌다

팔쪽으로
당겨지면서
주름이 잡힌다

그림 ❸ 동작에 의한 형태의 변형

소매 달림 위치와 소매 길이에 대한 명칭 해설 ···⟩

- **보통소매** | Set-in Sleeve | 정상적인 진동둘레선 위치에 달리는 소매를 말하여 가장 기본적인 방법으로 다는 소매
- **드롭 숄더 슬리브** | Dropped Shoulder Sleeve | 정상적인 어깨끝점에 소매가 달리지 않고 어깨선에서 떨어진 느낌으로 달린 소매
- **에포 렛 슬리브** | Epaulet Sleeve | 소매산이 가는 요크 상태로 목둘레선까지 연결된 소매
- **레글런 슬리브** | Raglan Sleeve | 진동둘레가 정상적인 암홀에 위치하지 않고 목선에서 바로 소매산이 되는 것과 같은 소매
- **민소매** | Sleeve-less or No Sleeve | 소매가 없는
- **반소매** | Half Sleeve | 3부소매 ┐
  4부소매 ┤ 팔꿈치 정도까지 길이의 소매
  5부소매(Elbow Length Sleeve) ┘
- **7부소매** | Three Quarter Sleeve | 어깨끝점에서 손목까지의 3/4 길이의 소매
- **긴소매** | Wrist Length Sleeve | 어깨끝점에서 손목까지의 길이의 소매

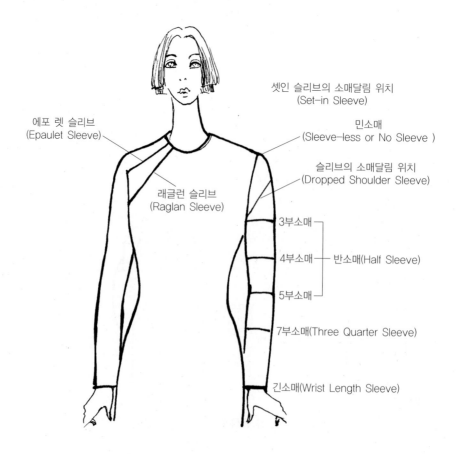

에포 렛 슬리브
(Epaulet Sleeve)

래글런 슬리브
(Raglan Sleeve)

셋인 슬리브의 소매달림 위치
(Set-in Sleeve)

민소매
(Sleeve-less or No Sleeve)

슬리브의 소매달림 위치
(Dropped Shoulder Sleeve)

3부소매 ┐
4부소매 ┤ 반소매(Half Sleeve)
5부소매 ┘

7부소매(Three Quarter Sleeve)

긴소매(Wrist Length Sleeve)

성인 여성의 상의류 참고 치수표

단위 : cm

부위	호칭 참고 회사	54	65	66	67	67
가슴둘레(B)	A사	88	92	96	101	
	B사	86	90	94	98	
	C사	87	91	95	99	
허리둘레(W)	A사	72	76	81	87	
	B사	71	75	79	83	
	C사	71	75	79	83	
히프둘레(H)	A사	96.5	100.5	104.5	109.5	
	B사	93	97	101	105	
	C사	93	97	101	105	
등길이	A사	38	38.6	39.2	39.9	
	B사	37.5	38.1	38.7	39.3	
	C사	38	38.6	39.2	39.8	
앞길이	A사	40.5	41.1	41.7	42.4	
	B사	40	40.6	41.2	41.8	
	C사	40.5	41.1	41.7	42.3	
어깨너비	A사	38.5	39.1	39.7	40.5	
	B사	38	39	40	41	
	C사	38	39	40	41	
소매길이	A사	59.5	60.1	60.7	61.4	
	B사	60.5	61.1	61.7	62.3	
	C사	60.5	61.1	61.7	62.3	
소매단폭	A사	26.5	27.5	28.5	29.5	
	B사	25.5	26.5	27.5	28.5	
	C사	25.5	26.5	27.5	28.5	
소매통	A사	31.5	32.9	34.3	35.9	디자인에 따라 변화
	B사	30	31.4	32.8	34.2	
	C사	31	32.8	33.2	34.6	
소매단	A사		+0.6	+0.6	+0.7	
	B사		+0.6	+0.6	+0.7	
	C사		+0.6	+0.6	+0.7	
상의 길이	A사	61	61.6	62.2	62.9	디자인에 따라 변화
	B사	65	66	67	68	
	C사					
진동깊이	A사		+0.6	+0.6	+0.7	
	B사		+0.6	+0.6	+0.7	
	C사		+0.6	+0.6	+0.7	

여기서는 계측 치수가 아닌 3개 회사의 제품 치수를 참고 치수로 기입해 두고 있으므로,
각자의 계측 치수와 비교해 보고 참고로만 한다.

올바른 계측 ····⦂

피계측자는 계측 시 속옷을 착용하고, 허리에 가는 벨트를 묶는다.
계측자는 피계측자의 정면 옆이나 측면에 서서 줄자가 정확하게 인체 표면에 닿으면서 수평을
유지하는지 확인하면서 계측한다.

계측 부위와 계측법

- **가슴둘레(Bust)**
  유두점을 지나 줄자를 수평으로 돌려 가슴둘레 치수를 잰다.

- **허리둘레(Waist)**
  벨트를 조였을 때 가장 자연스런 위치의 허리둘레 치수를 잰다.

- **엉덩이둘레(Full Hip)**
  너무 조이지 않도록 주의하여 엉덩이의 가장 굵은 부분을 수평으로 돌려 엉덩이둘레 치수를 잰다. 단, 대퇴부가 튀어나와 있거나 배가 나와 있는 체형은 셀로판지나 종이를 대고 엉덩이둘레 치수를 잰다.

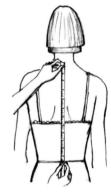

- **등길이 (Back Waist Length)**
  허리에 가는 벨트를 묶고 나서 뒤 목점에서(제 7경추) 허리선까지의 길이를 잰다.

- **앞길이(From Side Neck Point to Waist)**
  옆 목점에서 유두점을 지나 허리선까지의 길이를 잰다.

● 앞 품(Chest Width)
바스트 위의 좌우 앞 겨드
랑이 점 사이의 너비를 잰
다.

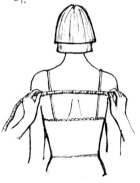

● 뒤 품(Back Width)
견갑골 부근의 좌우 뒤
겨드랑이 점 사이의 너비
를 잰다.

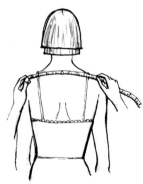

● 어깨너비
(Between Shoulders)
뒤 목점(제7 경추)을 지나
좌우 어깨 끝점 사이의
너비를 잰다.

● 진동둘레
(Armpit Circumference)
어깨점과 앞뒤 겨드랑이
점을 지나 겨드랑이 밑으
로 돌려 진동둘레 치수를
잰다.

● 목둘레
(Neck Circumference)
앞 목점, 옆 목점, 뒤 목점
(제7 경추)을 지나는 목둘
레 치수를 잰다.

● 위팔 둘레
(High arm Circumference)
위팔의 가장 굵은 곳의
위팔 둘레 치수를 잰다.

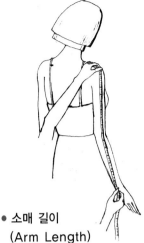

● 소매 길이
(Arm Length)
어깨 끝점에서 조금 구부
린 팔꿈치의 관절을 지나
서 손목의 관절까지의 길
이를 잰다.

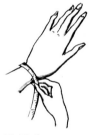

● 손목 둘레
(Wrist Circumference)
손목의 관절을 지나도록
돌려 손목 둘레 치수를
잰다.

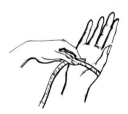

● 손바닥 둘레
(Palm Circumference)
엄지손가락을 가볍게 손
바닥 쪽으로 오그려서 손
바닥 둘레 치수를 잰다.

● 뒤길이
(From Side Neck
Point to Waist)
옆 목점에서 견갑골을 지나
허리선까지의 길이를 잰다.
㊠ 등이 굽은 체형의 경우에
만 계측한다.

● 유두 간격
(Between Bust Point)
좌우 유두점 사이의 직선
거리를 잰다.

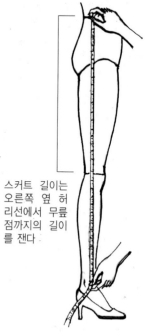

스커트 길이는
오른쪽 옆 허
리선에서 무릎
점까지의 길이
를 잰다.

● 유두 길이
(From Side Neck
Point to Bust Point)
옆 목점에서 유두점까지
의 길이를 잰다.

● 총 길이/드레스 길이
(Full Length /
Dress Length)
뒤 목점(제7 경추)에서 수
직으로 줄자를 대고 허리
위치에서 가볍게 누르고 나
서 원하는 길이를 정한다.

● 바지 / 스커트 길이
(Pants and Skirt Length)
바지 길이는 오른쪽 옆
허리선에서 복사뼈 점까
지의 길이를 잰다.
이 치수를 기준으로 하
고, 디자인에 맞추어 증
감한다.

제도 기호

● 완성선

굵은 선. 이 위치가 완성 실루엣이 된다.

● 안내선

짧은 선. 원형의 선을 가리킴. 완성선을 그리기 위한 안내선. 점선은 같은 위치를 연결하는 선.

● 안단선

안단의 폭이 앞 여밈단으로부터 선의 위치까지라는 것을 가리킨다.

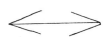

● 골선

조금 긴 파선. 천을 접어 그 접은 곳에 패턴을 맞추어서 배치하라는 표시.

● 꺾임선, 주름산 선

짧은 중간 굵기의 파선. 칼라의 꺾임선, 팬츠의 주름산 선.

● 식서 방향(천의 세로 방향)

천을 재단할 때 이 화살표 방향에 천의 세로 방향이 통하게 한다.

외주름　겉 핀턱　안 핀턱　　맞주름　　　　턱

● 플리츠, 턱의 표시

플리츠나 턱으로 되는 것의 접히는 부분을 가리키는 것으로, 사선이 위를 향하고 있는 쪽이 위로 오게 접는다.

● 단춧구멍 표시

단춧구멍을 뚫는 위치를 가리킨다.

● 오그림 표시

봉제할 때 이 위치를 오그리라는 표시.

● 직각의 표시

자를 대어 정확히 그린다.

● 접어서 절개

패턴의 실선 부분을 자르고, 파선 부분을 접어 그 반전된 것을 벌린다.

─3절개

● **절개**
　패턴을 절개하여 숫자의 분량만큼 잘라서 벌린다.

─8절개

● **절개**
　화살표 끝의 위치를 고정시키고 숫자의 분량만큼 잘라서 벌린다.

● **등분선**
　등분한 위치의 표시.

● **털의 방향**
　코르덴이나 모피 등 털이 있는 것을 재단할 때 화살표 방향에 털 방향을 맞춘다.

● **서로 마주 대는 표시**
　따로 제도한 패턴을 서로 마주 대어 한 장의 패턴으로 하라는 표시. 위치에 따라 골선으로 사용하는 경우도 있다.

● **단추 표시**
　단추 다는 위치를 가리킨다.

● **늘림 표시**
　봉제할 때 이 위치를 늘려 주라는 표시.

● **개더 표시**
　개더 잡을 위치의 표시.

● **다트 표시**

● **지퍼 끝 표시**
　지퍼 달림이 끝나는 위치.

● **봉제 끝 위치**
　박기를 끝내는 위치.

기본 웨이스트 원형 Waist Sloper

■■■ B.L.O.U.S.E 01

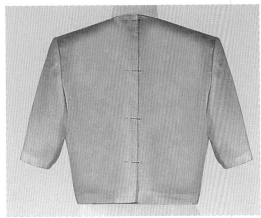

 실루엣 ● ● ● 앞 가슴다트만 넣은 셋인 반소매의 기본 웨이스트 원형이다. 이 웨이스트 원형을 기본으로 하여 각 디자인에 따른 블라우스를 제도해 간다.

포인트 ● ● ● 앞 뒤 몸판과 셋인 소매 원형 제도하는 법을 배운다.

기본 웨이스트 원형의 제도순서

제도 치수 구하기 ⋯⋯▶

계측 치수	계측 치수의 예	자신의 계측 치수	제도 각자 사용 시의 제도 치수	일반 자 사용 시의 제도 치수	자신의 제도 치수
가슴둘레(B)	86cm		$B°/2$	$B/4$	
허리둘레(W)	66cm		$W°/2$	$W/4$	
엉덩이둘레(H)	94cm		$H°/2$	$H/4$	
등길이	38cm		치수 38cm		
앞길이	41cm		41cm		
뒤 품	34cm		뒤 품/2=17		
앞 품	32cm		앞 품/2=17		
유두 길이	25cm		25cm		
유두 간격	18cm		유두 간격/2=9cm		
어깨너비	37cm		어깨 너비/2=18.5cm		
진동깊이			$B°/2=B/4$		
소매산 높이			(진동깊이/2)+4cm		

� 진동깊이=B/4의 산출치가 20~24cm 범위안에 있으면 이상적인 진동깊이의 길이라 할 수 있다. 따라서 최소치=20cm, 최대치=24cm까지이다. (이는 예를 들면 가슴둘레 치수가 너무 큰 경우에는 진동깊이가 너무 길어 겨드랑밑 위치에서 너무 내려가게 되고, 가슴둘레 치수가 너무 적은 경우에는 진동깊이가 너무 짧아 겨드랑밑 위치에서 너무 올라가게 되어 이상적인 겨드랑 밑 위치가 될 수 없다. 따라서 B/4의 산출치가 20cm 미만이면 뒤 목점(BNP)에서 20cm 나간 위치를 진동깊이로 정하고, B/4의 산출치가 24cm 이상이면 뒤 목점(BNP)에서 24cm 나간 위치를 진동깊이로 정한다.)

01
자신의 각 계측부위를 계측하여 빈칸에 넣어두고 제도치수를 구하여 둔다.

웨이스트 원형과 소매 원형의 부위별 명칭 ⋯⋯

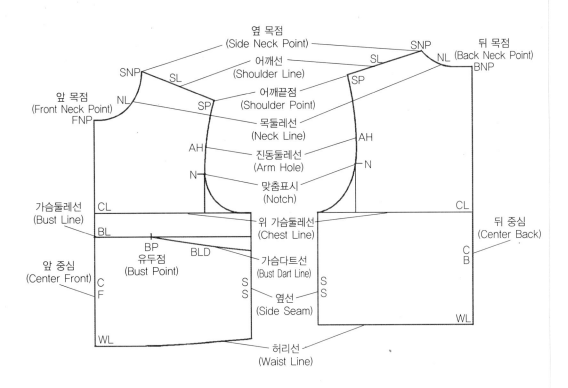

옆 목점
(Side Neck Point)

뒤 목점
(Back Neck Point)

SNP

SL

SNP

SL

NL

BNP

어깨선
(Shoulder Line)

SP

앞 목점
(Front Neck Point)
FNP

NL

SP

어깨끝점
(Shoulder Point)

목둘레선
(Neck Line)

AH

진동둘레선
(Arm Hole)

AH

N

N

맞춤표시
(Notch)

가슴둘레선
(Bust Line)

CL

CL

뒤 중심
(Center Back)

BL

위 가슴둘레선
(Chest Line)

BP
유두점
(Bust Point)

BLD

C
B

앞 중심
(Center Front)

C
F

가슴다트선
(Bust Dart Line)

S
S

S
S

옆선
(Side Seam)

WL

WL

허리선
(Waist Line)

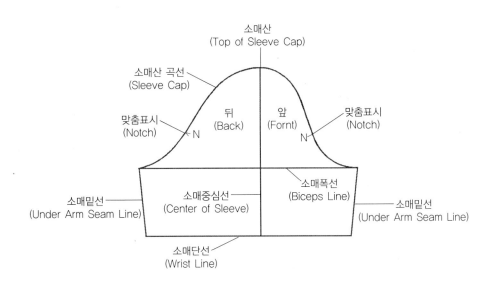

소매산
(Top of Sleeve Cap)

소매산 곡선
(Sleeve Cap)

뒤
(Back)

앞
(Fornt)

맞춤표시
(Notch)

N

N

맞춤표시
(Notch)

소매밑선
(Under Arm Seam Line)

소매중심선
(Center of Sleeve)

소매폭선
(Biceps Line)

소매밑선
(Under Arm Seam Line)

소매단선
(Wrist Line)

뒤판 제도하기 ⋯⋯⃘⋯⋯

1. 뒤판의 기초선을 그린다.

01
뒤 중심선 · WL · 허리선

직각자를 대고 수평으로 길게 뒤 중심선을 그린 다음, 직각으로 허리선 (WL)을 내려 그린다.

WL~BNP=등길이
WL점에서 등길이 치수 (38cm)를 나가 뒤 목점 (BNP)위치를 표시하고 직각선을 내려 그린다.

02
BNP · 등길이 · WL

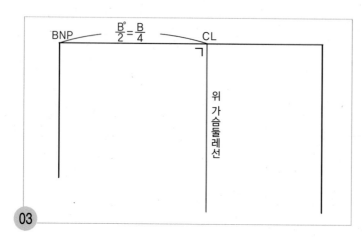

BNP~CL=B°/2=
B/4 : 진동깊이
뒤 목점(BNP)에서 진동깊이 ($B°/2=B/4$) 치수를 나가 위 가슴둘레선(CL) 위치를 표시하고 직각으로 위 가슴둘레선을 내려 그린다.

03
BNP $\dfrac{B°}{2}=\dfrac{B}{4}$ CL · 위 가슴둘레선

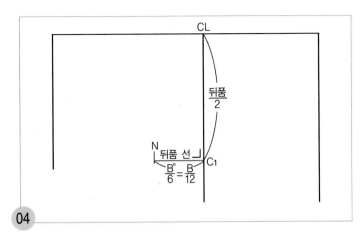

04

$CL \sim C_1$=뒤품/2,
$C_1 \sim N$=$B°/6$=$B/12$

뒤 중심 쪽 위 가슴둘레선
(CL) 위치에서 위 가슴둘레
선을 따라 뒤품/2 치수를 내
려와 뒤품선 위치(C_1)를 표
시하고 직각으로 $B°/6$=$B/12$
치수의 뒤품선을 그린 다음,
진동둘레선(AH)을 그릴 안
내선점(N)을 표시해 둔다.

2. 옆선을 그린다.

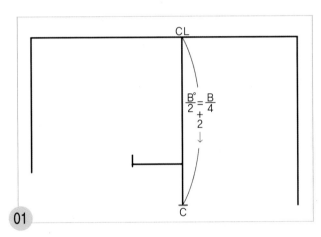

01

$CL \sim C$=위 가슴둘레선 :
$(B°/2)$+2cm=$(B/4)$+2cm

CL점에서 $(B°/2)$+2cm=$(B/4)$+2cm
의 치수를 내려와 옆선 쪽 위 가슴
둘레선 끝점(C)을 표시한다.

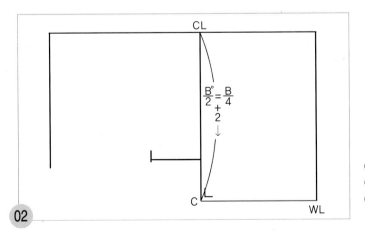

02

$C \sim WL$=옆선

C점에서 직각으로 허리선
(WL)까지 옆선을 그린다.

3. 뒤 목둘레선과 어깨선, 진동둘레선을 그린다.

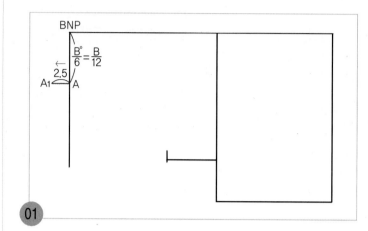

BNP~A=
뒤 목둘레폭 : B˚/6=B/12
뒤 목점(BNP)에서 뒤 목둘
레폭 B˚/6=B/12 치수를 내
려와 뒤 목둘레 폭 안내선점
(A)을 표시하고, 직각으로
2.5cm의 뒤 목둘레 폭 안내
선(A₁)을 그린다.

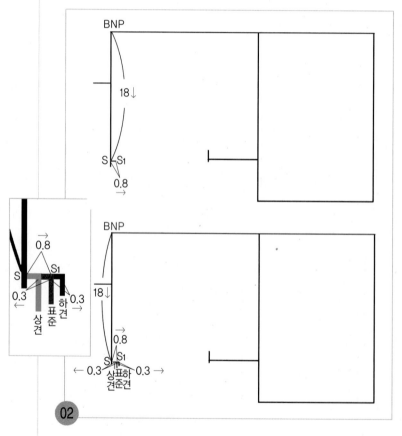

BNP~S=18cm(고정치수),
S~S₁=0.8cm(표준 어깨
경사의 경우)
뒤 목점(BNP)에서 직각선을
따라 18cm 내려와 어깨선
을 그릴 안내선 위치(S)를
표시하고 직각으로 0.8cm
어깨선을 그릴 통과선(S₁)을
그린다.

☝ 상견이나 하견일 경우에
는 아래쪽에 있는 그림과
같이 상견은 표준 어깨경
사의 통과선점에서 0.3cm
올리고 하견은 표준 어깨
경사의 통과선점에서
0.3cm를 내린다.

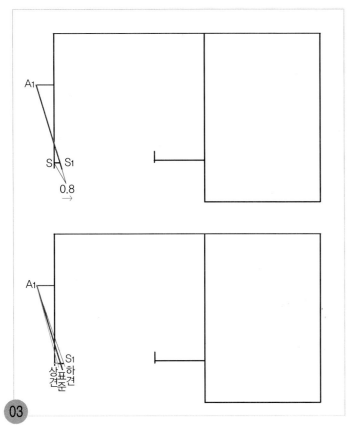

A₁~S₁=어깨선

A_1점과 S_1점 두 점을 직선
자로 연결하여 어깨선을 그
린다.

🈺 상견과 하견의 경우에는
아래쪽에 있는 그림과 같
이 상견과 하견의 어깨경
사가 다르다.

03

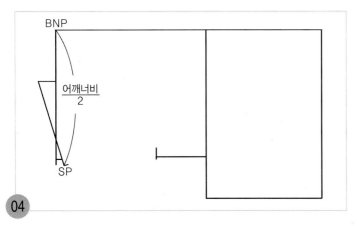

BNP~SP=어깨너비/2

뒤 목점(BNP)에서 어깨너비
/2 치수가 03에서 그린 어깨
선과 마주 닿는 위치에 어깨
끝점(SP) 위치를 표시한다.

04

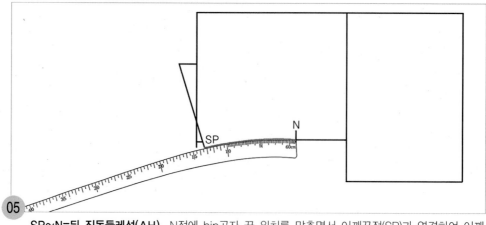

05 **SP~N=뒤 진동둘레선(AH)**   N점에 hip곡자 끝 위치를 맞추면서 어깨끝점(SP)과 연결하여 어깨선 쪽 뒤 진동둘레선(AH)을 그린다.

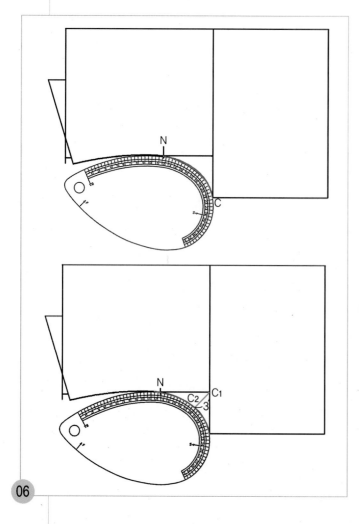

N~C=뒤 진동둘레선(AH)

뒤 AH자 쪽을 사용하여 N점과 C점을 연결하였을 때 N점에서 AH자가 1cm 수평으로 이어지도록 연결하여 남은 뒤 진동둘레선(AH)을 그린다.

주1 여기서 사용한 AH자와 다른 AH자를 사용할 경우에는 아래쪽에 있는 그림과 같이 C_1점에서 45도 각도의 3cm 통과선(C_2)을 그리고 N점에서 C_2점을 통과하면서 C점과 연결되도록 맞추어 남은 뒤 진동둘레선을 그린다. 만약 사용하는 AH자가 달라 C_2점을 통과하지 못하면 두 번에 나누어 그리도록 한다.

06

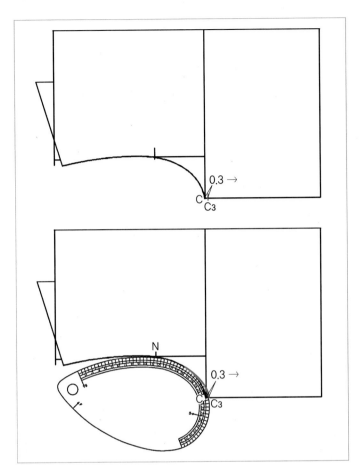

주2 상견일 경우에는 상관 없지만 하견일 경우에는 어깨경사가 표준보다 0.3cm 내려 왔으므로 위 가슴둘레선의 옆선 쪽 끝점(C)에서 0.3cm 옆선을 따라나가 옆선 쪽 끝점(C₃) 위치를 표시하고, 진동둘레선을 수정한다.

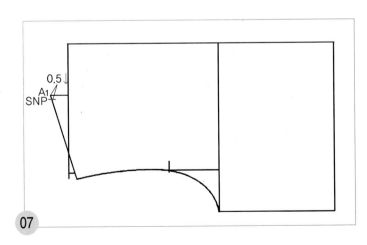

A₁~SNP=0.5cm : 옆 목점
A₁점에서 어깨선을 따라 0.5cm 내려와 옆 목점(SNP) 위치를 표시한다.

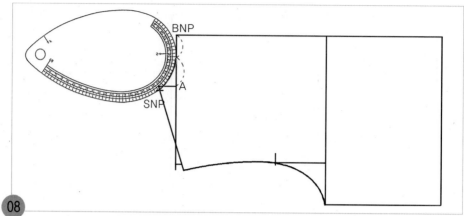

08

뒤 목점(BNP)에서 뒤 목둘레 폭 안내선점(A)까지를 1/2 위치와 옆 목점(SNP) 위치에 뒤 AH
자 쪽을 수평으로 바르게 맞추어 대고 뒤 목둘레선을 그린다.

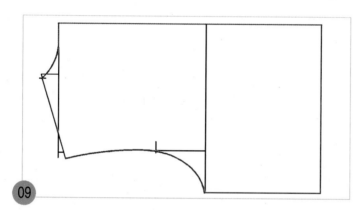

09

적색선이 뒤판 원형의 완성
선이다.

앞판 제도하기 ...:

1. 앞판의 기초선을 그린다.

01

앞 중심선

WL

직각자를 대고 수평으로 길
게 앞 중심선을 그린 다음,
직각으로 허리선(WL)을 올
려 그린다.

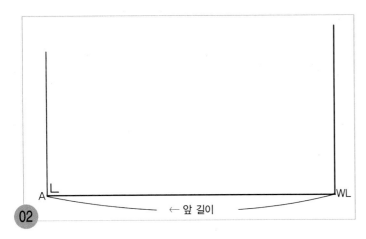

WL∼A=앞길이
WL점에서 앞 중심선을 따라 앞길이 치수(41cm)를 나가 표시하고, 직각선을 올려 그린다.

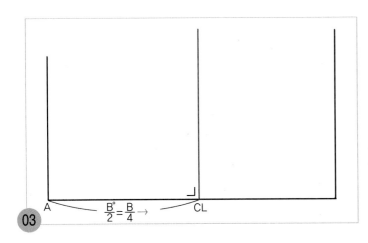

A∼CL=B°/2=B/4(진동깊이)
A점에서 B°/2=B/4 치수를 나가 위 가슴둘레선(CL) 위치를 표시하고, 직각으로 위 가슴둘레선을 올려 그린다.

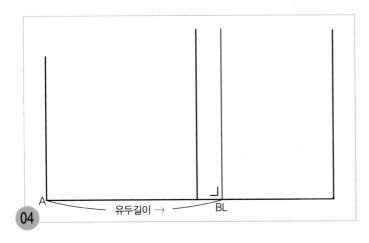

A∼BL=유두길이
A점에서 유두길이 치수를 나가 가슴둘레선(BL) 위치를 표시하고, 직각으로 가슴둘레선을 올려 그린다.

2. 앞 목둘레선과 어깨선, 진동둘레선, 옆선을 그린다.

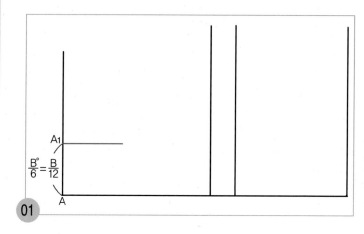

A∼A₁=B°/6=B/12

A점에서 B°/6=B/12 치수를 올라가 앞 목둘레 폭 안내선 점(A₁)을 표시하고 직각으로 수평선을 약간 길게 그려둔다.

01

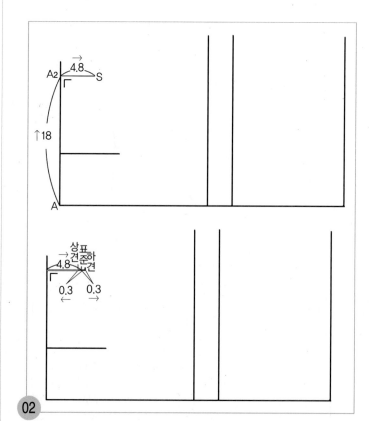

A∼A₂=18cm(고정치수), A₂∼S=4.8cm(표준 어깨 경사의 경우)

A점에서 직각선을 따라 18cm 올라가 어깨선 끝점을 정하기 위한 안내선점 (A₂)을 표시하고 직각으로 4.8cm 어깨선을 그릴 통과선(S)을 그린다.

🈁 상견과 하견의 경우에는 아래쪽에 있는 그림과 같이 상견은 표준 어깨경사의 통과선점에서 0.3cm 올리고, 하견은 표준 어깨경사의 통과선점에서 0.3cm 내린다.

02

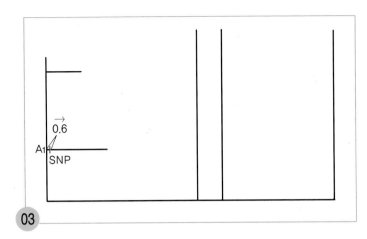

A₁~SNP=0.6cm

A₁점에서 수평으로 그려둔
안내선을 따라 0.6cm 나가
옆 목점(SNP) 위치를 표시
한다.

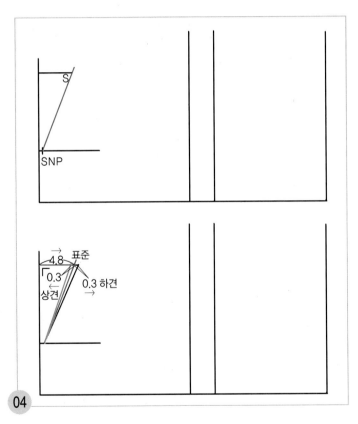

SNP~S=어깨선

옆 목점(SNP)과 S점 두 점
을 직선자로 연결하여 어깨
선을 그린다.

☂ 상견과 하견의 경우에는
아래쪽에 있는 그림과 같
이 상견과 하견의 어깨경
사가 다르다.

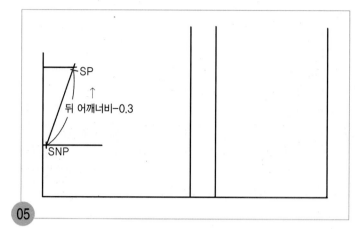

SNP~SP=
뒤 어깨너비-0.3cm
옆 목점(SNP)에서 04에서 그
린 어깨선을 따라 뒤 어깨너
비-0.3cm 치수를 올라가 어
깨끝점 위치(SP)를 표시한다.

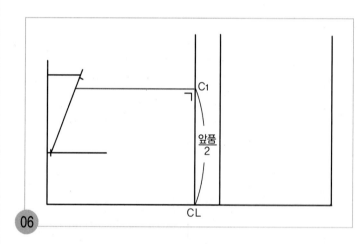

CL~C₁=앞품/2
앞 중심 쪽 위 가슴둘레선
(CL)위치에서 앞품/2 치수를
올라가 앞품선 위치(C₁)를 표
시하고 직각으로 어깨선까지
연결하여 앞품선을 그린다.

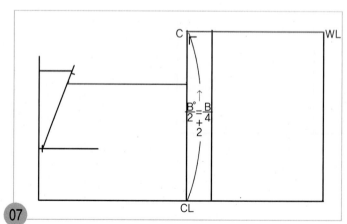

CL~C=
(B°/2)+2cm=(B/4)+2cm
C~WL=옆선
앞 중심 쪽의 위 가슴둘레선
(CL) 위치에서 (B°
/2)+2cm=(B/4)+2cm 한 치
수를 올라가 위 가슴둘레선
의 옆선 쪽 끝점(C) 위치를
표시하고, C점에서 직각으로
허리선(WL)까지 옆선을 그
린다.

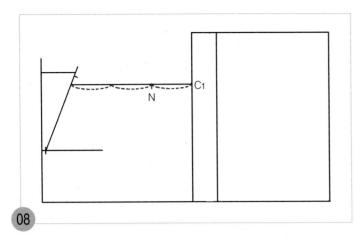

C₁~N=앞품선의 1/3

$C_1 \sim N = $ 앞품선의 1/3

앞품선을 3등분하여 C₁점 쪽
의 1/3지점에 진동둘레선
(AH)을 그릴 안내선점 위치
(N)를 표시한다.

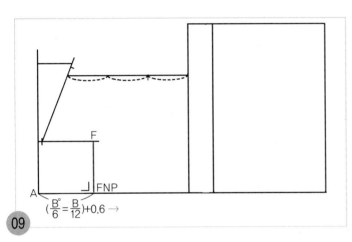

A~FNP=(B˚/6)+0.6cm= (B/12)+0.6cm

A점에서 (B˚/6)+0.6cm=(B/12)+0.6cm
치수를 나가 앞 목점(FNP) 위치를 표시
하고 직각으로 옆 목점 안내선까지 연결
하여 앞 목둘레선을 그릴 안내선을 그린
다음, 옆 목점 안내선과의 교점을 F점으
로 표시해 둔다.

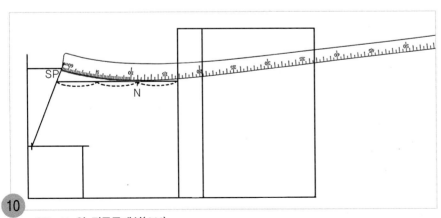

SP~N=앞 진동둘레선(AH)
어깨끝점(SP)에 hip곡자 끝위치를 맞추면서 N점과 연결하여 어깨선 쪽 앞 진동둘레선
(AH)을 그린다.

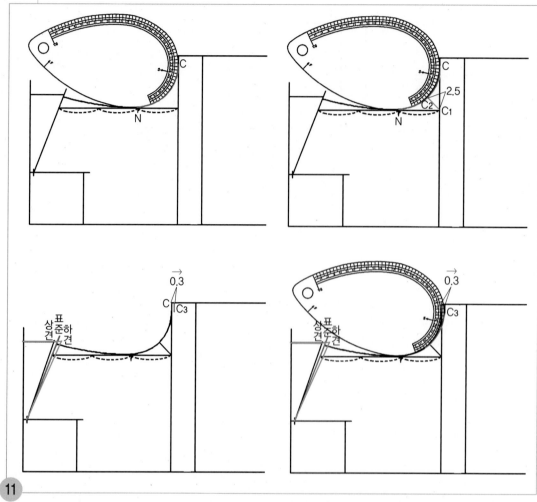

N~C=앞 진동둘레선(AH) N점과 C점을 앞 AH자 쪽으로 연결하였을 때 N점에서 10에서 그린 진동둘레선에 AH자가 1cm 수평으로 연결되는 위치로 맞추어 대고 남은 앞 진동둘레선(AH)을 그린다.

주1 여기서 사용한 AH자와 다른 AH자를 사용할 경우에는 C₁점에서 45도 각도로 2.5cm의 통과선(C₂)을 그리고 N점에서 C₂점을 통과하면서 C점과 연결되도록 맞추어 대고 남은 앞 진동둘레선(AH)을 그린다.

주2 상견일 경우에는 상관 없지만 하견일 경우에는 어깨경사가 표준보다 0.3cm 내려 왔으므로 위 가슴둘레선의 옆선 쪽 끝점(C)에서 0.3cm 옆선을 따라나가 옆선 쪽 끝점(C₃) 위치를 표시하고, 진동둘레선을 수정한다.

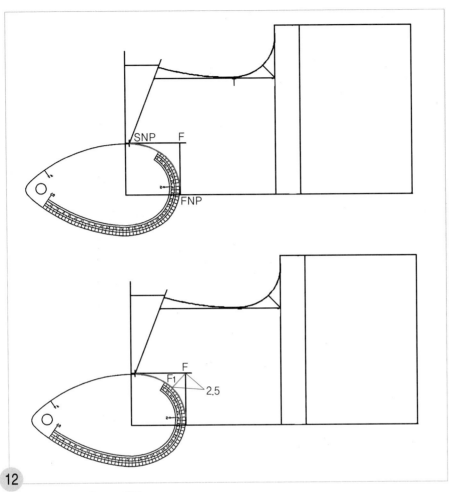

12

SNP~FNP=앞 목둘레선

옆 목점(SNP)과 앞 목점(FNP)을 앞 AH자 쪽을 수평으로 바르게 맞추어 대고 앞 목둘레
선(FNL)을 그린다.

注 여기서 사용한 AH자와 다른 AH자를 사용할 경우에는 F점에서 45도 각도로 2.5cm의
통과선(F1)을 그린 다음, 옆 목점(SNP)에서 F2점을 통과하면서 앞 목점(FNP)과 연결되
도록 앞 AH자 쪽을 수평으로 바르게 맞추어 대고 앞 목둘레선(FNL)을 그린다.

3. 허리선과 가슴다트선을 그린다.

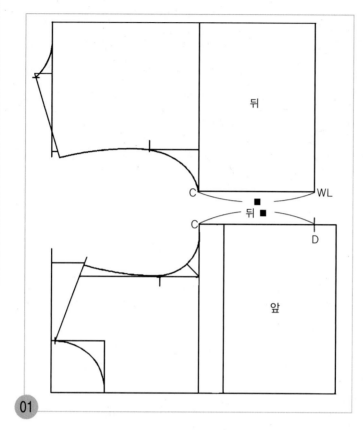

뒤

C   WL

뒤

C

D

앞

01

뒤판의 옆선 쪽 위 가슴둘레
선 끝점(C)에서 허리선(WL)
까지의 길이를 재어, 앞판의
옆선 쪽 위 가슴둘레선 끝점
(C)에서 옆선을 따라나가 가
슴다트량을 구할 위치(D)를
표시한다.

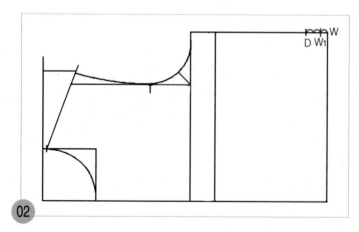

W
D W₁

02

D~W=3등분
앞판의 D점에서 허리선(WL)
까지를 3등분하여 허리선
쪽 1/3 위치에 허리 완성선
을 그릴 허리선 위치(W₁)를
표시한다.

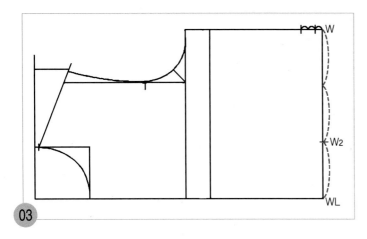

앞판의 허리선을 3등분하여
앞 중심 쪽 1/3위치에 허리
완성선을 그릴 안내선점
(W2)을 표시한다.

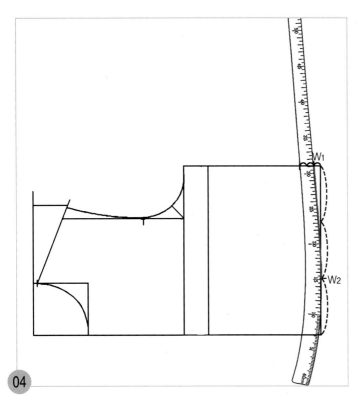

W2점에 hip곡자 15 위치를
맞추면서 W1점과 연결하여
허리 완성선을 그린다.

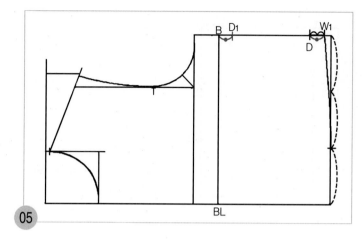

05

D점에서 W₁점까지의 길이를 재어 옆선 쪽 가슴둘레선 끝점(B)에서 허리선 쪽으로 나가 가슴다트선을 그릴 다트점(D₁)위치를 표시한다.

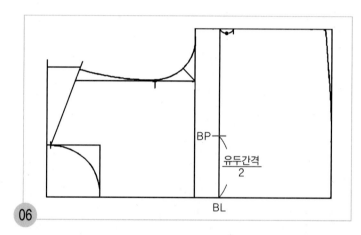

06

BL~BP=유두간격/2
앞 중심 쪽의 가슴둘레선 위치(BL)에서 유두간격/2 치수를 올라가 유두점(BP)을 표시한다.

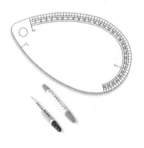

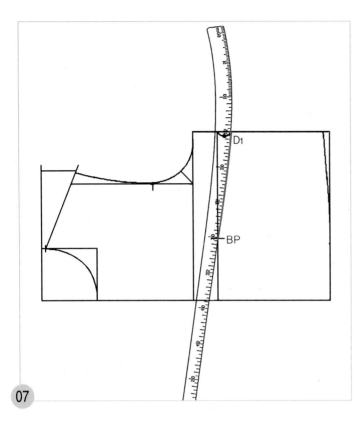

07

D₁점에 hip곡자 20위치를
맞추면서 옆선 쪽의 가슴다
트선점(D₁)과 연결하여 가슴
다트선을 그린다.

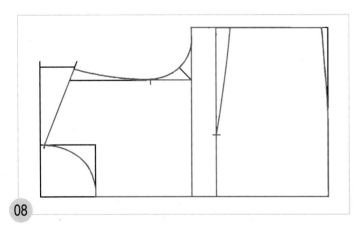

08

적색선이 앞판의 완성선이다.

소매 제도하기 ᐧᐧᐧᐧ▷

1. 소매 기초선을 그린다.

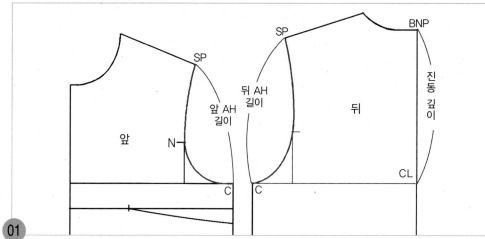

01

SP~C=앞/뒤 진동둘레선(AH) 어깨끝점(SP)에서 C점까지의 앞/뒤 진동둘레선(AH) 길이를 각각 잰 다음, 뒤판의 BNP에서 CL까지의 진동깊이 길이를 재어둔다.

☞ 뒤AH치수−앞AH치수=2cm가 이상적 치수이며, 허용치수는 ±0.3cm까지이다.

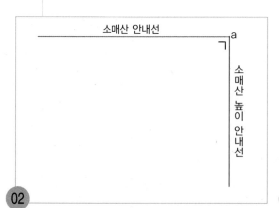

02

직각자를 대고 수평으로 소매산 안내선을 그린 다음 직각으로 소매산 높이 안내선을 내려 그린다.

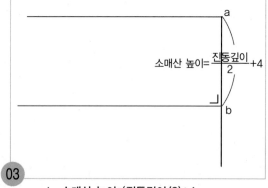

03

a~b=소매산 높이:(진동깊이/2)+4cm

진동깊이는 뒤 몸판의 뒤 목점(BNP)에서 위 가슴둘레선의 위치(CL)까지의 길이이다. a점에서 소매산 높이, 즉 (진동깊이/2)+4cm를 내려와 앞 소매폭점(b)을 표시하고 직각으로 소매폭 안내선을 그린다.

☞ 앞에서 이미 설명한바 있으나 가슴둘레 치수(B)/4의 치수가 20cm 미만이거나 24cm 이상이면 진동깊이는 최소 20cm, 최대 24cm로 한다. 따라서 소매산 높이를 정할 때는 반드시 뒤 몸판의 진동깊이/2+4cm로 하여야 한다.

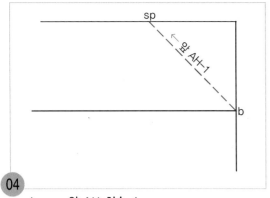

04

b~sp=앞 AH 치수−1cm

직선자로 b점에서 소매산 안내선을 향해 앞 AH치
수−1cm 한 치수가 마주닿는 위치를 소매산점(sp)
으로 하여 점선으로 연결해 둔다.

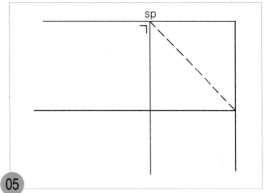

05

sp=소매산점

소매산점(sp)에서 직각으로 소매 중심선을 내려
그린다.

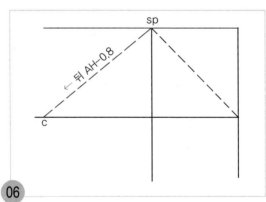

06

sp~c=뒤 AH 치수−0.8cm

직선자로 소매산점(sp)에서 소매폭 안내선을 따
라 뒤 AH 치수−0.8cm 한 치수가 마주닿는 위
치를 뒤 소매폭점(c)으로 하여 점선으로 연결해
둔다.

2. 소매산 곡선을 그릴 안내선을 그린다.

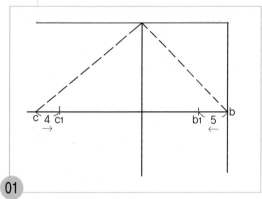

01

b~b₁=5cm, c~c₁=4cm

앞 소매폭 끝점(b)에서 소매폭선을 따라 5cm 들어가 앞 소매산 곡선을 그릴 안내선점(b₁)을 표시하고, 뒤 소매폭 끝점(c)에서 4cm 들어가 뒤 소매산 곡선을 그릴 안내선점(c₁)을 표시한다.

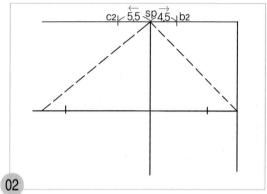

02

sp~b₂=4.5cm, sp~c₂=5.5cm

소매산점(sp)에서 앞 소매산 쪽은 4.5cm 나가 앞 소매산 곡선을 그릴 안내선 점(b₂)을 표시하고, 뒤 소매산 쪽은 5.5cm 나가 뒤 소매산 곡선을 그릴 안내선점(c₂)을 표시한다.

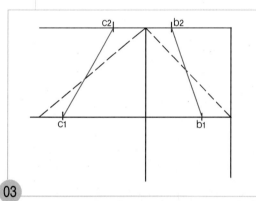

03

b₁~b₂=앞 소매산 곡선 안내선,
c₁~c₂=뒤 소매산 곡선 안내선

b₁~b₂, c₁~c₂ 두 점을 각각 직선자로 연결하여 소매산 곡선을 그릴 안내선을 그린다.

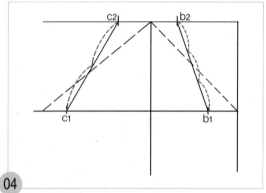

04

b₁~b₂=3등분, c₁~c₂=2등분

앞 소매산 곡선 안내선은 3등분, 뒤 소매산 곡선 안내선은 2등분한다.

3. 소매산 곡선을 그린다.

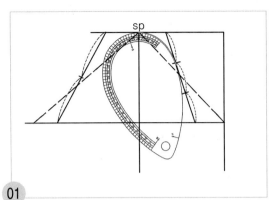

01 앞 소매산 곡선 안내선의 1/3위치와 소매산점(sp)을 앞 AH자로 연결하였을 때 1/3 위치에서 소매산 곡선 안내선을 따라 1cm 가 수평으로 앞 소매산 곡선 안내선과 이어지는 곡선으로 맞추어 앞 소매산 곡선을 그린다.

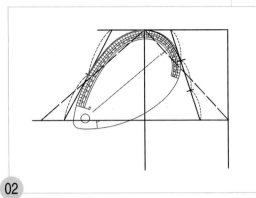

02 뒤 소매산 곡선 안내선의 1/2 위치와 소매산점(sp)을 뒤 AH자로 연결하였을 때 1/2 위치에서 소매산 곡선 안내선을 따라 1cm 가 수평으로 뒤 소매산 곡선 안내선과 이어지는 곡선으로 맞추어 뒤 소매산 곡선을 그린다.

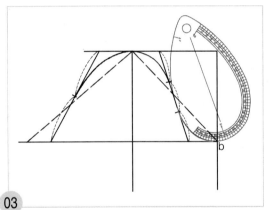

03 앞 소매폭점(b)과 앞 소매산곡선 안내선의 1/3 위치를 앞 AH자로 연결하였을 때 1/3 위치에서 앞 소매산 곡선 안내선을 따라 1cm 가 수평으로 이어지는 곡선으로 맞추어 남은 앞 소매산 곡선을 그린다.

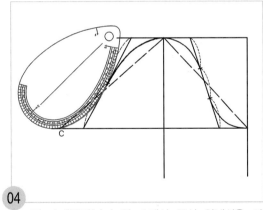

04 뒤 소매폭점(c)과 뒤 소매산 곡선 안내선을 뒤 AH자로 연결하였을 때 뒤 AH자가 뒤 소매산 곡선 안내선과 마주 닿으면서 1cm 가 수평으로 이어지는 곡선으로 맞추어 남은 뒤 소매산 곡선을 그린다.

4. 소매밑선을 그린다.

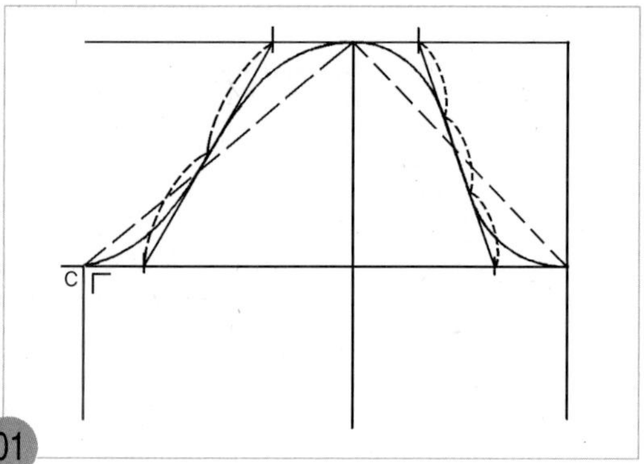

01

뒤 소매폭점(c)에서 직각으로 뒤 소매밑선을 내려 그린다.

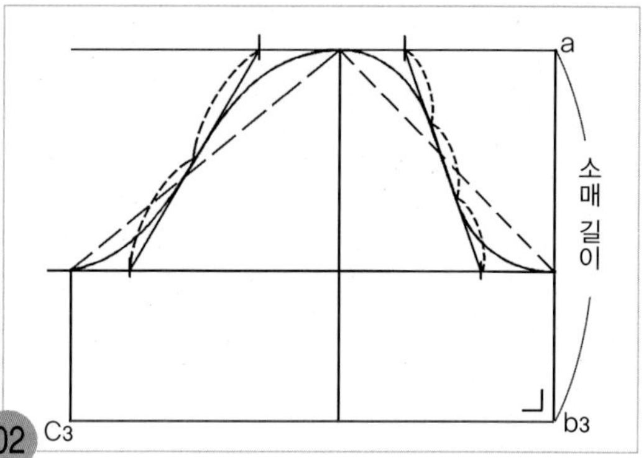

02

a~b_3=소매길이

a점에서 소매길이를 내려와 소매단선 위치(b_3)를 표시하고, 직각으로 뒤 소매밑 선까지 소매단 안내선(c_3)을 그린다.

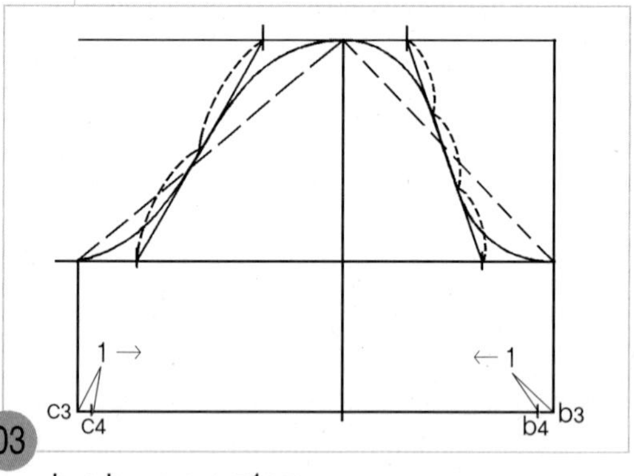

03

b_3~b_4, c_3~c_4=1cm

앞/뒤 소매단 안내선의 끝점(b_3, c_3)에서 각각 1cm씩 안쪽으로 들어가 소매단폭점(b_4, c_4)을 각각 표시한다.

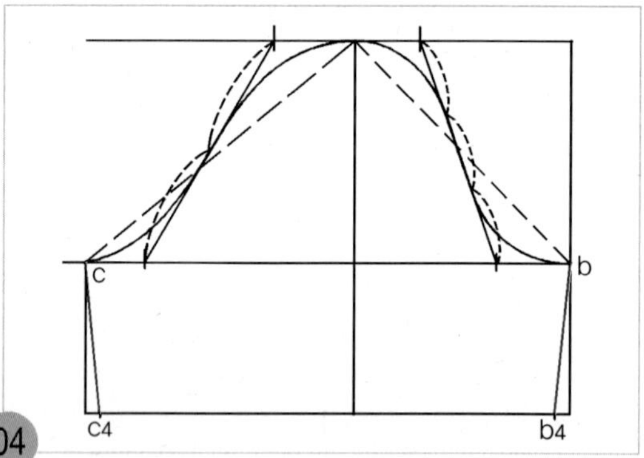

04

b점과 b_4점, c점과 c_4점 두 점을 각각 직선자로 연결하여 앞/뒤 소매밑 완성선을 그린다.

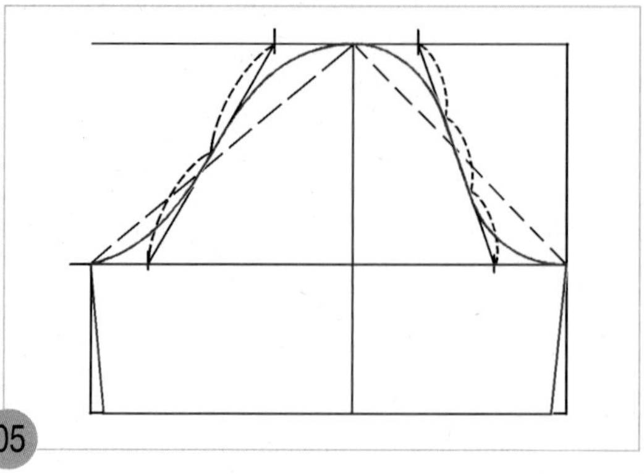

05

적색선이 소매 원형의 완성선이다.

주 소매는 디자인에 따라 소매산 높이를 조절하게 되므로 소매 원형을 그대로 사용하는 일은 그리 많지 않다. 그러나 소매산 높이가 달라지게 되더라도 수치에 변화만 있을 뿐 제도 방법에 큰 차이는 없다.

셔츠 칼라 | 반소매 블라우스

Shirt Collar | Half Sleeve Blouse

■■■ B.L.O.U.S.E 02

실루엣 ●●● 목둘레를 자연스럽게 따르는 셔츠칼라와 카브라를 넣은 반소매, 앞뒤 허리 다트를 넣어 허리를 피트시키면서 가슴에 작은 패치포켓을 넣은 캐주얼한 느낌의 가장 기본적인 블라우스다. 블라우스의 밑단을 스커트나 팬츠 위로 내어서 겉옷처럼 착용할 수 있는 스타일이다.

소 재 ●●● 면, 마, 화섬 등과 울 소재로는 얇은 울인 샤리나 트로피컬 등이 적합하며, 특히 이 디자인은 슬림한 실루엣이므로 스트레치 소재를 사용하는 것이 좋다. 색이나 무늬는 스커트나 팬츠와의 조합을 고려하여 선택하는 것이 좋다.

포인트 ●●● 셔츠칼라, 카브라를 넣은 반소매, 패치포켓, 허리다트선 그리는 법을 배운다.

셔츠 칼라 | 반소매 블라우스의 제도 순서

제도 치수 구하기 ····▶

계측 부위	계측 치수의 예	자신의 계측 치수	제도 각자 사용 시의 제도 치수	일반 자 사용 시의 제도 치수	자신의 제도 치수
가슴둘레(B)	86cm		$B°/2$	$B/4$	
허리둘레(W)	66cm		$W°/2$	$W/4$	
엉덩이둘레(H)	94cm		$H°/2$	$H/4$	
등길이	38cm		치수 38cm		
앞길이	41cm		41cm		
뒤품	34cm		뒤 품/2=17		
앞품	32cm		앞 품/2=16		
유두 길이	25cm		25cm		
유두 간격	18cm		유두 간격/2=9		
어깨너비	37cm		어깨 너비/2=18.5		
블라우스 길이	62cm		원형의 뒤중심 길이+4cm=62cm		
소매 길이	25cm		원하는 소매길이		
진동깊이	최소치=20cm, 최대치=24cm		$B°/2-0.5$	$B/4-0.5$	
앞/뒤 위 가슴둘레선			$(B°/2)+1.5cm$	$(B/4)+1.5cm$	
히프선 뒤			$(H°/2)+0.6cm$	$(H/4)+0.6cm=23.6cm$	
앞			$(H°/2)+2.5cm$	$(H/4)+2.5cm=26cm$	
소매산 높이			(진동깊이/2)+4		

🟥 진동깊이=B/4의 산출치가 20~24cm 범위안에 있으면 이상적인 진동깊이의 길이라 할 수 있다. 따라서 최소치=20cm, 최대치=24cm까지이다. (이는 예를 들면 가슴둘레 치수가 너무 큰 경우에는 진동깊이가 너무 길어 겨드랑밑 위치에서 너무 내려가게 되고, 가슴둘레 치수가 너무 적은 경우에는 진동깊이가 너무 짧아 겨드랑밑 위치에서 너무 올라가게 되어 이상적인 겨드랑 밑 위치가 될 수 없다. 따라서 B/4의 산출치가 20cm 미만이면 뒤 목점(BNP)에서 20cm 나간 위치를 진동깊이로 정하고, B/4의 산출치가 24cm 이상이면 뒤 목점(BNP)에서 24cm 나간 위치를 진동깊이로 정한다.)

01

자신의 각 계측부위를 계측하여 빈칸에 넣어두고 제도치수를 구하여 둔다.

뒤판 제도하기 ⋯⋯⋅⋅⋮

1. 뒤 중심선과 밑단선을 그린다.

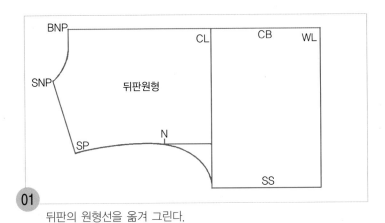

01

뒤판의 원형선을 옮겨 그린다.

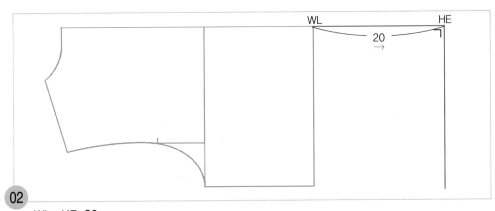

02

WL~HE=20cm

뒤 원형의 뒤 중심 쪽 허리선(WL)에서 수평으로 20cm 뒤 중심선을 연장시켜 그리고 밑단선 위치
(HE)를 정한 다음, 직각으로 밑단선을 내려 그린다.

2. 진동둘레선과 옆선의 완성선을 그린다.

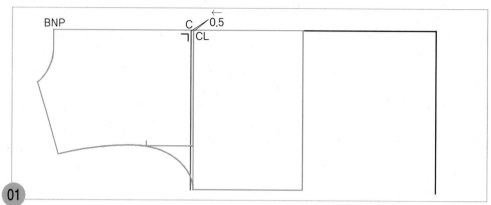

CL~C=0.5cm 원형의 위 가슴둘레선(CL)에서 뒤 목점(BNP) 쪽으로 0.5cm 나가 위 가슴둘레선 위치(C)를 이동하고 직각으로 위 가슴둘레선을 내려그린다.

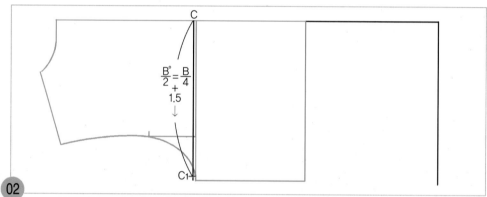

C~C₁=(B°/2)+1.5cm=(B/4)+1.5cm 이동한 위 가슴둘레선(C)의 뒤 중심 쪽에서 (B°/2)+1.5cm=(B/4)+1.5cm한 치수를 내려와 옆선을 그릴 위 가슴둘레선 끝점(C₁)을 표시한다.

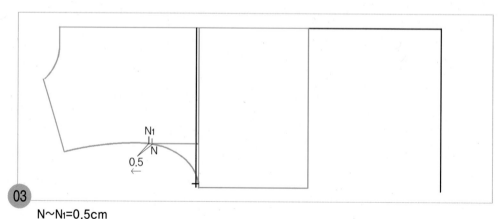

N~N₁=0.5cm
원형의 소매맞춤표시점(N)에서 0.5cm 어깨선 쪽으로 나가 소매 맞춤 표시점(N₁)을 이동한다.

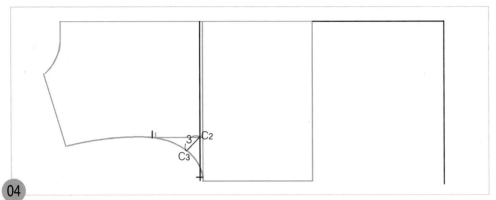

04

$C_2 \sim C_3 = 3cm$ 이동한 위 가슴둘레선과 원형의 뒤품선과의 교점(C_2)에서 45도 각도로 3cm 진동
둘레선을 그릴 통과선(C_3)을 그린다.

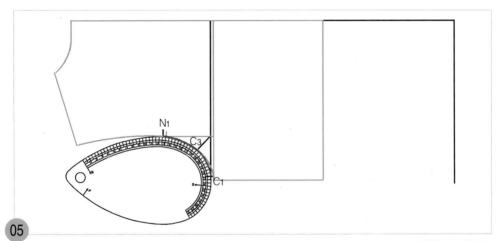

05

C_3점을 통과하면서 N_1점과 C_1점이 연결되도록 뒤 AH자 쪽으로 연결하여 진동둘레선을 수정한다.

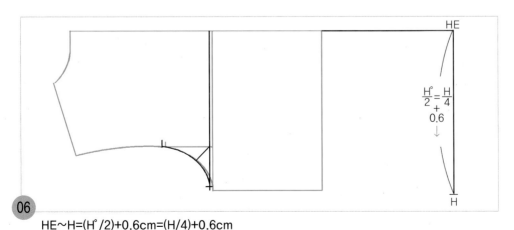

06

HE~H=$(H°/2)$+0.6cm=$(H/4)$+0.6cm
HE점에서 $(H°/2)$+0.6cm=$(H/4)$+0.6cm한 치수를 내려와 옆선 쪽의 밑단선 끝점(H) 위치를 표시
한다.

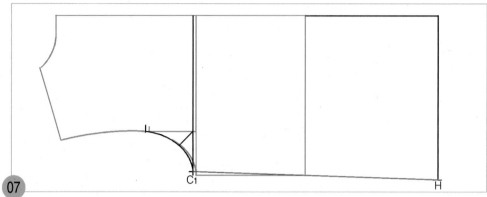

07

C$_1$~H=옆선
옆선 쪽 위 가슴둘레선 끝점(C$_1$)과 H점 두 점을 직선자로 연결하여 옆선의 안내선을 그린다.

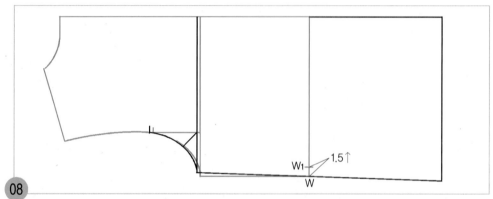

08

W~W$_1$=1.5cm
07에서 그린 옆선의 안내선과 원형의 옆선 쪽 허리안내선과의 교점(W)에서 1.5cm 올라가 옆선의
완성선을 그릴 안내점(W$_1$)을 표시한다.

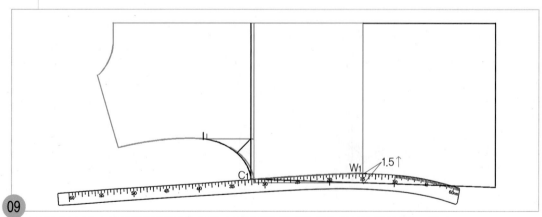

09

W$_1$점에 hip곡자 15위치를 맞추면서 C$_1$점과 연결하여 허리선 위쪽 옆선의 완성선을 그린다.

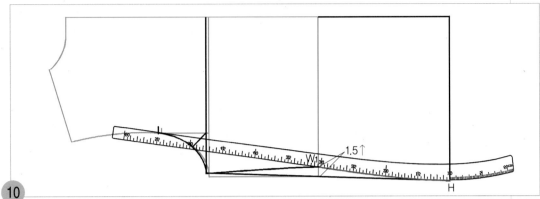

10 H점에 hip곡자 10위치를 맞추면서 W1점과 연결하여 허리선 아래쪽 옆선의 완성선을 그린다.

3. 뒤 허리다트선을 그린다.

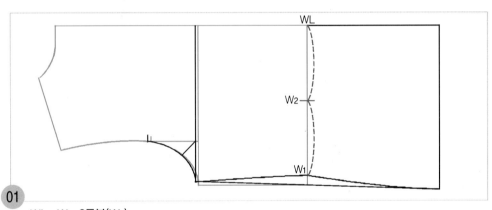

01
WL~W1=2등분(W2)
WL점에서 W1점까지를 2등분하여 1/2 위치에 옆선 쪽 허리 다트위치(W2)를 표시한다.

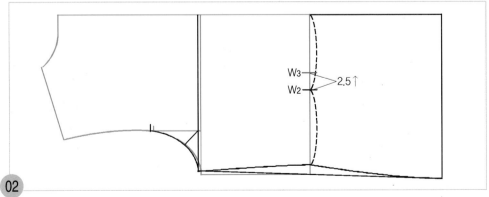

02
W2~W3=2.5cm
W2점에서 뒤 중심 쪽으로 2.5cm 올라가 뒤 중심 쪽 다트위치(W3)를 표시한다.

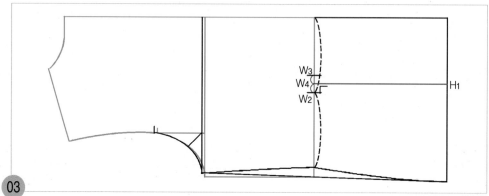

03 **W4=W2~W3의 1/2점** W2점과 W3점을 2등분하여 1/2 위치에 다트 중심선 위치(W4)를 표시하고 직각으로 밑단선까지 다트 중심선(H1)을 그린다.

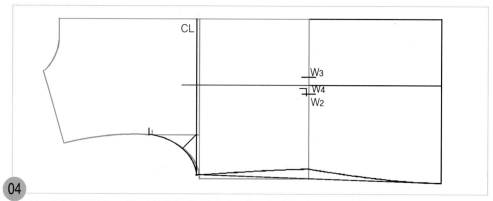

04 W4점에서 직각으로 위 가슴둘레선(CL)에서 조금 더 길게 다트 중심선을 그린다.

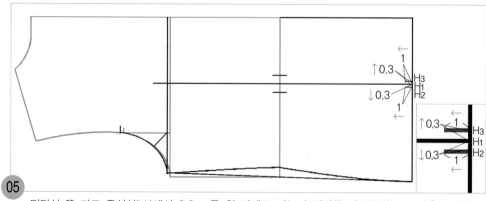

05 밑단선 쪽 다트 중심선(H1)에서 0.6cm를 위 아래로 나누어 밑단쪽 다트끝점(H2, H3)을 표시하고 직각으로 1cm씩 다트선을 그린다.

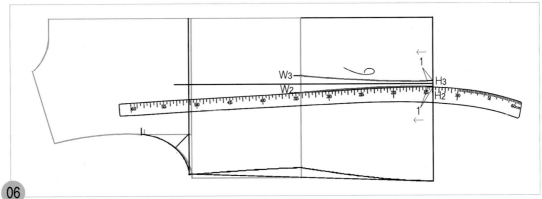

06
05에서 1cm씩 그린 다트선 끝점에 hip곡자 15위치를 맞추면서 허리선의 다트 위치(W2, W3)와 각각 연결하여 허리선 아래쪽 다트완성선을 그린다.

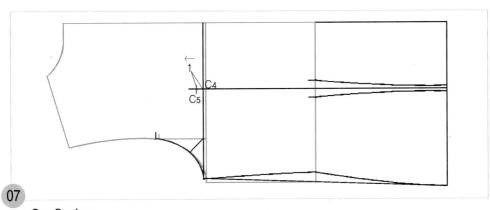

07
C4~C5=1cm
위 가슴둘레선과 다트중심선과의 교점(C4)에서 1cm 나가 다트끝점(C5) 위치를 표시한다.

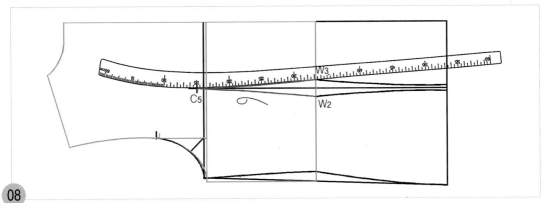

08
C5점에 hip곡자 15위치를 맞추면서 허리선의 다트 위치(W2, W3)와 각각 연결하여 허리선 위쪽 다트완성선을 그린다.

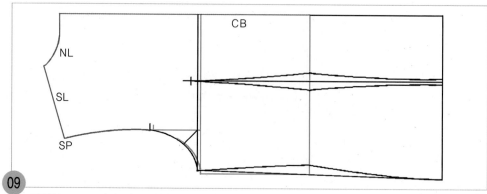

09 적색선으로 표시된 뒤 중심선(CB), 뒤 목둘레선(BNL), 어깨선(SL), 진동둘레선은 원형의 선을 그 대로 사용한다.

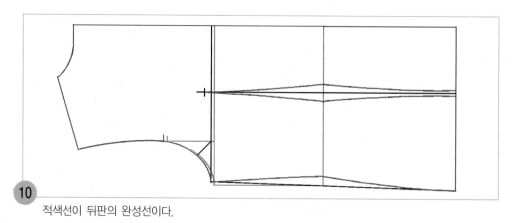

10 적색선이 뒤판의 완성선이다.

앞판 제도하기 ••◦•

1. 앞 중심선과 밑단의 안내선을 그린다.

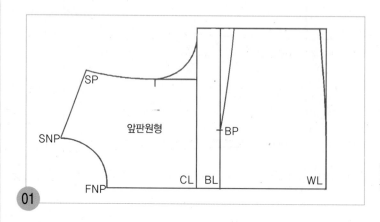

01 앞판의 원형선을 옮겨 그린다.

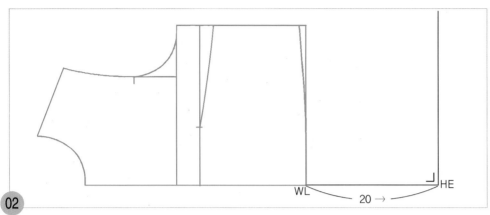

02

WL~HE= 20cm

직각자를 대고 앞 원형의 WL점에서 수평으로 20cm 앞 중심선(HE)을 연장시켜 그리고, 직각으로
밑단의 안내선을 올려 그린다.

2. 옆선과 밑단의 완성선을 그린다.

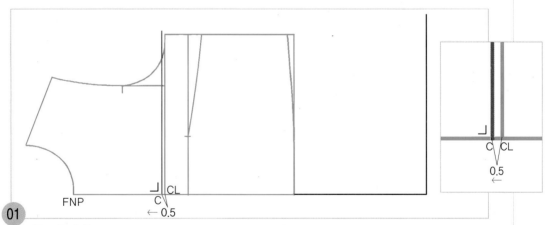

01

CL~C=0.5cm

원형의 위 가슴둘레선(CL)에서 앞 목점(FNP) 쪽으로 0.5cm 나가 위 가슴둘레선 위치(C)를 이동
하고 직각으로 위 가슴둘레선을 올려 그린다.

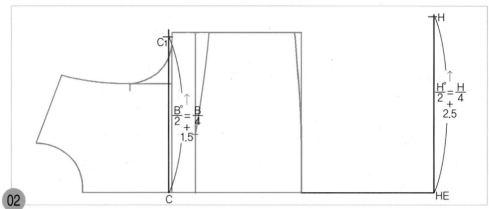

02 $C \sim C_1 = (B°/2) + 1.5cm = (B/4) + 1.5cm, \ HE \sim H = (H°/2) + 2.5cm = (H/4) + 2.5cm$ 이동한 위 가슴 둘레선(C)의 앞 중심 쪽에서 $(B°/2) + 1.5cm = (B/4) + 1.5cm$한 치수를 올라가 옆선을 그릴 위 가슴둘레선 끝점(C_1)을 표시하고, 앞 중심 쪽 밑단선 끝점(HE)에서 $(H°/2) + 2.5cm = (H/4) + 2.5cm$ 한 치수를 올라가 옆선을 그릴 밑단선 끝점(H)을 표시한다.

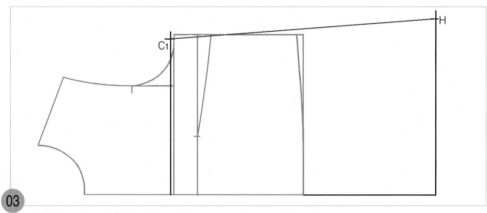

03 C_1점과 H점 두 점을 직선자로 연결하여 옆선의 안내선을 그린다.

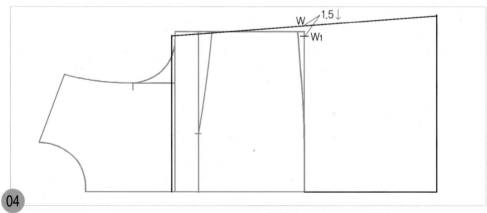

04 $W \sim W_1 = 1.5cm$ 03에서 그린 옆선의 안내선과 원형의 옆선 쪽 허리안내선과의 교점(W)에서 1.5cm 내려와 옆선의 완성선을 그릴 안내점(W_1)을 표시한다.

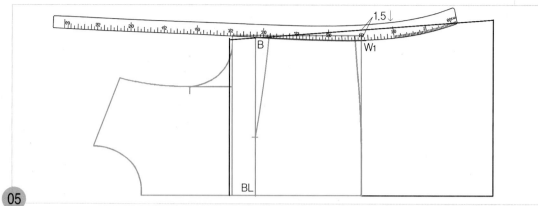

05 W1점에 hip곡자 15위치를 맞추면서 가슴둘레선(BL)과 옆선의 안내선과의 교점(B)과 연결하여 허리선 위쪽 옆선의 완성선을 그린다.

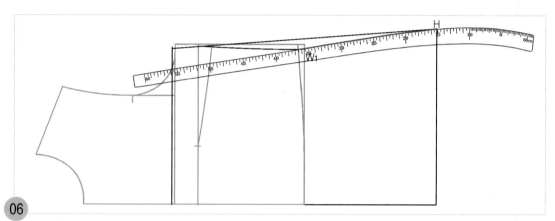

06 H점에 hip곡자 15위치를 맞추면서 W1점과 연결하여 허리선 아래쪽 옆선의 완성선을 그린다.

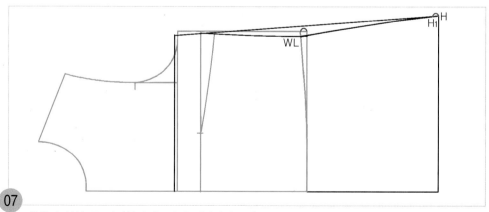

07 원형의 옆선 쪽 허리완성선(WL)과 허리안내선의 길이를 재어 옆선 쪽 밑단의 안내선 끝점(H)에서 옆선의 완성선을 따라나가 밑단의 완성선을 그릴 옆선의 끝점(H1) 위치를 표시한다.

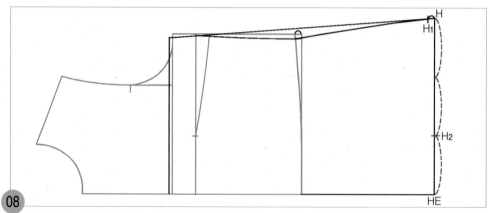

08

H₂=HE~H의 1/3

밑단의 안내선(HE~H)을 3등분하여 앞 중심 쪽 1/3위치에 밑단의 완성선을 그릴 연결점 위치(H₂)
를 표시한다.

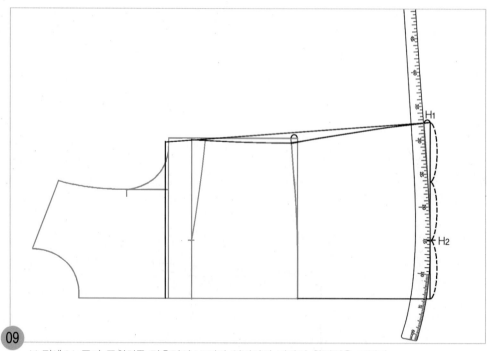

09

H₂점에 hip곡자 끝위치를 맞추면서 H₁점과 연결하여 밑단의 완성선을 그린다.

3. 허리다트선과 가슴다트선을 그린다.

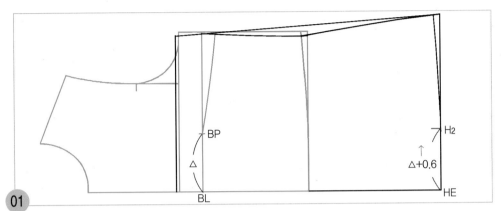

01

HE~H2=(유두간격/2)+0.6cm
앞 중심 쪽 밑단선 끝점(HE)에서 (유두간격/2)+0.6cm 올라가 다트 중심선 위치(H2)를 표시한다.

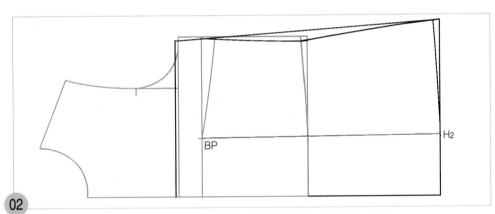

02

원형의 유두점(BP)과 H2점 두 점을 직선자로 연결하여 다트 중심선을 그린다.

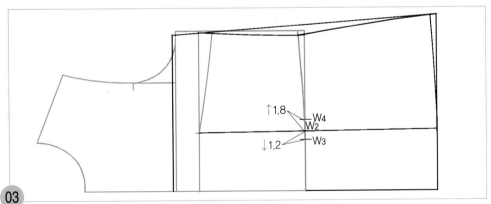

03

W2~W3=1.2cm, W2~W4=1.8cm　원형의 허리선(WL)과 다트중심선과의 교점(W2)에서 앞 중심 쪽으로 1.2cm 내려와 앞 중심 쪽의 허리 다트위치(W3)를 표시하고, W2점에서 옆선 쪽으로 1.8cm 올라가 옆선 쪽의 허리 다트위치(W4)를 표시한다.

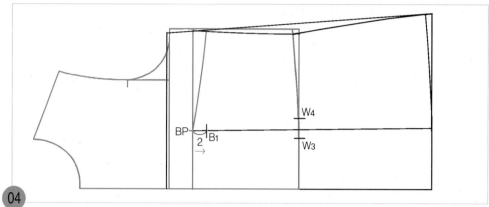

04

BP~B₁=2cm

$BP{\sim}B_1{=}2cm$

원형의 유두점(BP)에서 다트중심선을 따라 2cm 나가 허리 다트끝점(B₁) 위치를 표시한다.

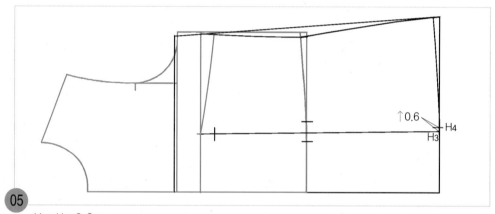

05

$H_3{\sim}H_4{=}0.6cm$

밑단쪽 다트 중심선 위치(H₃)에서 0.6cm 올라가 옆선 쪽 허리 다트위치(H₄)를 표시한다.

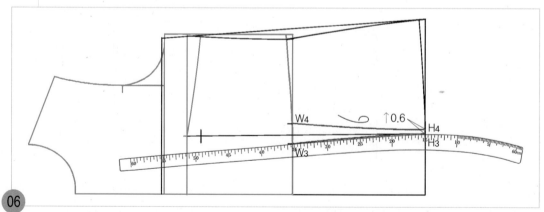

06

H₃점과 H₄에 각각 hip곡자 15위치를 맞추면서 허리선의 다트위치(W₃, W₄)와 각각 연결하여 허리선 아래쪽 다트 완성선을 그린다.

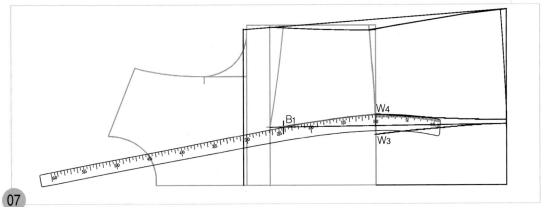

07 W4점에 hip곡자 10위치를 맞추면서 다트끝점(B1)과 연결하여 옆선 쪽의 허리선 위쪽 다트완성선을 그린다.

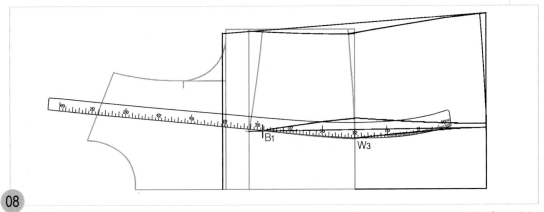

08 W3점에 hip곡자 15위치를 맞추면서 다트끝점(B1)과 연결하여 앞 중심 쪽의 허리선 위쪽 다트 완성선을 그린다.

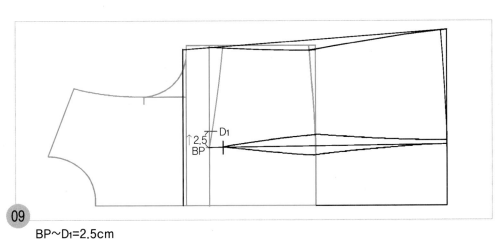

09 BP~D1=2.5cm

원형의 유두점(BP)에서 2.5cm 올라가 가슴다트 끝점(D1) 위치를 표시한다.

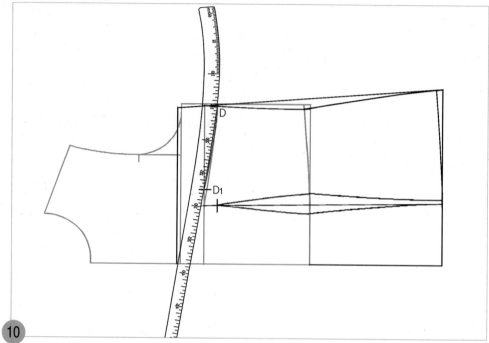

10

원형의 옆선 쪽 가슴다트점(D)에 hip곡자 15위치를 맞추면서 가슴다트 끝점(D₁)과 연결하여 가슴
다트 완성선을 그린다.

4. 진동둘레선을 그린다.

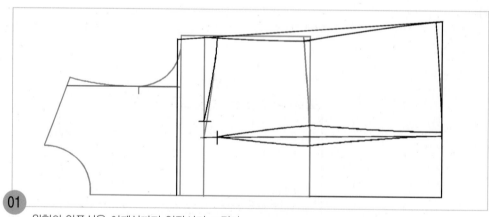

01

원형의 앞품선을 어깨선까지 연장시켜 그린다.

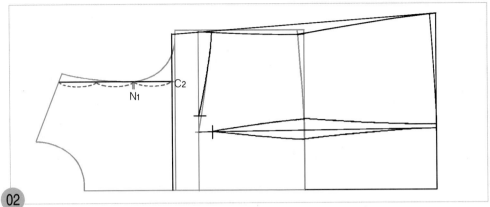

02 이동한 위 가슴둘레선과 앞품선과의 교점(C_2)에서 어깨선까지의 앞품선을 3등분하여 위 가슴둘레선 쪽 1/3위치에 소매맞춤표시(N_1)를 넣는다.

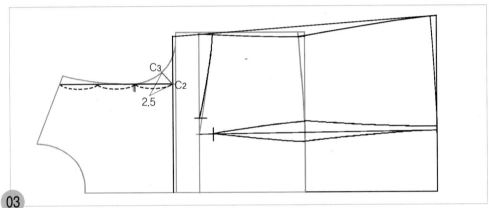

03 $C_2 \sim C_3 = 2.5cm$ 이동한 위 가슴둘레선과 앞품선과의 교점(C_2)에서 45도 각도로 2.5cm 진동둘레선을 그릴 통과선(C_3)을 그린다.

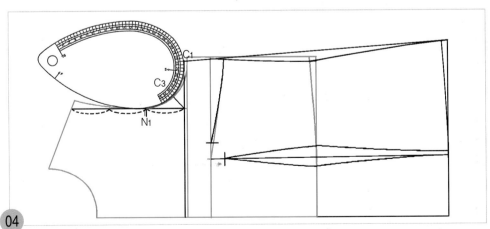

04 C_3점을 통과하면서 N_1점과 C_1점이 연결되도록 앞 AH자 쪽으로 연결하여 진동둘레선을 그린다.

5. 주머니선을 그린다.

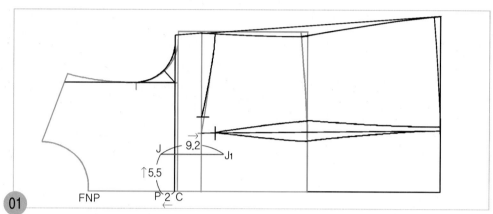

P~J=5.5cm, J~J₁=9.2cm

앞 중심 쪽 위 가슴둘레선 위치(C)에서 앞 목점(FNP) 쪽으로 2cm 나간 위치(P)에서 5.5cm 올라
가 앞 중심 쪽 주머니 입구 위치(J)를 표시하고 수평으로 9.2cm 주머니 깊이선(J₁)을 그린다.

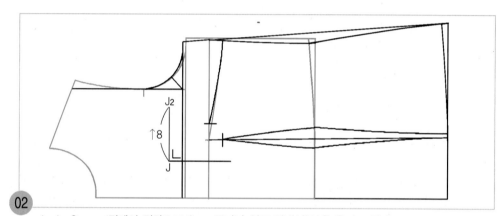

J~J₂=8cm J점에서 직각으로 8cm 주머니 입구 안내선(J₂)을 올려 그린다.

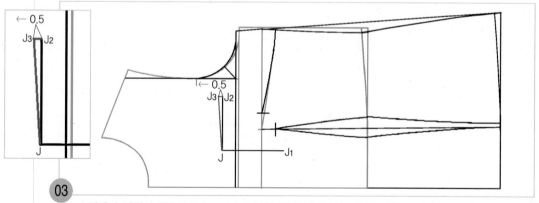

J₂점에서 어깨선 쪽으로 0.5cm 나가 옆선 쪽 주머니 입구 위치(J₃)를 표시하고, J₃점과 J점 두 점
을 직선자로 연결하여 주머니 입구 완성선을 그린다.

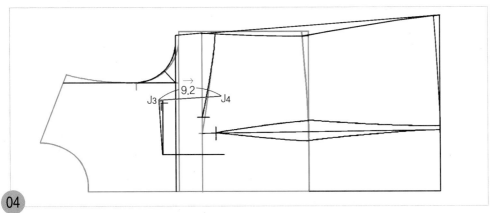

04

J₃~J₄=9.2cm

J₃점에서 직각으로 9.2cm 옆선 쪽 주머니 깊이선(J₄)을 그린다.

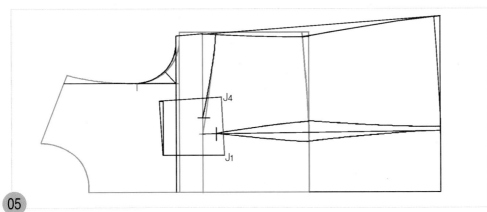

05

J₁점과 J₄점 두 점을 직선자로 연결하여 주머니 밑단선을 그린다.

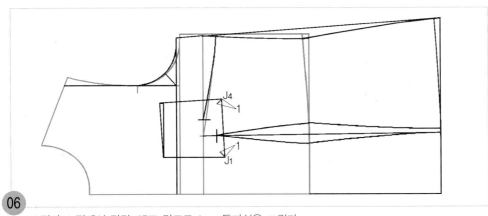

06

J₁점과 J₄점에서 각각 45도 각도로 1cm 통과선을 그린다.

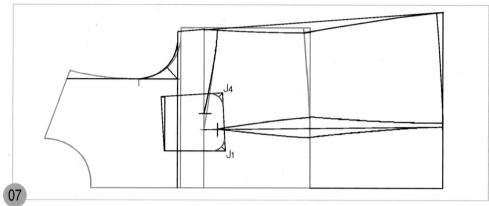

07

J₁점과 J₄점의 모서리를 각각 직경 3cm 정도의 곡선으로 수정한다.

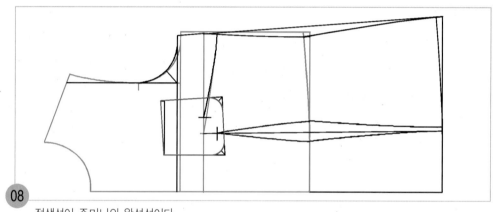

08

적색선이 주머니의 완성선이다.

6. 앞 여밈분선을 그린다.

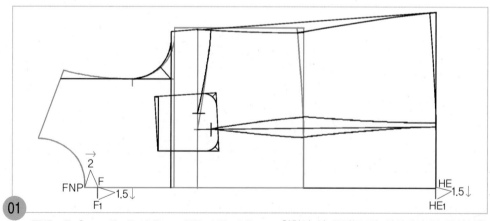

01

FNP~F=2cm, F~F₁=1.5cm, HE~HE₁=1.5cm 원형의 앞 목점(FNP) 위치에서 앞 중심선을 따라 2cm 나가 수정할 앞 목점 위치(F)를 표시하고, F점과 앞 중심 쪽 밑단선 끝점(HE)에서 수직으로 1.5cm씩 앞 여밈분선(F₁, HE₁)을 각각 내려 그린다.

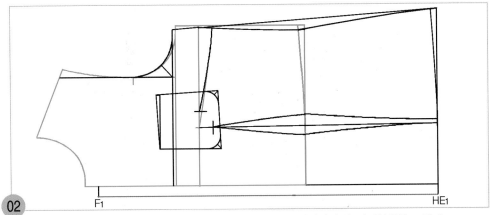

02 **F₁~HE₁=앞 여밈분선**   F₁점과 HE₁점 두 점을 직선자로 연결하여 앞 여밈분선을 그린다.

7. 셔츠칼라를 제도한다.

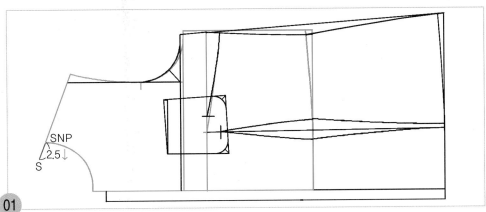

01 **SNP~S=2.5cm**   원형의 옆 목점(SNP)에서 2.5cm 칼라선을 그릴 안내선(S)을 어깨선의 연장선
으로 내려 그린다.

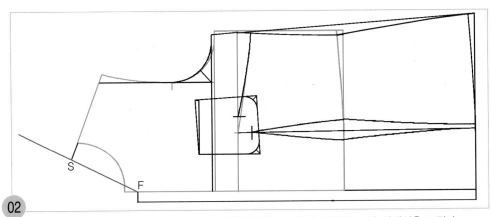

02 F점과 S점 두 점을 직선자로 연결하여 어깨선 위쪽으로 길게 칼라를 그릴 안내선을 그린다.

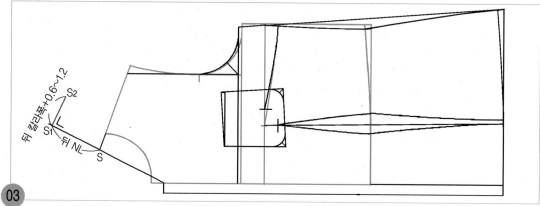

S~S₁=뒤 목둘레치수, S₁~S₂=뒤 칼라폭(3.5cm)+0.6~1.2cm(조정가능 치수)

뒤 목둘레 치수를 재어, S점에서 라펠의 꺾임선을 따라 올라가 S₁점으로 표시하고, S₁점에서 직각으로 뒤 칼라폭+0.6~1.2cm 칼라 꺾임선의 안내선을 그릴 통과선(S₂)을 그린다.

주 뒤 칼라폭+0.6cm(얇은 천의 경우)~1.2cm(두꺼운 천의 경우)

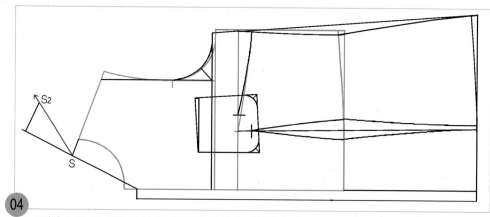

S점과 S₂점 두 점을 직선자로 연결하여 칼라 꺾임선의 안내선을 길게 올려 그려둔다.

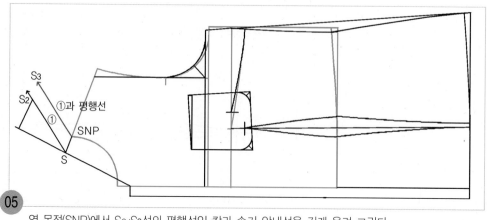

옆 목점(SNP)에서 S~S₂선의 평행선인 칼라 솔기 안내선을 길게 올려 그린다.

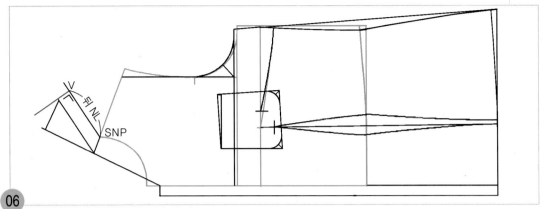

06 **SNP~V=뒤 목둘레 치수**   옆 목점(SNP)에서 05에서 그린 칼라 솔기 안내선을 따라 뒤 목둘레 치수를 나가
칼라의 뒤 중심선 위치(V)를 표시하고 직각으로 뒤 중심선을 내려 그린다.

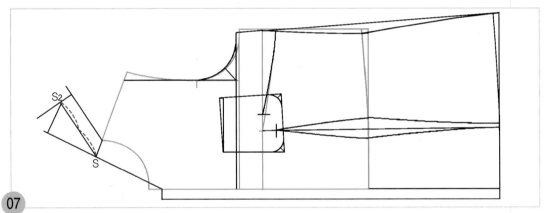

07   04에서 그린 S점에서 S₂점의 안내선을 2등분한다.

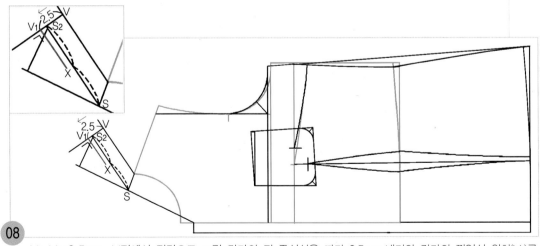

08 **V~V₁=2.5cm**   V점에서 직각으로 그린 칼라의 뒤 중심선을 따라 2.5cm 내려와 칼라의 꺾임선 위치(V₁)를
표시하고 직각으로 S~S₂의 2등분 위치까지 칼라 꺾임선(X)을 그린다.

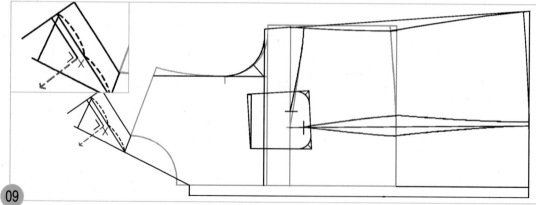

09

X점에서 직각으로 뒤 칼라선을 그릴 안내선을 내려 그린다.

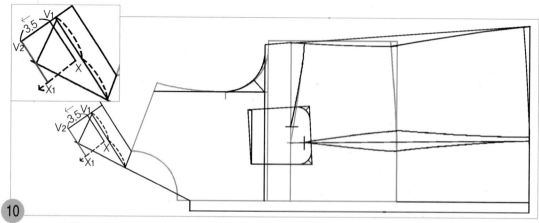

10

$V_1 \sim V_2$=뒤 칼라폭 3.5cm, $V_2 \sim X_1$=칼라 완성선

V_1점에서 뒤 칼라중심선을 따라 3.5cm 내려와 뒤 칼라폭 위치(V_2)를 표시하고 직각으로 X점에서 직각으로 내려 그린 안내선까지 뒤 칼라 완성선을 그린 다음 X점의 직각선과의 교점을 X_1점으로 한다.

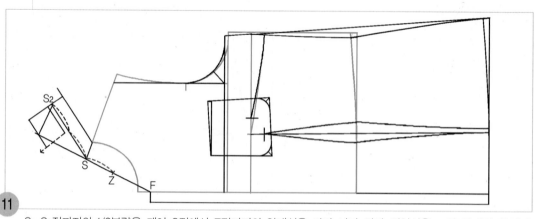

11

S~S_2점까지의 1/2분량을 재어 S점에서 F점까지의 안내선을 따라 나가 칼라 꺾임선을 그릴 안내점 위치(Z)를 표시한다.

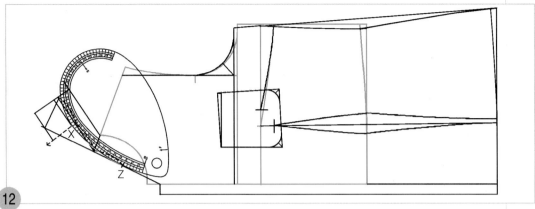

12 X점과 Z점을 뒤 AH자 쪽으로 연결하여 칼라 꺾임선을 그린다.

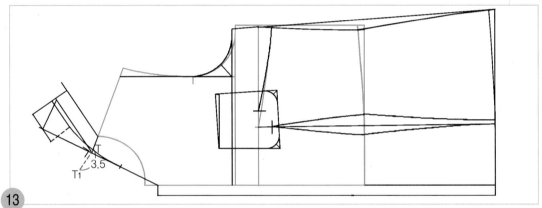

13 12에서 그린 칼라 꺾임선의 S점에서 올라간 교점(T)에서 직각으로 3.5cm 내려 온 곳에 칼라 완성선을 그릴 안내점(T₁) 위치를 표시한다.

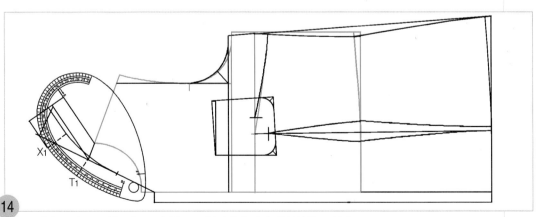

14 X₁점과 T₁점 두 점을 뒤 AH자 쪽으로 연결하여 칼라 완성선을 그린다.

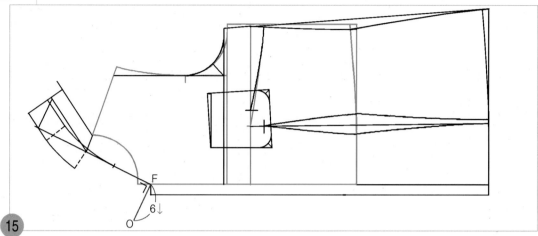

15

F~O=6cm

F점에서 칼라 꺾임선에 직각으로 6cm 앞 칼라폭선(O)을 내려 그린다.

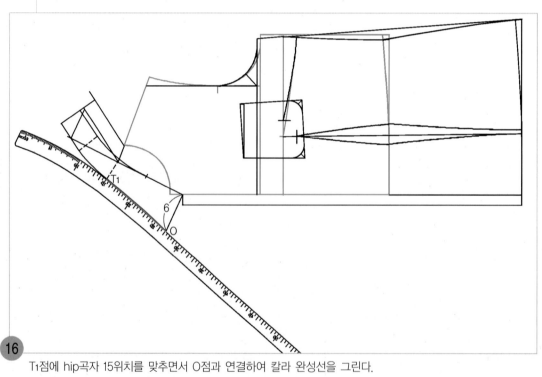

16

T₁점에 hip곡자 15위치를 맞추면서 O점과 연결하여 칼라 완성선을 그린다.

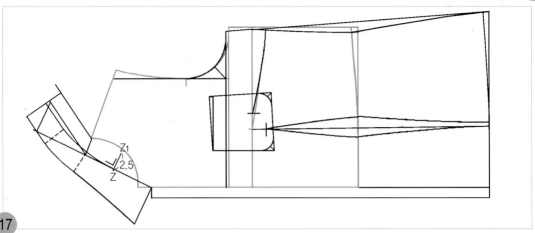

17 **Z~Z₁=2.5cm** Z점에서 칼라 꺾임선에 직각으로 2.5cm 올라가 칼라 솔기선을 그릴 안내점(Z₁) 위치를 표시한다.

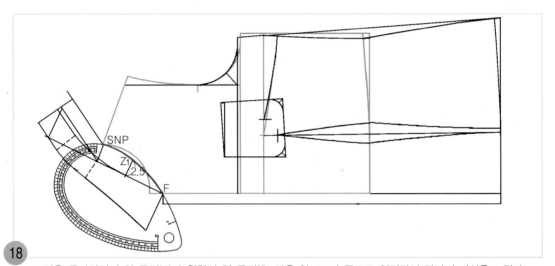

18 Z₁점을 통과하면서 앞 목점(F)과 원형의 옆 목점(SNP)을 앞 AH자 쪽으로 연결하여 칼라 솔기선을 그린다.

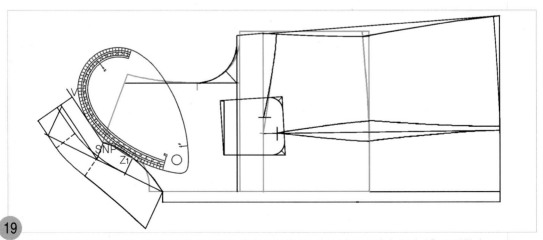

19 원형의 옆 목점(SNP)에 각진부분을 AH자로 연결하여 자연스런 곡선으로 칼라 솔기선을 수정한다.

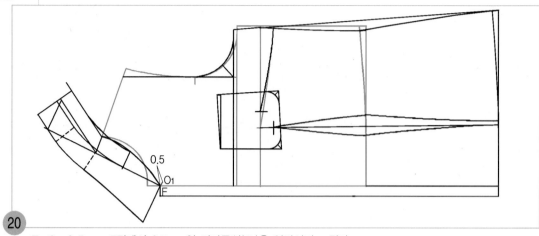

20

F~O₁=0.5cm F점에서 0.5cm 앞 칼라폭선(O₁)을 연장시켜 그린다.

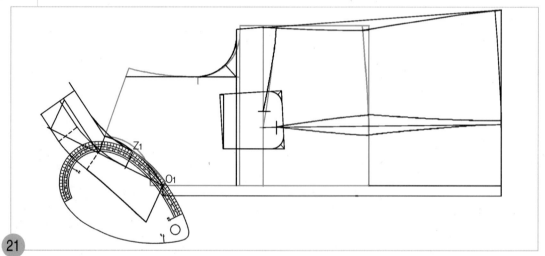

21

O₁점과 칼라 솔기선을 AH자로 연결하여 칼라 솔기선을 완성한다.

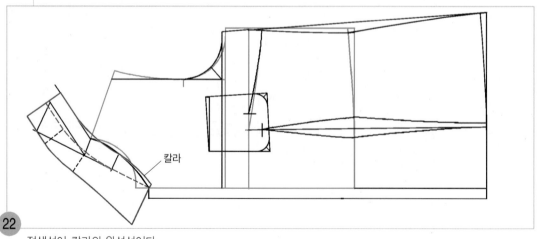

22

적색선이 칼라의 완성선이다.

8. 앞 오른쪽 덧단선을 그리고 단춧구멍 위치를 표시한다.

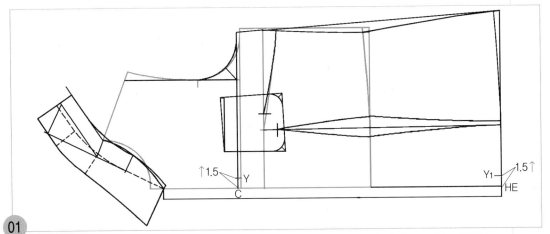

01 앞 중심선에서 위 가슴둘레선과 밑단선에 1.5cm 폭으로 앞 오른쪽 덧단선 위치(Y, Y₁)를 표시한다.

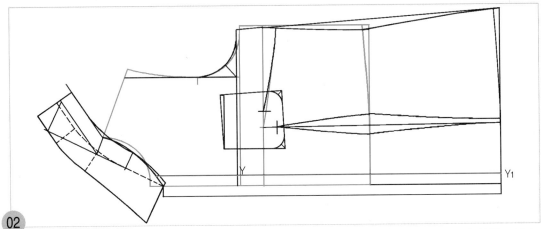

02 01에서 표시한 Y점과 Y₁점 두 점을 직선자로 연결하여 앞 몸판의 앞 목둘레선까지 앞 오른쪽 덧단선을 그린다.

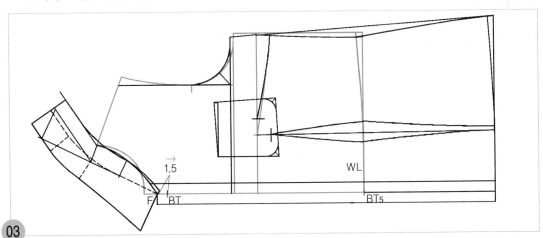

03 F점에서 앞 중심선을 따라 1.5cm 나가 첫 번째 단춧구멍 위치(BT)를 표시하고 허리선에서 다섯 번째 단춧구멍 위치(BT₅)를 표시한다.

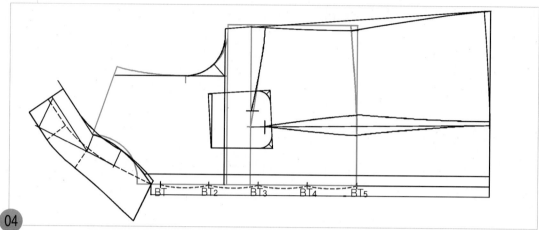

BT~BT5=4등분 첫 번째 단춧구멍 위치(BT)와 다섯 번째 단춧구멍 위치(BT5)까지를 4등분하여 각 등분점에서 단춧구멍 위치(BT2, BT3, BT4)를 각각 표시한다.

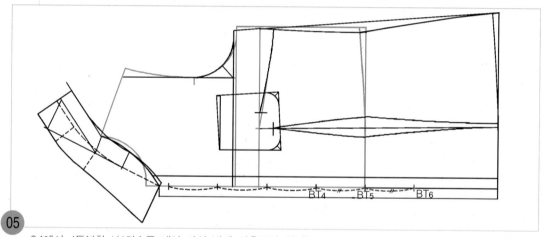

04에서 4등분한 1/4치수를 재어 다섯 번째 단춧구멍 위치(BT5)에서 밑단 쪽으로 나가 여섯 번째 단춧구멍 위치(BT6)를 표시한다.

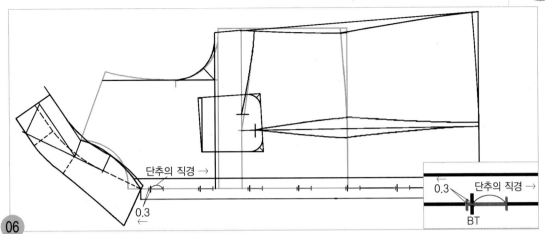

06 각 단춧구멍 위치에서 0.3cm씩 앞 목점(F) 쪽으로 나가 단춧구멍 트임끝 위치를 표시하고, 각 단춧구멍 위치에서 단추의 직경 치수를 밑단 쪽으로 나가 단춧구멍 트임끝 위치를 표시한다.

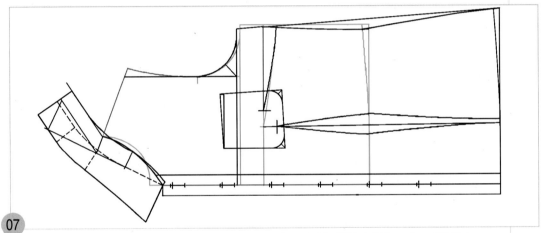

07 적색선으로 표시된 가슴둘레선, 진동둘레선, 어깨선, 앞 중심선은 원형의 선을 그대로 사용한다.

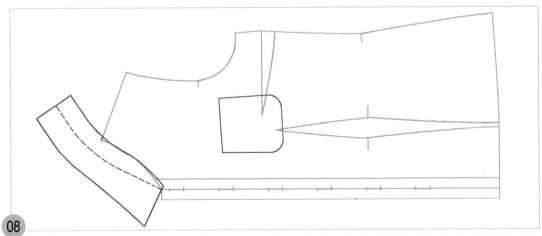

08 청색선이 앞 몸판의 완성선이고, 적색선이 칼라와 주머니의 완성선이다. 칼라와 주머니를 새 패턴지에 옮겨 그리고 완성선을 따라 오려낸 다음 패턴에 차이가 없는지 확인한다.

소매 제도하기 ····▷

1. 소매 밑선과 카브라선을 그린다.

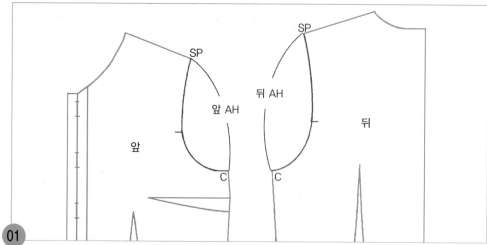

01

SP~C=앞/뒤 진동둘레선(AH) 어깨끝점(SP)에서 C점까지의 앞/뒤 진동둘레선(AH) 길이를 각각 잰다.

🈲 뒤 AH치수-앞 AH치수=2cm 내외가 가장 이상적 치수이다. 즉 뒤 AH 치수가 앞 AH치수보다 2cm정도 더 길어야 하며 허용치수는 ±0.3cm까지이다.

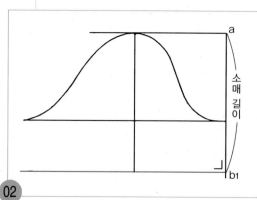

02

소매산 곡선까지 소매원형의 제도순서 p.38의 02~p.41의 04까지를 참조하여 같은 방법으로 소매산 곡선을 그린 다음, a점에서 소매길이를 내려와 앞 소매단선 위치(b₁)를 표시하고 직각으로 소매단선을 그린다.

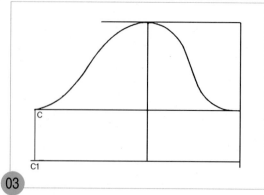

03

뒤 소매폭 끝점(c)에서 직각으로 뒤 소매밑선(c₁)을 내려그린다.

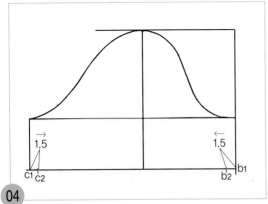

04 b1점과 c1점에서 각각 1.5cm씩 안쪽으로 들어가 앞/뒤 소매단 폭점(b2, c2)의 위치를 표시한다.

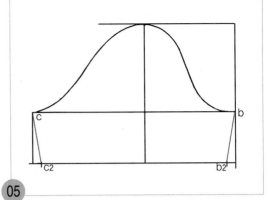

05 b점과 b2점 c점과 c2점 두 점을 각각 직선자로 연결하여 소매밑선을 그린다.

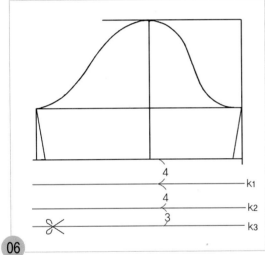

06 소매단선에서 4cm, 4cm, 3cm 간격으로 카브라 폭선(k1)과 카브라 소매단선(k2), 카브라 안단선(k3)을 수평으로 그린 다음 카브라 안단선에서 오려낸다.

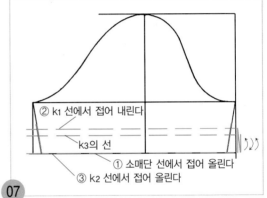

07 소매 패턴을 뒤집어서 ①소매단선에서 접어 올리고, ②카브라 폭선(k1)에서 접어 내린 다음, ③다시 카브라 소매단선(k2)에서 접어 올리고, 소매 패턴을 뒤집어서 앞/뒤 소매단 쪽의 소매밑 완성선을 따라 오려내거나, 룰렛으로 눌러 표시한다.

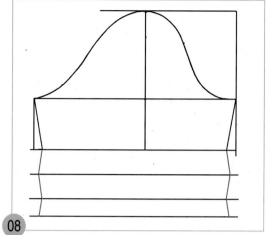

08 접었던 선을 모두 펴면, 적색선이 카브라의 완성
선이 된다.

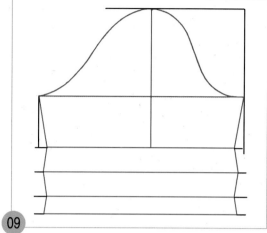

09 적색선이 소매의 완성선이다.

패턴 분리하기

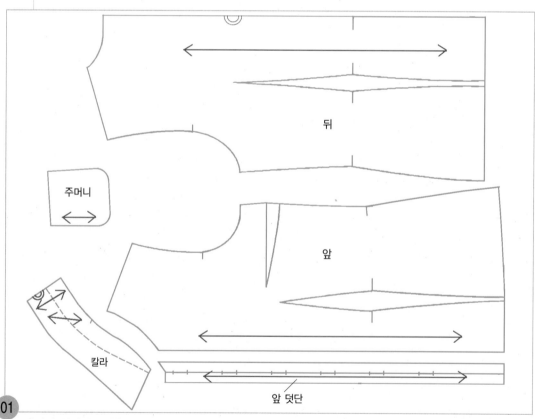

주머니

뒤

앞

칼라

앞 덧단

01 앞판의 덧단과 몸판을 분리하고, 뒤판의 뒤 중심선과 칼라의 뒤 중심선에 골선표시를 넣고, 각 패턴에 식서방
향 표시를 넣는다.

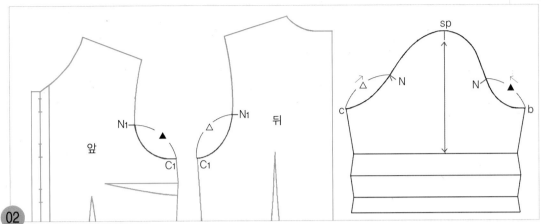

02 앞/뒤 몸판의 C₁점에서 N₁점까지의 길이를 재어, 소매의 앞/뒤 소매폭점(b, c)에서 소매산 곡선을 따라 올라가 소매 맞춤표시(N)를 넣는다.

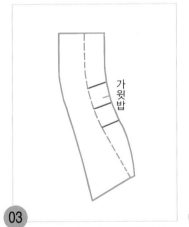

03 오려낸 칼라의 솔기 완성선에서 칼라 꺾임선까지 그림과 같이 옆 목점 근처에 절개선을 그린다.

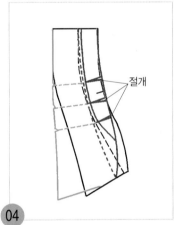

04 절개선을 칼라 꺾임선까지 잘라, 칼라 솔기선이 직선이 되도록 벌려 테이프로 고정시키면, 그림과 같이 검정선에서 적색선으로 이동하게 되고, 청색선인 칼라 부분에는 주름이 잡히게 된다. 칼라 솔기선 쪽에서 벌어진 분량이 재단 후 칼라 솔기선을 늘려주어야 하는 분량이다.

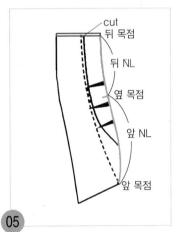

05 칼라의 앞 목점에서 앞 목둘레 치수만큼 올라가 옆 목점 위치를 표시하고, 옆 목점에서 뒤 목둘레 치수만큼 올라가 뒤 목점 위치를 표시하였을 때 칼라의 뒤 중심선과의 차이지는 분량을 잘라내면 칼라의 뒤 중심선이 뜨지 않게 된다.

🄬 재단시에는 칼라 솔기선의 절개한 선을 원상태로 돌려 재단하고, 봉제시에 칼라 솔기선을 늘려 봉제하여야 한다.

■■■ B.L.O.U.S.E 03

실루엣 ●●● 칼라 세움분이 거의 없이 몸판에 따라 편편하게 연결된 느낌의 칼라인 플랫칼라와 플레어가 들어간 드롭프드 커프스의 7부소매, 패널라인을 넣어 허리를 피트시킨 짧은 길이의 귀여우면서 여성스런 느낌의 블라우스이다.

소 재 ●●● 견이나 화섬의 부드러운 소재가 적합하다.

포인트 ●●● 플랫칼라 그리는 법, 세인트 7부 드롭프드 커프스 그리는 법, 패널라인 그리는 법을 배운다. 또한 플랫칼라는 칼라 폭이나 칼라 끝 모양에 따라 여러 가지 분위기를 표현할 수 있는 칼라이다.

제도 치수 구하기 ▶▶

계측 부위	계측 치수의 예	자신의 계측 치수	제도 각자 사용 시의 제도 치수	일반 자 사용 시의 제도 치수	자신의 제도 치수
가슴둘레(B)	86cm		$B°/2$	$B/4$	
허리둘레(W)	66cm		$W°/2$	$W/4$	
엉덩이둘레(H)	94cm		$H°/2$	$H/4$	
등길이	38cm		치수 38cm		
앞길이	41cm		41cm		
뒤품	34cm		뒤 품/2=17		
앞품	32cm		앞 품/2=16		
유두 길이	25cm		25cm		
유두 간격	18cm		유두 간격/2=9		
어깨너비	37cm		어깨 너비/2=18.5		
블라우스 길이	48cm		계측한 등길이+10cm		
소매길이	47cm		원하는 소매길이		
진동깊이	최소치=20cm, 최대치=24cm		$B°/2-0.5$	$B/4-0.5$	
앞/뒤 위 가슴둘레선			$(B°/2)+1.5cm$	$(B/4)+1.5cm$	
히프선 뒤			$(H°/2)+0.6cm$	$(H/4)+0.6cm=23.6cm$	
히프선 앞			$(H°/2)+2.5cm$	$(H/4)+2.5cm=26cm$	
소매산 높이			(진동깊이/2)+4cm		

☞ 진동깊이=B/4의 산출치가 20 ~24cm 범위안에 있으면 이상적인 진동깊이의 길이라 할 수 있다. 따라서 최소치=20cm, 최대치=24cm까지이다. (이는 예를 들면 가슴둘레 치수가 너무 큰 경우에는 진동깊이가 너무 길어 겨드랑밑 위치에서 너무 내려가게 되고, 가슴둘레 치수가 너무 적은 경우에는 진동깊이가 너무 짧아 겨드랑밑 위치에서 너무 올라가게 되어 이상적인 겨드랑 밑 위치가 될 수 없다. 따라서 B/4의 산출치가 20cm 미만이면 뒤 목점(BNP)에서 20cm 나간 위치를 진동깊이로 정하고, B/4의 산출치가 24cm 이상이면 뒤 목점(BNP)에서 24cm 나간 위치를 진동깊이로 정한다.)

01

자신의 각 계측부위를 계측하여 빈칸에 넣어두고 제도치수를 구하여 둔다.

뒤판 제도하기 ···∴

1. 기초선을 그린다.

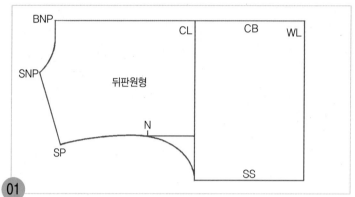

01

뒤판의 원형선을 옮겨 그린다.

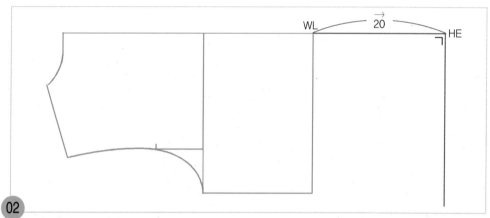

02

WL~HE=20cm

뒤 원형의 뒤 중심 쪽 허리선(WL)에서 수평으로 20cm 뒤 중심선을 연장시켜 그리고 밑단선 위치 (HE)를 정한 다음, 직각으로 밑단선을 내려 그린다.

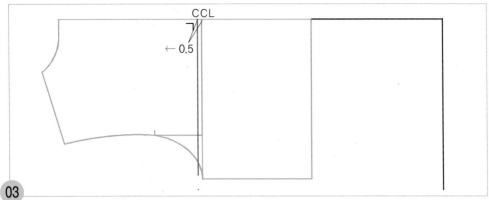

03

CL~C=0.5cm 원형의 위 가슴둘레선(CL)에서 0.5cm 왼쪽으로 나가 이동할 위 가슴둘레선 위치(C)을 표시하고 직각으로 위 가슴둘레선을 내려 그린다.

2. 뒤 중심 완성선을 그린다.

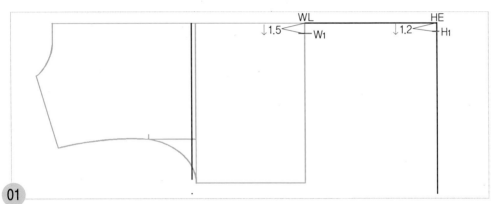

01

WL~W₁=1.5cm, HE~H₁=1.2cm 원형의 뒤 중심 쪽 허리선(WL)에서 1.5cm 내려와 뒤 중심선을 그릴 안내점(W₁)을 표시하고, 뒤 중심 쪽 밑단선 끝점(HE)에서 1.2cm 내려와 뒤 중심선 끝점(H₁) 위치를 표시한다.

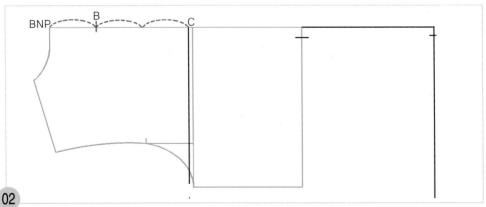

02

B=BNP~C의 1/3 원형의 뒤 목점(BNP)에서 이동한 위 가슴둘레선(C)까지를 3등분하여, 뒤 목점 쪽 1/3 위치에 뒤 중심 완성선을 그릴 안내점(B) 위치를 표시한다.

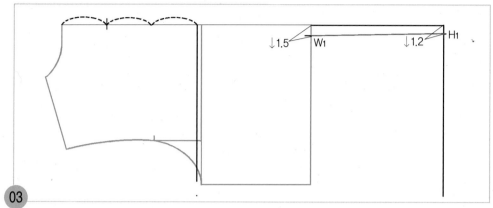

03 W₁점과 H₁점 두 점을 직선자로 연결하여 허리선 아래쪽 뒤 중심 완성선을 그린다.

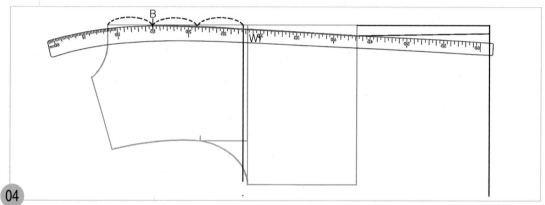

04 B점에 hip곡자 15위치를 맞추면서 W₁점과 연결하여 허리선 위쪽 뒤 중심 완성선을 그린다.

3. 뒤 옆선의 완성선을 그린다.

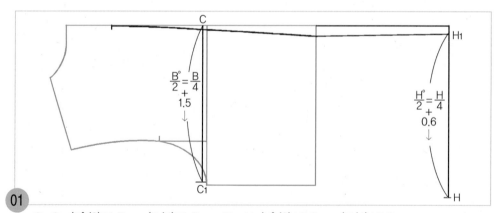

01 C~C₁=(B°/2)+1.5cm=(B/4)+1.5cm, H₁~H=(H°/2)+0.6cm=(H/4)+0.6cm
이동한 위 가슴둘레선(C)의 뒤 중심 쪽에서 (B°/2)+1.5cm=(B/4)+1.5cm한 치수를 내려와 옆선을
그릴 위 가슴둘레선 끝점(C₁)을 표시하고, 뒤 중심 완성선의 밑단선 끝점(H₁)에서 (H°
/2)+0.6cm=(H/4)+0.6cm한 치수를 내려와 옆선을 그릴 밑단선 끝점(H) 위치를 표시한다.

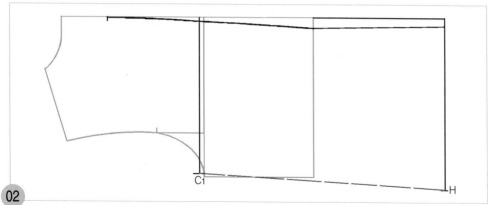

02

C1점과 H점 두 점을 직선자로 연결하여 점선으로 옆선의 안내선을 그린다.

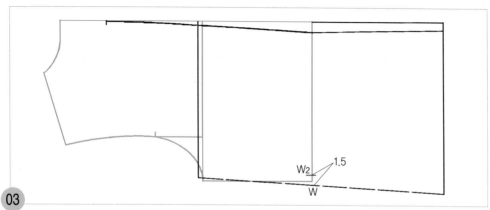

03

02에서 그린 옆선의 안내선과 원형의 허리선과의 교점(W)에서 1.5cm 올라가 옆선의 완성선을 그리릴 안내점(W2)을 표시한다.

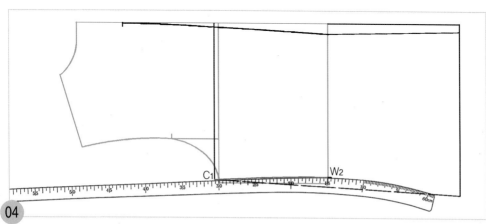

04

W2점에 hip곡자 15위치를 맞추면서 C1점과 연결하여 허리선 위쪽 옆선의 완성선을 그린다.

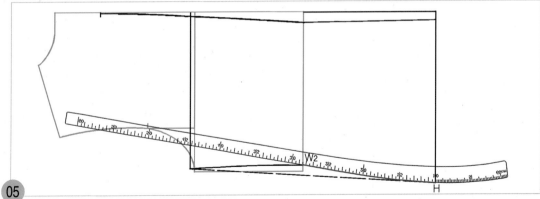

05

H점에 hip곡자 10위치를 맞추면서 W₂점과 연결하여 허리선 아래쪽 옆선의 완성선을 그린다.

4. 진동둘레선과 뒤 목둘레선을 그린다.

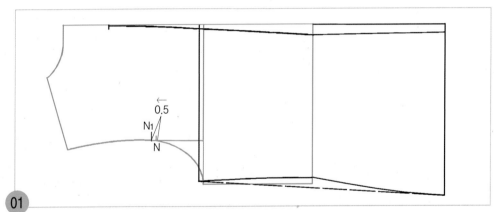

01

N~N₁=0.5cm
원형의 소매 맞춤 표시점(N)에서 왼쪽으로 0.5cm 나가 소매 맞춤 표시점(N₁)을 이동한다.

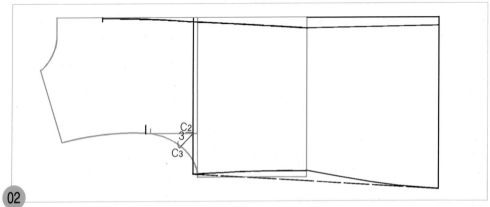

02

C₂~C₃=3cm 이동한 위 가슴둘레선과 원형의 뒤품선과의 교점(C₂)에서 45도 각도로 3cm 진동
둘레선을 그릴 통과선(C₃)을 그린다.

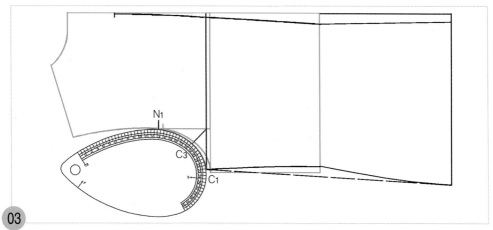

03 C3점을 통과하면서 N1점과 C1점이 연결되도록 뒤 AH자 쪽으로 연결하여 진동둘레선을 수정한다.

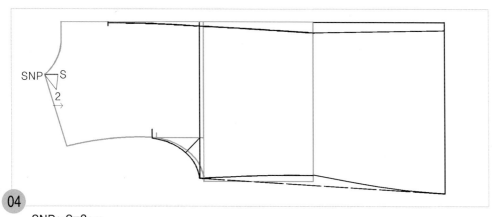

04

SNP∼S=2cm
원형의 옆 목점(SNP)에서 수평으로 2cm 뒤 목둘레선을 수정할 안내선(S)을 그린다.

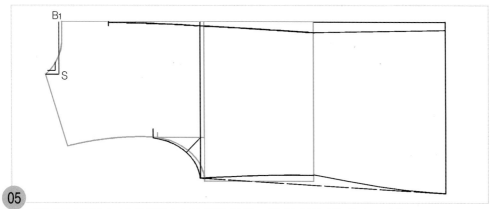

05 S점에서 직각으로 뒤 중심선까지 뒤 목둘레선을 그릴 안내선(B1)을 올려 그린다.

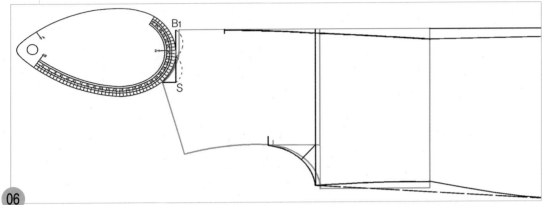

06 S~B₁까지의 1/2 위치와 옆 목점(SNP)을 AH자를 수평으로 바르게 맞추어 대고 뒤 목둘레 완성선을 그린다.

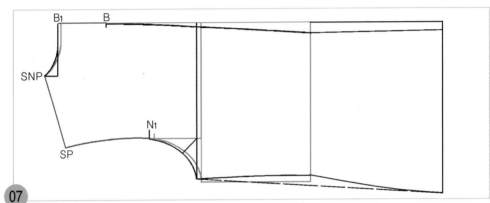

07 B₁점에서 B점까지 뒤 중심선을 그리고, 적색으로 표시된 어깨선과 진동둘레선은 원형의 선을 그 대로 사용한다.

5. 뒤 패널라인을 그린다.

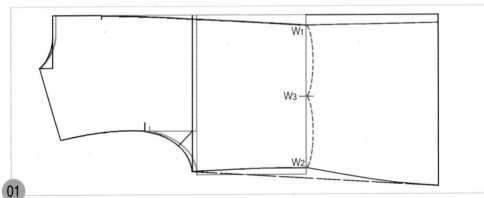

01 **W₃=W₁~W₂의 2등분** 허리선의 W₁점에서 W₂점까지를 2등분하여 1/2 위치에 패널라인 중심선을 그릴 안내점(W₃)을 표시한다.

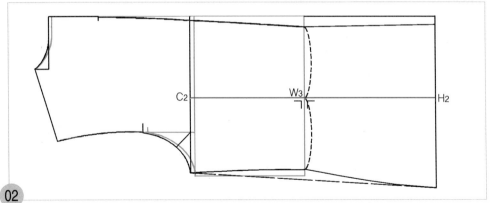

02

W₃점에서 직각으로 이동한 위 가슴둘레선(CL)까지 허리선 위쪽 패널라인 중심선(C₂)을 그린 다음, W₃점에서 직각으로 밑단선까지 허리선 아래쪽 패널라인 중심선(H₂)을 그린다.

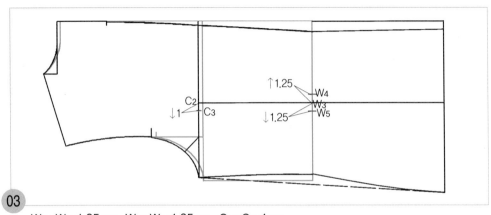

03

W₃~W₄=1.25cm, W₃~W₅=1.25cm, C₂~C₃=1cm

W₃점에서 뒤 중심 쪽으로 1.25cm 올라가 뒤 중심 쪽 패널라인을 그릴 통과점(W₄)을 표시하고, W₃점에서 옆선 쪽으로 1.25cm 내려와 옆선 쪽 패널라인을 그릴 통과점(W₅)을 표시한 다음, C₂점에서 1cm 내려와 뒤 중심 쪽 패널라인을 그릴 통과점(C₃)을 표시한다.

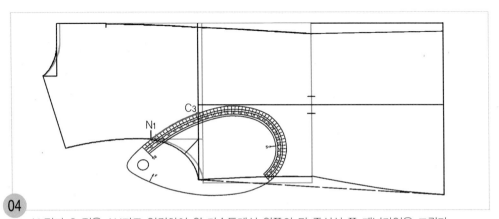

04

N₁점과 C₃점을 AH자로 연결하여 위 가슴둘레선 위쪽의 뒤 중심선 쪽 패널라인을 그린다.

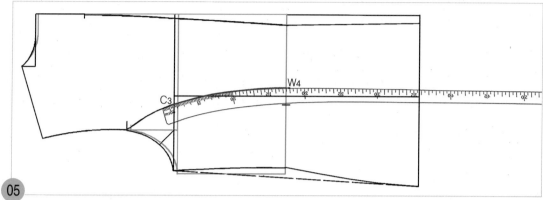

05

C3점과 W4점을 hip곡자로 연결하였을 때 04에서 그린 패널라인의 선과 자연스럽게 1~2cm가 겹쳐지는 위치로 맞추어 허리선 위쪽의 뒤 중심 쪽 패널라인을 그린다.

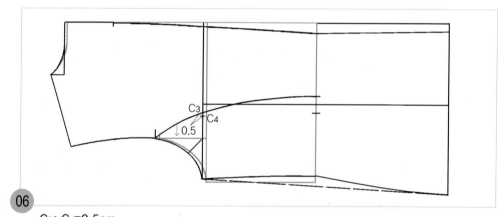

06

C3~C4=0.5cm

C3점에서 0.5cm 내려와 옆선 쪽 패널라인을 그릴 통과점(C4)을 표시한다.

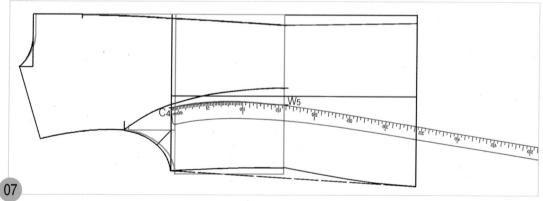

07

C4점에 hip곡자 끝 위치를 맞추면서 W5점과 연결하여 옆선 쪽의 허리선 위쪽 패널라인을 그린다.

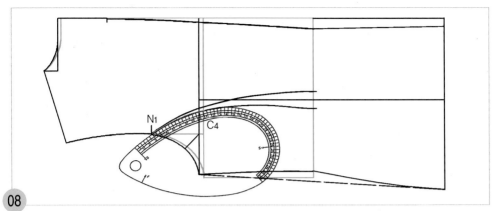

08 N₁점과 C₄점을 AH자로 연결하여 옆선 쪽의 위 가슴둘레선 위쪽 패널라인을 그린다.

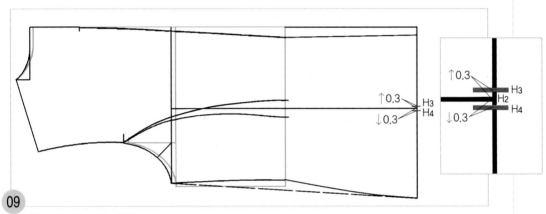

09

H₂~H₃, H₂~H₄=0.3cm

밑단선의 패널라인 중심선 끝점(H₂)에서 0.3cm 올라가 뒤 중심 쪽 패널라인을 그릴 안내점(H₃)을
표시하고, H₂점에서 0.3cm 내려와 옆선 쪽 패널라인을 그릴 안내점(H₄)을 표시한다.

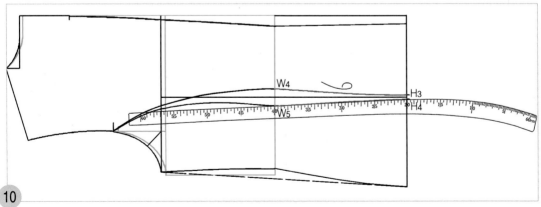

10 밑단선의 H₃점에 hip곡자 20위치를 맞추면서 허리선의 W₄점과 연결하여 뒤 중심 쪽의 허리선 아래쪽 패널
라인을 그린 다음, hip곡자를 수직반전하여 H₄점에 hip곡자 20위치를 맞추면서 허리선의 W₅점과 연결하여
옆선 쪽의 허리선 아래쪽 패널라인을 그린다.

6. 밑단의 완성선을 그린다.

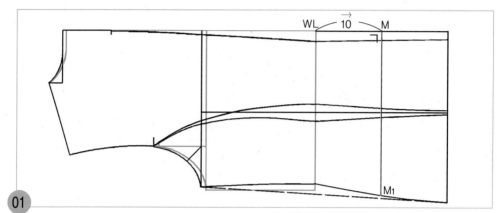

01

WL~M=10cm(원하는 길이로 조정 가능)
원형의 뒤 중심 쪽 허리선(WL)에서 10cm 밑단 쪽으로 나가 밑단의 완성선 위치(M)를 표시하고,
직각으로 옆선까지 밑단의 완성선(M1)을 내려 그린다.

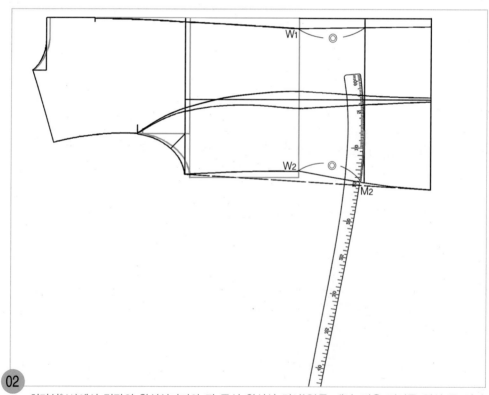

02

허리선(W1)에서 밑단의 완성선까지의 뒤 중심 완성선 길이(◎)를 재어, 같은 길이를 옆선 쪽 허리
선(W2)에서 옆선의 완성선을 따라 나가 옆선 쪽 밑단의 완성선(M2) 위치를 표시하고, hip곡자로
연결하여 밑단의 완성선을 수정한다.

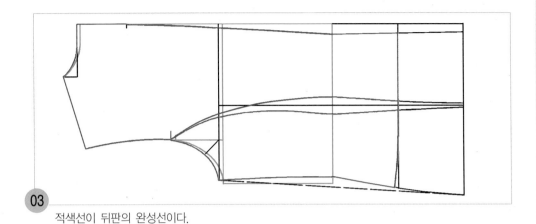

03 적색선이 뒤판의 완성선이다.

앞판 제도하기 ····÷·

1. 기초선을 그린다.

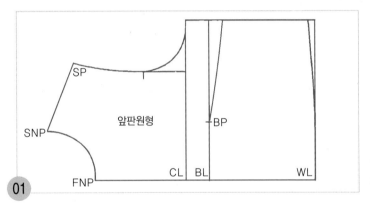

01 앞판의 원형선을 옮겨 그린다.

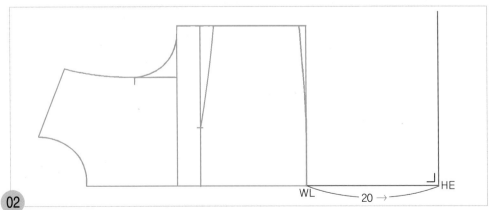

02 **WL~HE=20cm** 직각자를 대고 앞 원형의 WL점에서 수평으로 20cm 앞 중심선(HE)을 연장시켜 그리고, 직각으로 밑단의 안내선을 올려 그린다.

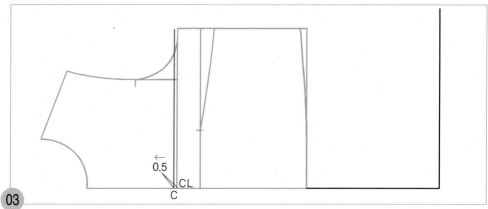

03

CL~C=0.5cm

원형의 위 가슴둘레선(CL)에서 왼쪽으로 0.5cm 나가 위 가슴둘레선 위치(C)를 이동하고 직각으로 위 가슴둘레선을 올려 그린다.

2. 옆선의 완성선을 그린다.

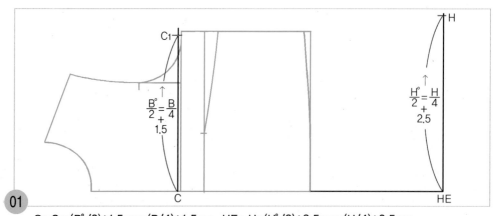

01

C~C₁=(B°/2)+1.5cm=(B/4)+1.5cm, HE~H=(H°/2)+2.5cm=(H/4)+2.5cm

이동한 위 가슴둘레선(C)의 앞 중심 쪽에서 (B°/2)+1.5cm=(B/4)+1.5cm한 치수를 올라가 옆선을 그릴 위 가슴둘레선 끝점(C₁)을 표시하고, 앞 중심 쪽 밑단선 끝점(HE)에서 (H°/2)+2.5cm=(H/4)+2.5cm 한 치수를 올라가 옆선을 그릴 밑단선 끝점(H)을 표시한다.

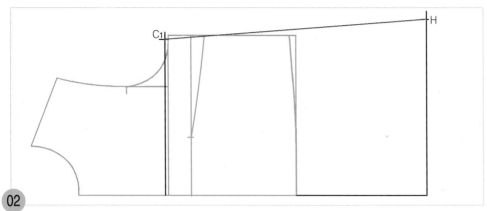

02 C₁점과 H점 두 점을 직선자로 연결하여 옆선의 안내선을 그린다.

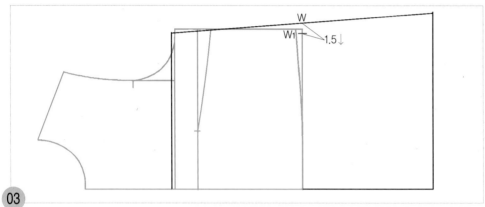

03 **W~W₁=1.5cm** 02에서 그린 옆선의 안내선과 원형의 옆선 쪽 허리안내선과의 교점(W)에서 1.5cm 내려와 옆선의 완성선을 그릴 안내점(W₁)을 표시한다.

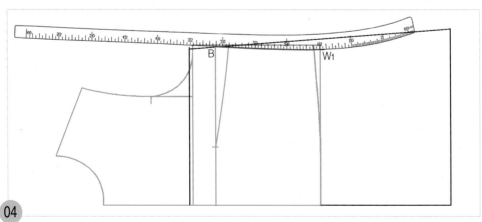

04 W₁점에 hip곡자 15위치를 맞추면서 가슴둘레선(BL)과 옆선의 안내선과의 교점(B)과 연결하여 허리선 위쪽 옆선의 완성선을 그린다.

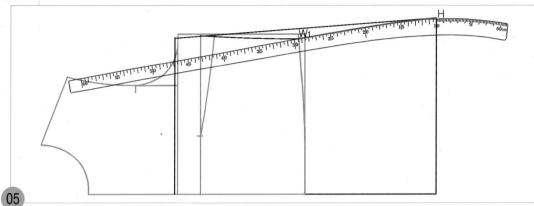

05 H점에 hip곡자 10위치를 맞추면서 W₁점과 연결하여 허리선 아래쪽 옆선의 완성선을 그린다.

3. 밑단선과 진동둘레선을 그린다.

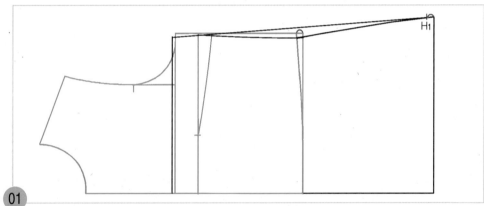

01 적색선으로 표시된 원형의 허리 안내선에서 허리 완성선까지의 길이를 재어, 옆선 쪽 밑단선 끝점에서 옆선의 완성선을 따라나가 수정할 밑단선 위치(H₁)를 표시한다.

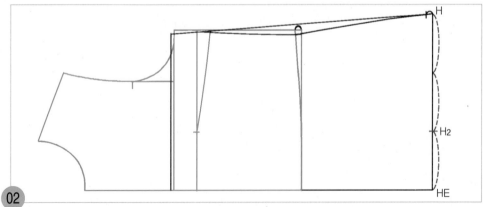

02 H₂=HE~H의 1/3   밑단의 안내선(HE~H)을 3등분하여 앞 중심 쪽 1/3위치에 밑단의 완성선을 그릴 연결점 위치(H₂)를 표시한다.

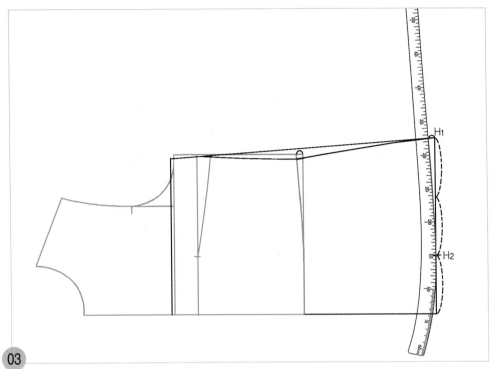

03 H₂점에 hip곡자 15위치를 맞추면서 H₁점과 연결하여 밑단선을 그린다.

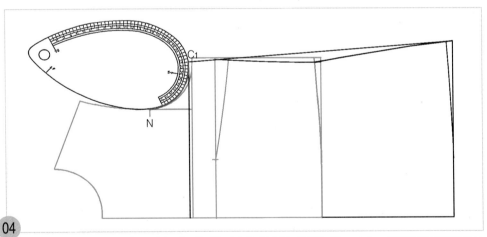

04 원형의 소매 맞춤 표시(N)점과 이동한 위 가슴둘레선 끝점(C)을 앞 AH자로 연결하여 진동둘레선을 수정한다.

4. 앞 패널라인을 그린다.

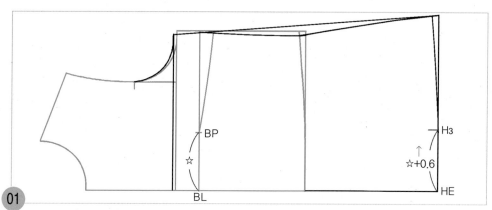

01

HE~H₃=(BL~BP)+0.6cm：☆

원형의 앞 중심 쪽 가슴둘레선(BL)에서 유두점(BP)까지의 길이(☆, 즉 유두간격/2)를 재어, 0.6cm 를 더한 치수를 앞 중심 쪽 밑단선 끝점(HE)에서 올라가 패널라인 중심선 위치(H₃)를 표시한다.

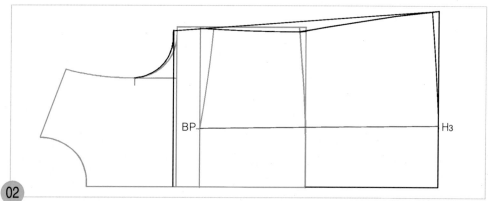

02

원형의 유두점(BP)과 H₃점 두 점을 직선자로 연결하여 패널라인 중심선을 그린다.

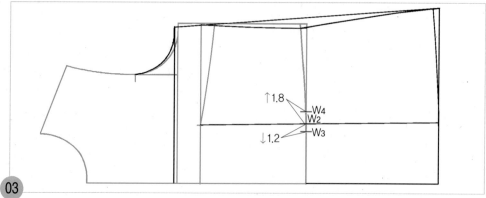

03

W₂~W₃=1.2cm, W₂~W₄=1.8cm   원형의 허리선(WL)과 다트중심선과의 교점(W₂)에서 앞 중심 쪽으로 1.2cm 내려와 앞 중심 쪽 패널라인을 그릴 통과점(W₃)을 표시하고, W₂점에서 옆선 쪽으로 1.8cm 올라가 옆선 쪽 패널라인을 그릴 통과점(W₄)을 표시한다.

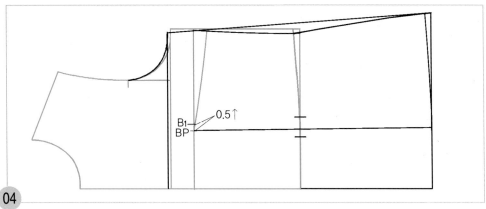

04

BP~B₁=0.5cm

원형의 유두점(BP)에서 0.5cm 올라가 패널라인을 그릴 통과점(B₁)을 표시한다.

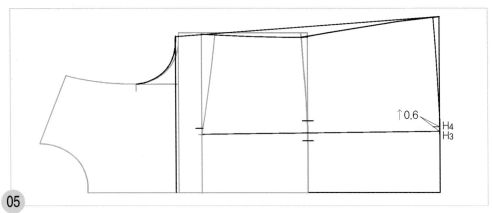

05

H₃~H₄=0.6cm

밑단 쪽 패널라인 중심선 위치(H₃)에서 0.6cm 올라가 옆선 쪽 패널라인 끝점(H₄)을 표시한다.

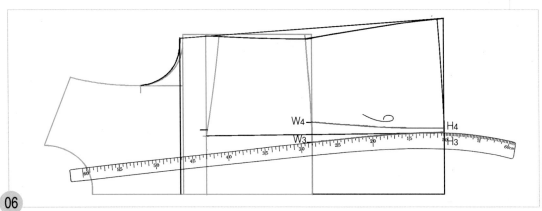

06

H₃점과 H₄점에 각각 hip곡자 10위치를 맞추면서 허리선의 패널라인 통과점(W₃, W₄)과 각각 연결하여 허리선 아래쪽 패널라인 완성선을 그린다.

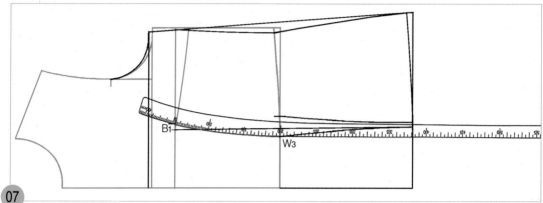

07

B₁점에 hip곡자 5위치를 맞추면서 W₃점과 연결하여 앞 중심 쪽 패널라인 완성선을 그린다.

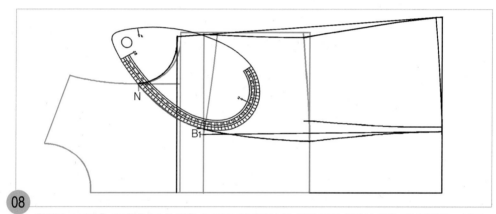

08

원형의 소매맞춤 표시점(N)과 B₁점을 AH자로 연결하여 앞 중심 쪽의 허리선 위쪽 패널라인을 그린다.

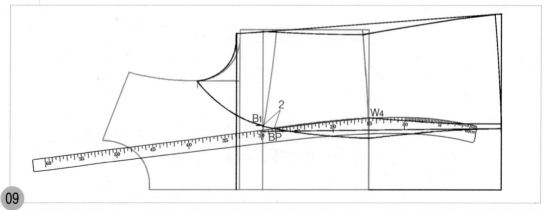

09

W₄점에 hip곡자 15위치를 맞추면서 B₁점에서 앞 중심 쪽 패널라인의 2cm 나간 위치와 연결하여 옆선 쪽 허리선 위쪽 패널라인을 그린다.

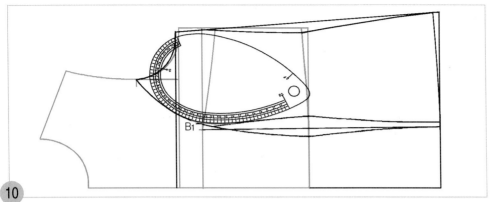

10

09에서 그린 B₁점에서 2cm 나간 위치의 옆선 쪽 패널라인이 각지지 않도록 AH자로 연결하여 자연스런 곡선으로 옆선 쪽 패널라인을 수정한다.

5. 앞 여밈분선을 그리고 단춧구멍 위치를 표시한다.

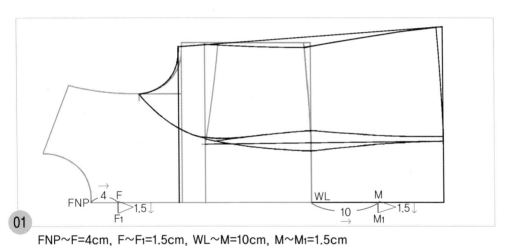

01

FNP~F=4cm, F~F₁=1.5cm, WL~M=10cm, M~M₁=1.5cm

원형의 앞 목점(FNP) 위치에서 앞 중심선을 따라 4cm 나가 수정할 앞 목점 위치(F)를 표시하고, 허리선(WL)에서 밑단선 쪽으로 10cm 나가 밑단의 완성선 끝점(M)을 표시한 다음, F점과 M에서 수직으로 1.5cm씩 앞 여밈분선(F₁, M₁)을 각각 내려 그린다.

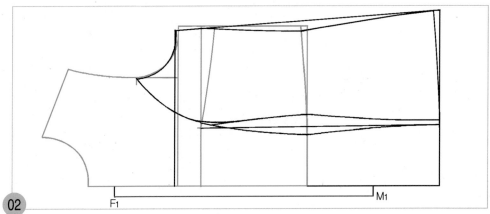

02

F₁~M₁=앞 여밈분선 F₁점과 M₁점 두 점을 직선자로 연결하여 앞 여밈분선을 그린다.

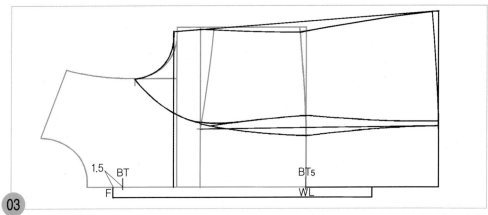

03

F~BT=1.5cm 수정한 앞 목점 위치(F)에서 앞 중심선을 따라 1.5cm 나가 첫 번째 단춧구멍 위치(BT)를 표시하고, 허리선(WL) 위치에 다섯 번째 단춧구멍 위치(BT₅)를 표시한다.

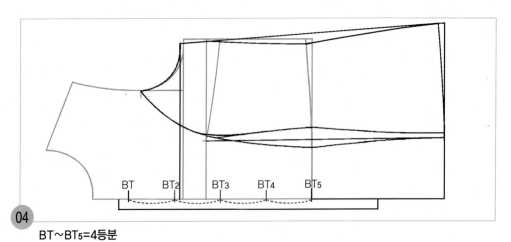

04

BT~BT₅=4등분

첫 번째 단춧구멍 위치(BT)에서 다섯 번째 단춧구멍 위치(BT₅)까지를 4등분하여, 각 등분점에서 두 번째 단춧구멍(BT₂), 세 번째 단춧구멍(BT₃), 네 번째 단춧구멍(BT₄) 위치를 각각 표시한다.

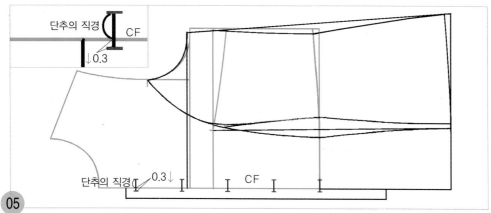

05 각 단춧구멍 위치의 앞 중심선에서 0.3cm씩 앞 여밈분선 쪽으로 내려와 각 단춧구멍 트임끝 위
치를 표시하고, 각 단춧구멍 위치의 앞 중심선에서 단추의 직경 치수를 올라가 각 단춧구멍 트임
끝 위치를 표시한다.

6. 앞 목둘레 완성선을 그리고 칼라를 제도한다.

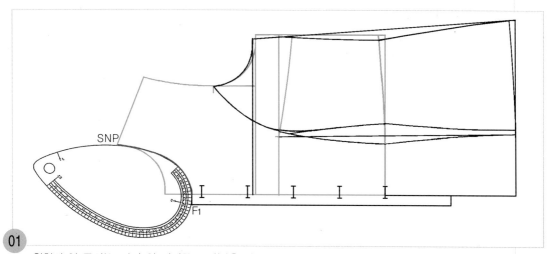

01 원형의 옆 목점(SNP)과 앞 여밈폭 끝점(F)을 앞 AH자로 연결하여 앞 목둘레 완성선을 그린다.

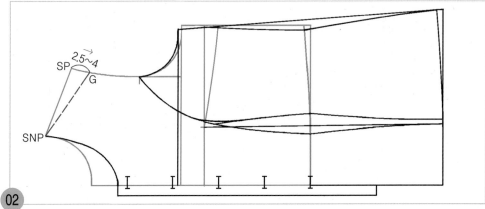

SP～G=2.5～4cm 원형의 어깨끝점(SP)에서 2.5cm(얇은천)～4cm(두꺼운천) 나가 뒤판 어깨선을 마주댈 안내선점(G)을 표시하고, 옆 목점(SNP)과 G점 두 점을 직선자로 연결하여 점선으로 뒤판의 어깨선을 맞출 안내선을 그린다.

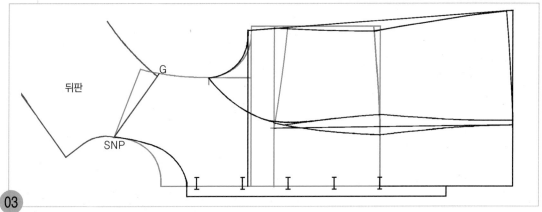

그림과 같이 뒤판의 어깨선을 옆 목점(SNP)끼리 맞춘 다음 02에서 그린 안내선에 맞추어 고정시킨 다음, 뒤판의 완성선을 옮겨 그린다.

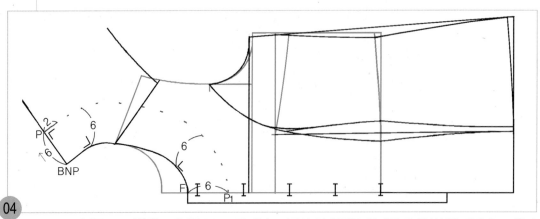

BNP～P=칼라폭 6cm(원하는 칼라폭으로 조정가능) 뒤판의 뒤 목점(BNP)에서 뒤 중심선을 따라 6cm 올라가 칼라폭 끝점(P)을 표시하고 직각으로 2cm 칼라폭선을 그린 다음, 앞뒤 목둘레선에 직각으로 6cm의 칼라폭 완성선을 그릴 안내점을 앞 중심선 쪽(P₁)까지 점선으로 표시해 둔다.

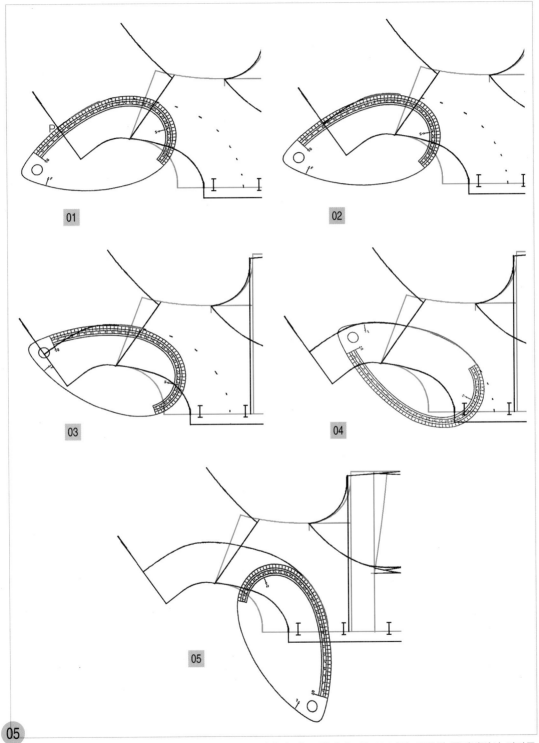

05

그림과 같이 04에서 표시해둔 안내점 위치를 벗어나지 않고 연결되도록 AH자를 조금씩 돌려가면서 칼라폭 완성선을 그린다.

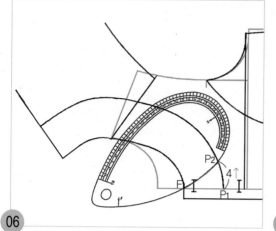

06

P₁ ~P₂=4cm

앞 중심 쪽의 칼라폭 끝점(P₁)에서 칼라폭 완성선을 따라 4cm 올라가 수정할 칼라폭 끝점(P₂)을 표시하고, 앞 목점(F)과 P₂점을 AH자로 연결하여 앞 칼라 완성선을 그린다.

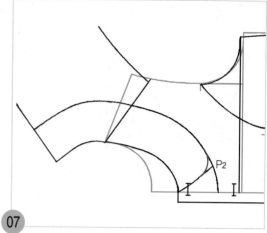

07

P₂점의 각진 것을 곡선으로 수정하여 앞 칼라 완성선을 수정한다.

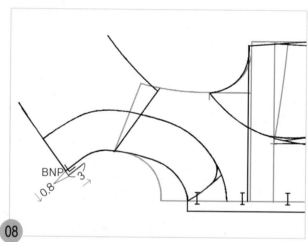

08

BNP~P₃=0.8cm

뒤 목점(BNP)에서 0.8cm 칼라의 뒤 중심선(P₃)을 연장시켜 그리고, 칼라 뒤 중심선에 직각으로 3cm 칼라 솔기선을 그린다.

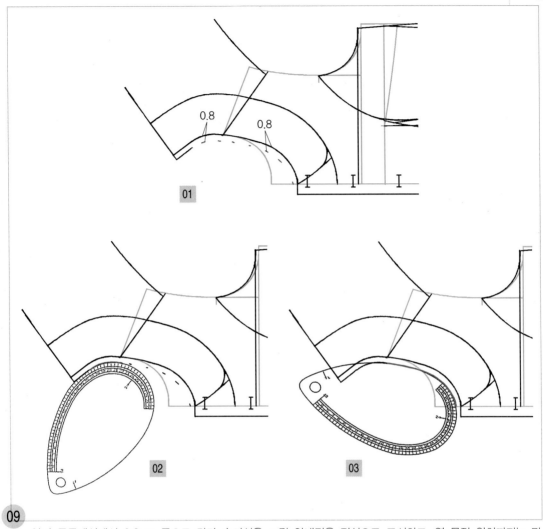

09

앞뒤 목둘레선에서 0.8cm 폭으로 칼라 솔기선을 그릴 안내점을 점선으로 표시하고, 옆 목점 위치까지는 뒤 AH자 쪽으로 맞추어 뒤 칼라 솔기선을 그리고, 옆 목점에서 앞 목점 쪽은 앞 AH자 쪽으로 맞추어 앞 칼라 솔기선을 그린다.

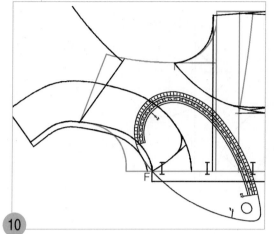

10 앞 칼라솔기선의 앞 목점(F)과 칼라 솔기선을 AH
자로 반대쪽으로 뒤집어서 연결하고 앞 칼라 솔기
선을 수정한다.

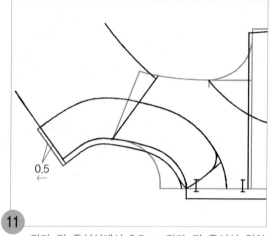

11 칼라 뒤 중심선에서 0.5cm 칼라 뒤 중심선 위치
를 이동한다.

㉡ 얇은 소재일 경우에는 이동하지 않아도 되나
신축성이 없는 천이면 0.5cm 이동한다.

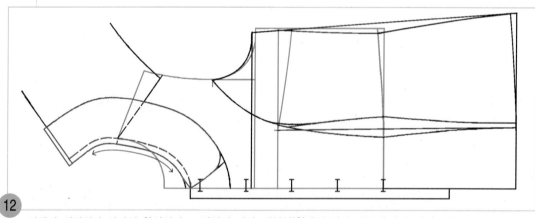

12 적색의 외곽선이 칼라의 완성선이고, 점선이 칼라 꺾임선(원래의 앞뒤 목둘레선)이 된다. 칼라의 완성선을 새
패턴지에 옮겨 그린 다음 그린 칼라의 완성선을 따라 오려내고 원래의 칼라 완성선 위에 얹어 패턴에 차이가
없는지 확인한다.

㉡ 봉제시에는 칼라 솔기선을 앞뒤 목둘레선의 길이만큼 늘려서 봉제하여야 한다.

7. 밑단의 완성선을 그린다.

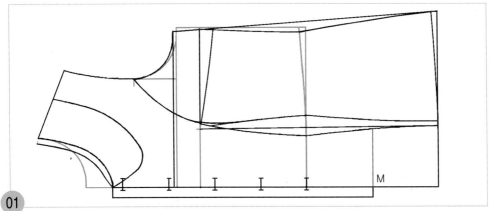

01 앞 중심 쪽 밑단선 위치(M)에서 수직으로 앞 중심 쪽 패널라인 위치까지 밑단의 완성선을 올려 그린다.

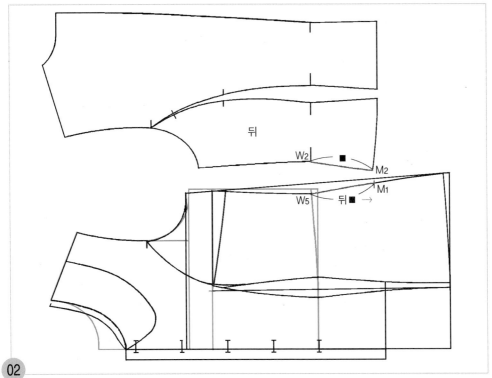

02 뒤판의 옆선 쪽 허리선(W₂)에서 밑단선(M₂)까지 옆선의 완성선 길이(■)를 재어, 그 길이(■)를 앞 옆선의 완성선과 원형의 허리 완성선과의 교점(W₅)에서 옆선의 완성선을 따라나가 밑단의 완성선을 그릴 옆선의 끝점(M₁)을 표시한다.

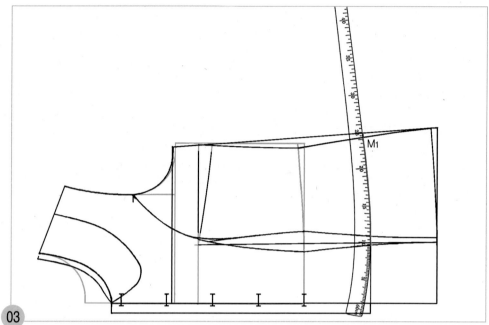

03 밑단선의 앞 중심선 쪽 패널라인 끝점에 hip곡자 10위치를 맞추면서 M₁점과 연결하여 밑단의 완성선을 그린다.

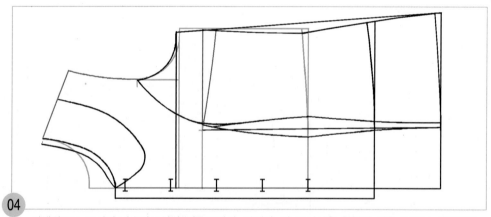

04 적색선으로 표시된 가슴다트선과 진동둘레선, 어깨선, 앞 중심선은 원형의 선을 그대로 사용한다.

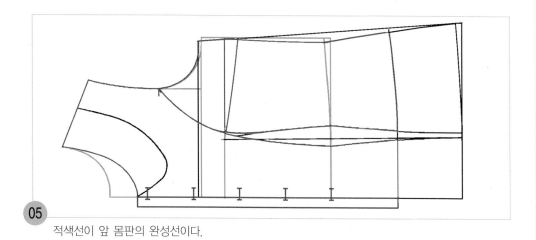

05 적색선이 앞 몸판의 완성선이다.

소매 제도하기 ···◈

1. 소매 밑선을 그린다.

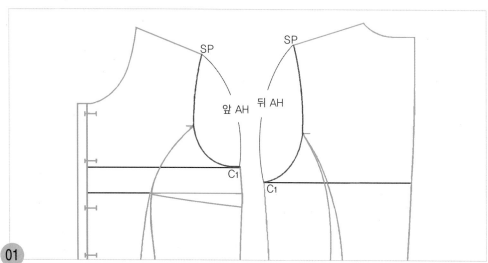

01 **SP~C_1=앞/뒤 진동둘레선(AH)** SP점에서 C_1점의 앞/뒤 진동둘레선(AH) 길이를 각각 잰다.

🎫 뒤 AH치수−앞 AH치수=2cm 내외가 가장 이상적 치수이다. 즉 뒤 AH 치수가 앞 AH치수보다 2cm정도 더 길어야 하며 허용치수는 ±0.3cm까지이다.

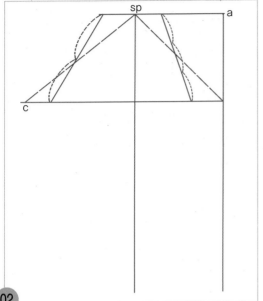

02 소매산 곡선을 그릴 안내선까지 소매원형의 제도 순서 p.38의 02~p.40의 04까지 참조하여 같은 방법으로 소매산 곡선 안내선을 그린다. 이때 a점 과 sp점에서 소매길이를 길게 내려 그린다.

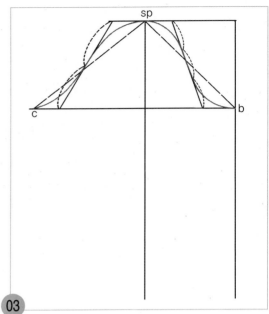

03 소매산 곡선을 소매원형의 제도순서 p.40의 01~04까지 참조하여 같은 방법으로 소매산 곡선 을 그린다.

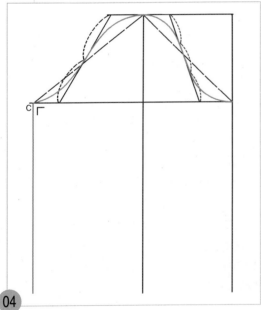

04 뒤 소매폭 끝점(c)에서 직각으로 뒤 소매밑 안내 선을 길게 내려 그린다.

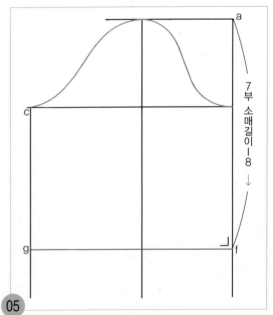

05 **a~f=7부 소매길이-8cm**
a점에서 7부인 소매길이-8cm 만큼 내려와 앞 소 매단 위치(f)를 표시하고, 직각으로 뒤 소매밑 안내 선(g)까지 소매단선을 그린다.
🟢 7부 소매길이는 소매길이의 3/4 길이이다.

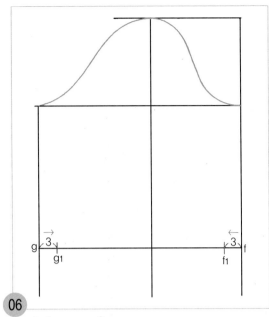

06

f~f₁, g~g₁=3cm

f점과 g점에서 각각 3cm씩 안쪽으로 들어가 소매
단 폭 끝점(f₁, g₁)을 각각 표시한다.

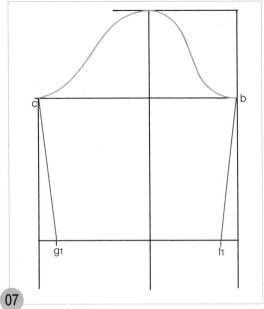

07

b~f₁=앞 소매밑 완성선, c~g₁=뒤 소매밑 완성선

b점과 f₁점, c점과 g₁점을 각각 직선자로 연결하여
앞뒤 소매밑 완성선을 그린다.

2. 드롭프드 커프스 선을 그린다.

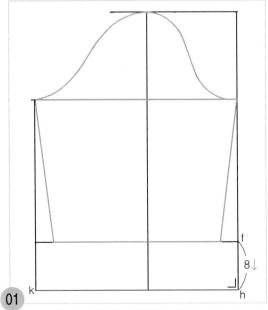

01

f~h=8cm f점에서 드롭프드 커프스폭(h) 8cm를
내려와 표시하고 직각으로 뒤 소매밑 안내선(k)까
지 드롭프드 커프스 소매단선을 그린다.

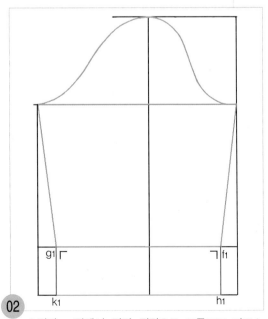

02

f₁점과 g₁점에서 각각 직각으로 드롭프드 커프스
폭선(h₁, k₁)을 내려 그린다.

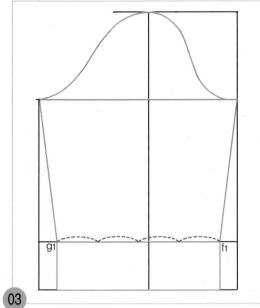

03 f1점에서 g1점까지를 4등분한다

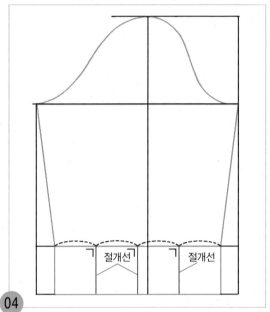

04 각 등분점 위치에서 직각으로 절개선을 그린다.

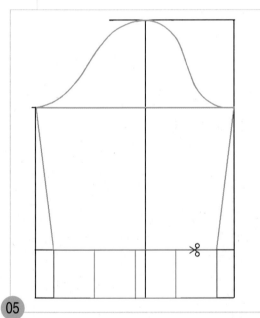

05 적색으로 표시된 드롭프드 커프스의 완성선을 오려낸다.

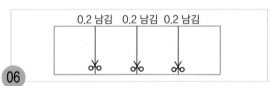

06 드롭프드 커프스 솔기선 쪽에서 0.2cm씩 남기고 절개선을 자른다.

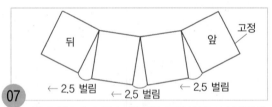

07 앞 드롭프드 커프스 폭선을 고정시키고, 시계방향으로 각 절개선 위치에서 2.5cm씩 벌린다.

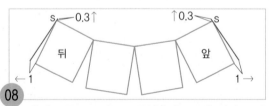

08 앞뒤 드롭프드 커프스 폭선에서 1cm씩 나가 표시하고, 드롭프드 커프스 솔기선점(s)과 직선자로 연결하여 s점에서 0.3cm 길게 드롭프드 커프스 폭 완성선을 그린다.

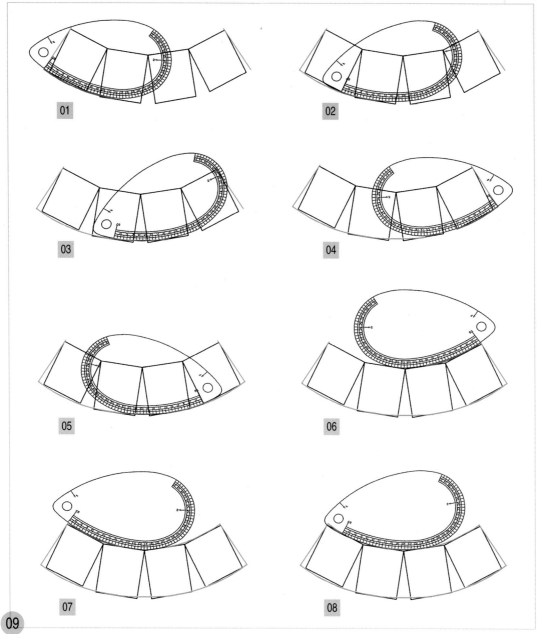

09

절개한 각 드롭프드 커프스 소매단 완성선을 그림과 같이 AH자로 각각 연결하여 수정하고, 드롭프드 커프스 솔기선의 각 절개선 위치의 각진부분을 AH자로 연결하여 수정한다.

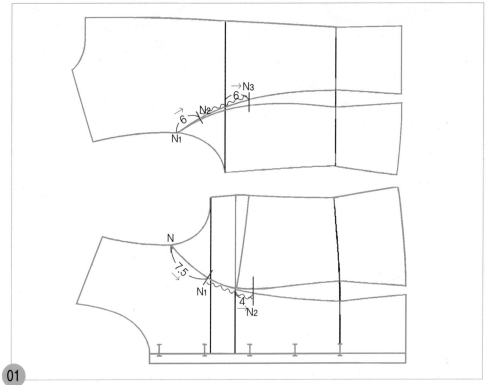

01

뒤판의 N₁점에서 6cm 뒤 중심 쪽 패널라인을 따라나가 패널라인에 직각으로 이세처리 시작 위치의 너치표시(N₂)를 넣고, 위 가슴둘레선(CL)에서 6cm 나가 수직으로 이세처리끝 위치의 너치표시(N₃)를 넣은 다음 N₂에서 N₃사이에 이세 기호를 넣는다.

앞판의 N점에서 7.5cm 앞 중심 쪽 패널라인을 따라 나가 패널라인에 직각으로 이세처리 시작 위치의 너치표시(N₁)를 넣고 가슴다트선에서 4cm 나가 수직으로 이세처리끝 위치의 너치표시(N₂)를 넣은 다음 N₁에서 N₂사이에 이세 기호를 넣는다.

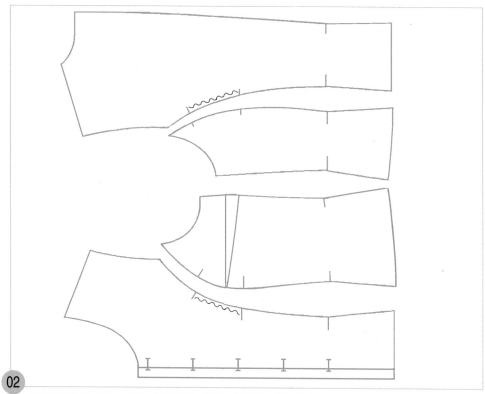

02 앞뒤 중심 쪽 몸판과 앞뒤 옆몸판의 패턴이 각각 분리된 상태이다.

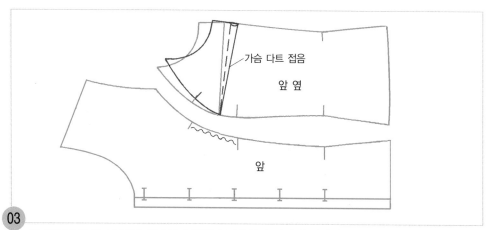

가슴 다트 접음

앞 옆

앞

03 앞 옆몸판의 가슴다트를 접으면 청색선이 적색선과 같이 움직이게 된다. 테이프로 접은 다트선을
고정시킨다.

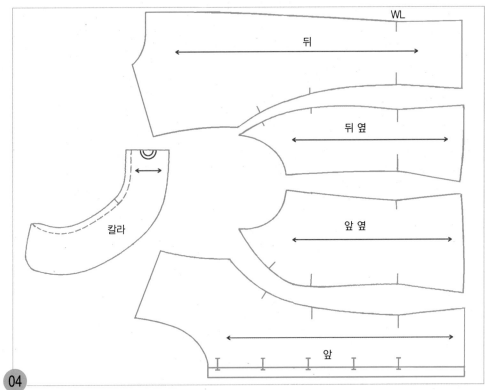

04

뒤 중심 쪽, 뒤 옆, 앞 옆 몸판의 허리선을 앞 중심 쪽 몸판의 허리선에 일직선이 되도록 배치하고 수평으로 식서방향 표시를 넣고, 칼라의 뒤 중심선에 평행으로 식서방향 표시를 넣은 다음 골선표시를 넣는다.

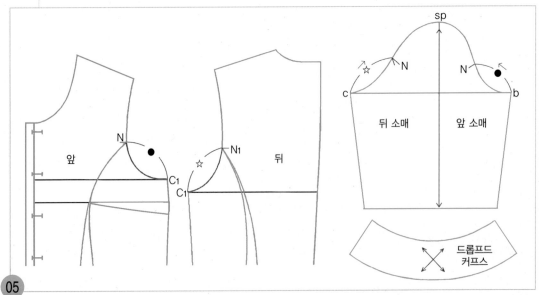

05

앞/뒤 몸판의 C_1점에서 N, N_1점까지의 길이를 각각 재어, 소매의 앞/뒤 소매폭점(b, c)에서 소매산 곡선을 따라 올라가 소매 맞춤표시(N)를 넣고, 소매 중심선을 식서방향으로 표시한다. 드롭프드 커프스에 바이어스 방향으로 식서방향 표시를 넣는다.

■■■ B.L.O.U.S.E **04**

실루엣 ●●● 돌먼 슬리브를 앞뒤 요크 절개로 한 남자의 Y셔츠와 같은 모양의 블라우스로 일상복에서 세련된 느낌까지 광범위하게 착용할 수 있는 스타일이다.

소 재 ●●● 면, 마, 화섬, 얇은 울 등이 적합하며, 색과 무늬는 용도에 맞게 선택한다.

포인트 ●●● Y셔츠 칼라 그리는 법, 싱글 커프스 그리는 법, 돌먼 슬리브 그리는 법, 요크 절개선 그리는 법을 배운다.

제도 치수 구하기 ┅┅▷

계측 부위		계측 치수 의 예	자신의 계측 치수	제도 각자 사용 시의 제도 치수	일반 자 사용 시의 제도 치수	자신의 제도 치수
가슴둘레(B)		86cm		$B°/2$	$B/4$	
허리둘레(W)		66cm		$W°/2$	$W/4$	
엉덩이둘레(H)		94cm		$H°/2$	$H/4$	
등길이		38cm		치수 38cm		
앞길이		41cm		41cm		
뒤품		34cm		뒤 품/2=17		
앞품		32cm		앞 품/2=16		
유두 길이		25cm		25cm		
유두 간격		18cm		유두 간격/2=9		
어깨너비		37cm		어깨 너비/2=18.5		
블라우스 길이		58cm		계측한 등길이+20cm		
소매길이		54cm		계측한 소매길이		
진동깊이		최소치=20cm, 최대치=24cm		$B°/2$	$B/4=21.5$	
위 가슴둘레선	뒤			$(B°/2)+3.5cm$	$(B/4)+3.5cm$	
	앞			$(B°/2)+2.5cm$	$(B/4)+2.5cm$	
밑단선	뒤			뒤 위 가슴둘레선+0.6cm		
	앞			$(H°/2)+2.5cm$	$(H/4)+2.5cm=26cm$	

🟢 진동깊이=B/4의 산출치가 20~24cm 범위안에 있으면 이상적인 진동깊이의 길이라 할 수
있다. 따라서 최소치=20cm, 최대치=24cm까지이다. (이는 예를 들면 가슴둘레 치수가 너무
큰 경우에는 진동깊이가 너무 길어 겨드랑밑 위치에서 너무 내려가게 되고, 가슴둘레 치수가
너무 적은 경우에는 진동깊이가 너무 짧아 겨드랑밑 위치에서 너무 올라가게 되어 이상적인
겨드랑 밑 위치가 될 수 없다. 따라서 B/4의 산출치가 20cm 미만이면 뒤 목점(BNP)에서
20cm 나간 위치를 진동깊이로 정하고, B/4의 산출치가 24cm 이상이면 뒤 목점(BNP)에서
24cm 나간 위치를 진동깊이로 정한다.)

01 자신의 각 계측부위를 계측하여 빈칸에 넣어두고 제도치수를 구하여 둔다.

뒤판 제도하기 ┄┄◦

1. 뒤 중심선과 밑단선, 옆선을 그린다.

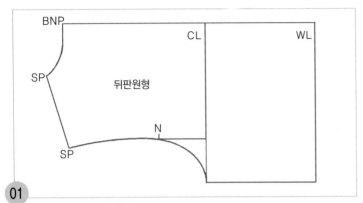

01

뒤판의 원형선을 옮겨 그린다.

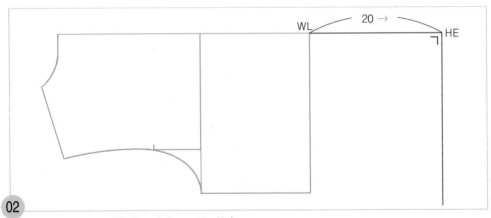

02

WL~HE=20cm(원하는 길이로 조절 가능)
뒤 원형의 뒤 중심 쪽 허리선(WL)에서 수평으로 20cm 뒤 중심선을 연장시켜 그리고 밑단선 위치
(HE)를 정한 다음, 직각으로 밑단선을 내려 그린다.

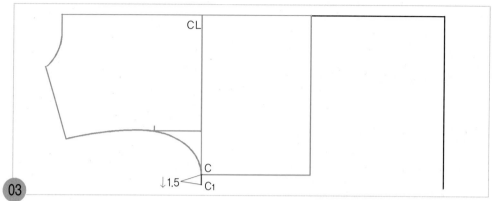

03

C~C₁=1.5cm 원형의 위 가슴둘레선 옆선 쪽 끝점(C)에서 1.5cm 내려 그려 위 가슴둘레선의 옆선 쪽 끝점(C₁)을 이동한다.

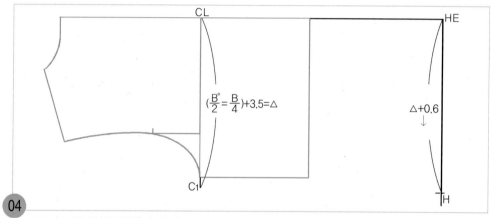

$$\left(\frac{B°}{2} = \frac{B}{4}\right) + 3.5 = \triangle$$

$$\triangle + 0.6$$

04

HE~H=위 가슴둘레선($\triangle$)+0.6cm

HE점에서 위 가슴둘레선($\triangle$)+0.6cm 치수를 내려와 옆선 쪽 밑단선 끝점(H)을 표시한다.

☻ 원형의 위 가슴둘레선 길이가 (B°/2)+2cm=(B/4)+2cm였으므로 +1.5cm하여 3.5cm가 된 것이다.

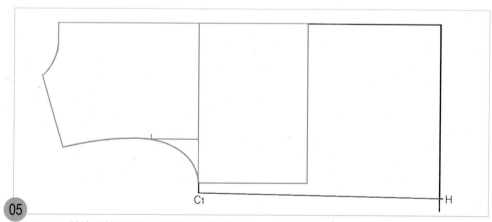

05

C₁~H=옆선 옆선 쪽 위 가슴둘레선 끝점(C₁)과 H점 두 점을 직선자로 연결하여 옆선을 그린다.

2. 뒤 목둘레선을 그린다.

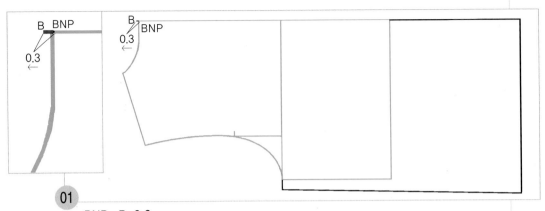

① BNP~B=0.3cm
원형의 뒤 목점(BNP)에서 0.3cm 뒤 중심선을 연장시켜 그리고 뒤 목점 위치(B)를 이동한다.

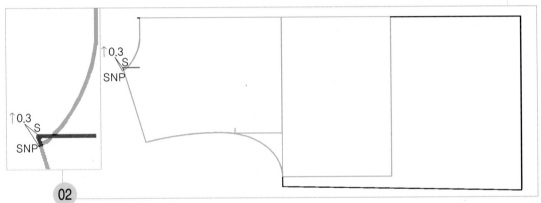

② SNP~S=0.3cm 원형의 옆 목점(SNP)에서 0.3cm 어깨선을 연장시켜 그리고 옆 목점(S) 위치를 이동한 다음 수평으로 뒤 목둘레선을 그릴 안내선을 그린다.

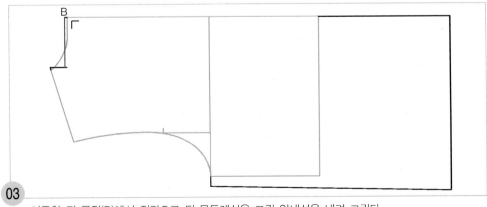

③ 이동한 뒤 목점(B)에서 직각으로 뒤 목둘레선을 그릴 안내선을 내려 그린다.

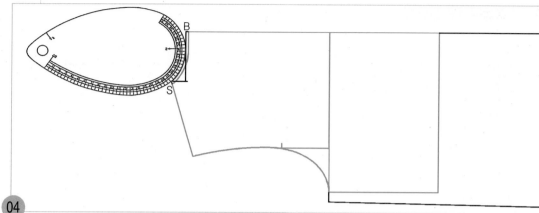

04

이동한 옆 목점(S)점과 뒤 목둘레 안내선에 뒤 AH자 쪽을 수평으로 바르게 맞추어 대고 뒤 목둘레선을 그리고 남은 뒤 목점까지는 안내선을 완성선으로 한다.

3. 돌먼 소매선을 그린다.

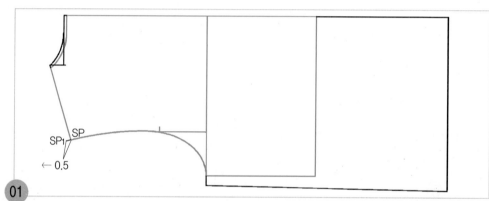

01

SP~SP₁=0.5cm 원형의 어깨 끝점(SP)에서 0.5cm 나가 어깨끝점(SP₁)을 이동한다.

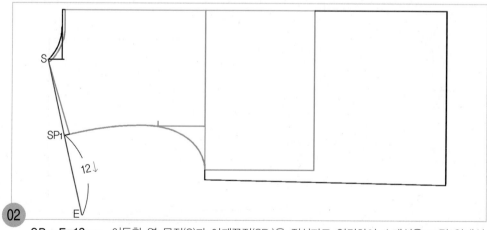

02

SP₁~E=12cm 이동한 옆 목점(S)과 어깨끝점(SP₁)을 직선자로 연결하여 소매선을 그릴 안내선(E)을 이동한 어깨끝점(SP₁)에서 12cm 더 길게 내려 그린다.

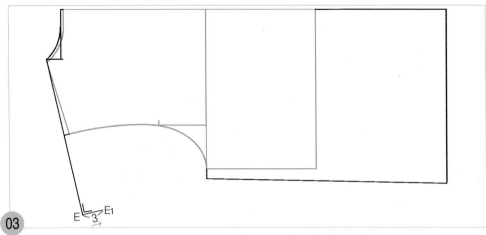

E~E₁=3cm E점에서 직각으로 3cm 소매선을 그릴 안내선(E₁)을 그린다.

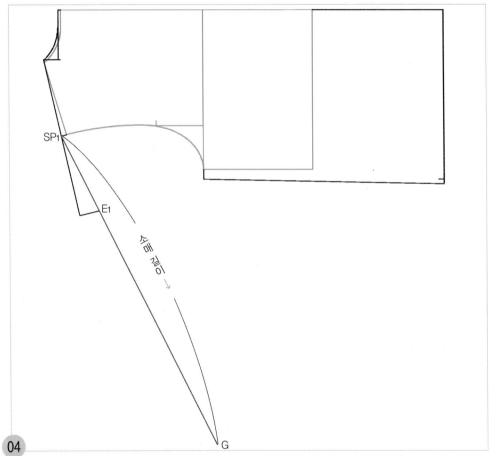

SP₁~G=소매길이 이동한 어깨끝점(SP₁)과 E₁점 두 점을 직선자로 연결하여 SP₁에서 소매길이 만큼 소매선(G)을 내려 그린다.

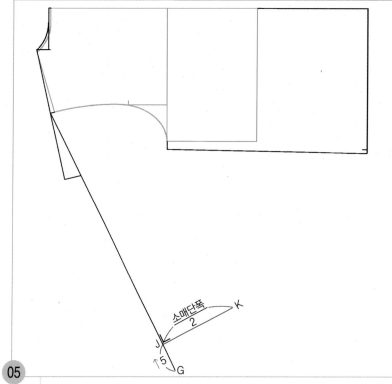

G~J=5cm,
J~K=소매단폭/2

소매길이 끝점(G)에서 커프
스 폭 5cm를 올라가 소매
단 솔기선점(J)을 표시하고,
직각으로 소매단폭/2 치수
의 소매단 솔기 안내선(K)
을 그린다.

🈁 소매단 폭={손목둘레
(16cm)+2.5cm(여유
분)/2}+4cm(셔링분)

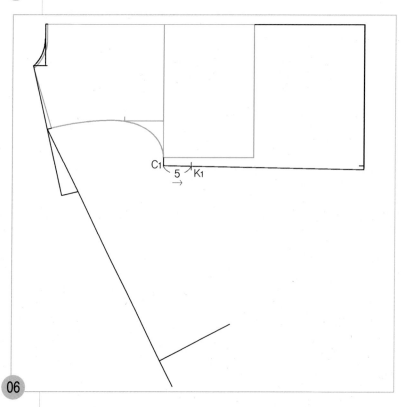

C₁~K₁=5cm

몸판의 옆선 쪽 위 가슴둘
레선 끝점(C₁)에서 5cm 옆
선을 따라 소매밑선을 그릴
안내점(K₁)을 표시한다.

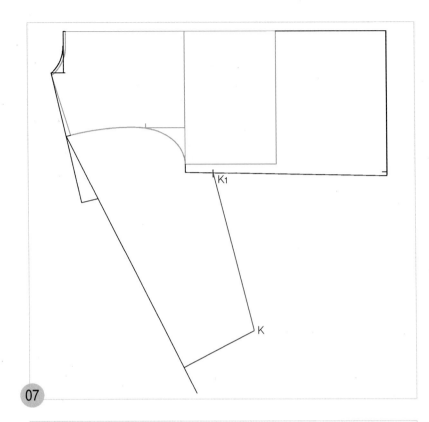

K₁점과 K점 두 점을 직선
자로 연결하여 소매밑선을
그린다.

07

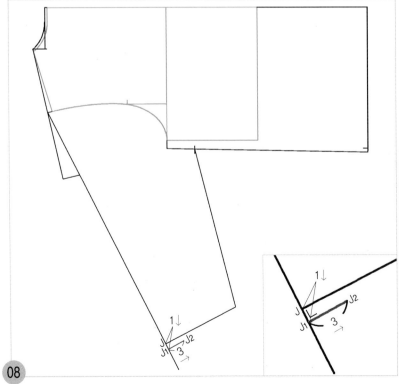

J~J₁=1cm, J₁~J₂=3cm
J점에서 1cm 내려와 소매단
솔기 완성선을 그릴 안내점
(J₁)을 표시하고 직각으로
3cm 소매단 솔기 완성선
(J₂)을 그린다.

08

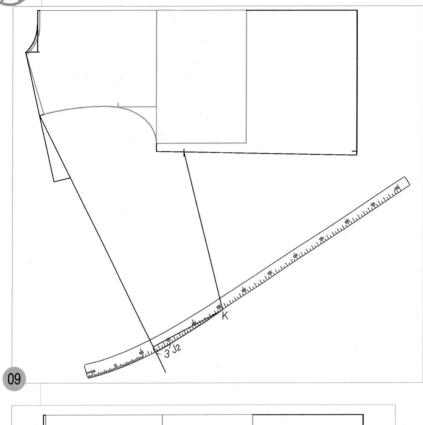

J2점에 hip곡자 15위 치를 맞추면서 K점과 연결하여 남은 소매 단 솔기 완성선을 그 린다.

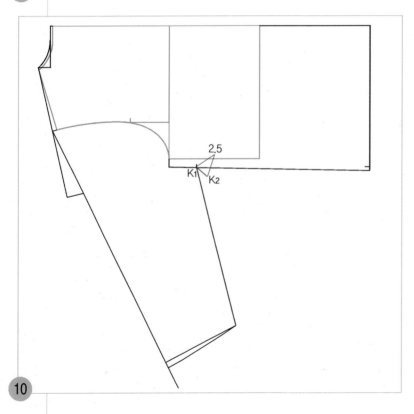

K₁~K₂=2.5cm
K₁점에서 옆선과 소매밑선 의 중간을 통과하는 2.5cm 의 통과선(K₂)을 그린다.

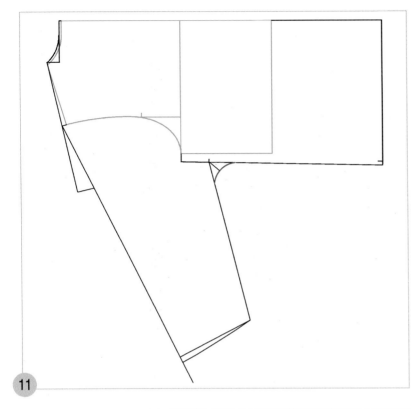

10에서 그린 2.5cm의 통과
선을 통과하는 곡선으로 옆
선과 소매밑선을 둥글게 수
정한다.

참고 이해가 안될 경우
직경 7.5cm 정도의 원으로
연결.

4. 요크선을 그린다.

B~Y=10cm
이동한 뒤 목점(B)에서
10cm 뒤 중심선을 따라 나
가 요크선을 그릴 안내점
위치(Y)를 표시하고 직각으
로 요크선(Y₁)을 원형의 진
동둘레선(AH)까지 내려 그
린다.

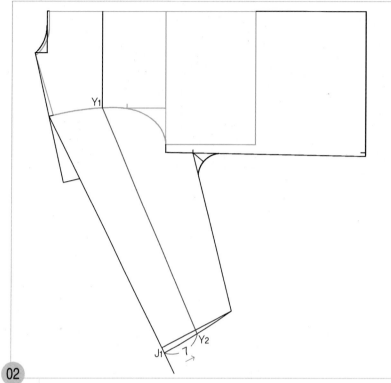

J₁점에서 소매단 솔기 완성
선을 따라 나가 소매단 쪽
요크선(Y_2) 위치를 표시하
고 Y_1점과 Y_2점 두 점을 직
선자로 연결하여 소매의 요
크선을 그린다.

02

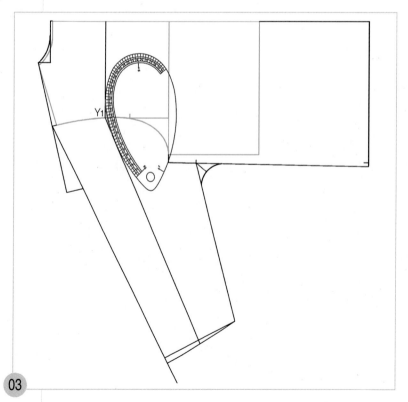

Y_1점의 각진부분을 AH자로
연결하여 자연스런 곡선으
로 수정한다.

03

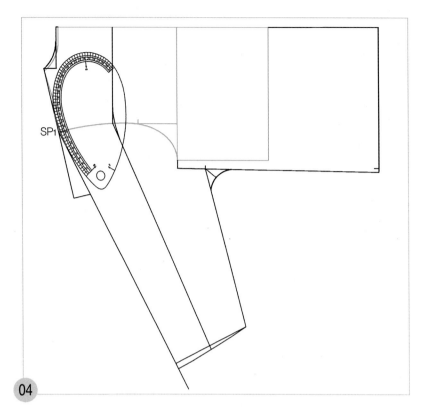

어깨끝점(SP₁)의 각진부분을 AH자로 연결하여 자연스런 곡선으로 수정한다.

04

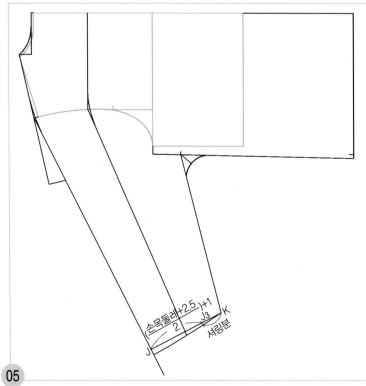

J∼J₃={손목둘레(16)+2.5cm(여유분)}/2+1cm

J점에서 소매단 솔기 안내선을 따라 {손목둘레(16)+2.5cm(여유분)}/2+1cm 한 치수를 나가 커프스선을 그릴 길이량(J₃)을 표시하면, 남은 K점까지가 셔링분이 된다.

05

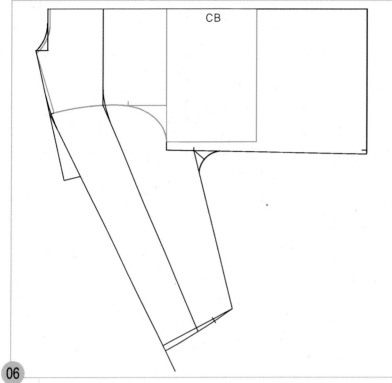

CB

적색선으로 표시된 뒤 중심
선은 원형의 선을 그대로
사용한다.

06

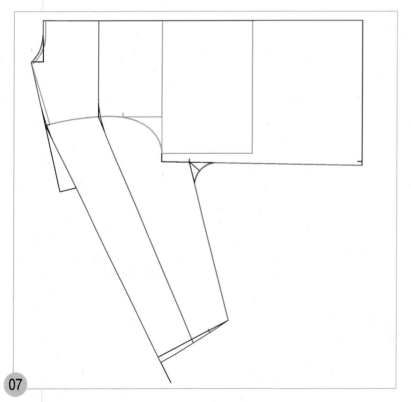

적색선이 뒤판의 완성선이다.

07

앞판 제도하기 ···

1. 앞 중심선과 밑단선, 옆선을 그린다.

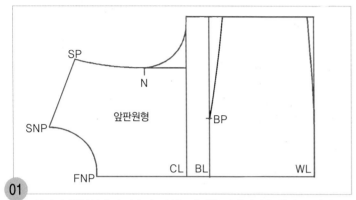

01 앞판의 원형선에서 가슴다트선을 제외한 적색선만을 옮겨 그린다.

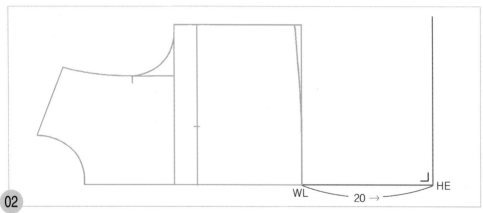

02 **WL~HE=20cm**
직각자를 대고 앞 원형의 WL점에서 수평으로 20cm 앞 중심선(HE)을 연장시켜 그리고, 직각으로 밑단의 안내선을 올려 그린다.

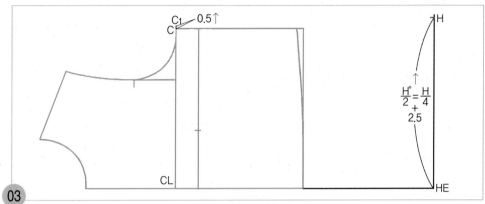

03

C~C₁=0.5cm, HE~H=(H°/2)+2.5cm=(H/4)+2.5cm

원형의 위 가슴둘레선(CL) 옆선 쪽 끝점(C)에서 0.5cm 올라가 옆선을 그릴 안내점(C₁)을 표시하고, 앞 중심 쪽 밑단선 끝점(HE)에서 (H°/2)+2.5cm=(H/4)+2.5cm 올라가 옆선 쪽 밑단선 끝점(H)을 표시한다.

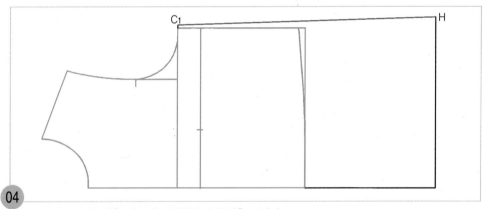

04

C₁점과 H점 두 점을 직선자로 연결하여 옆선을 그린다.

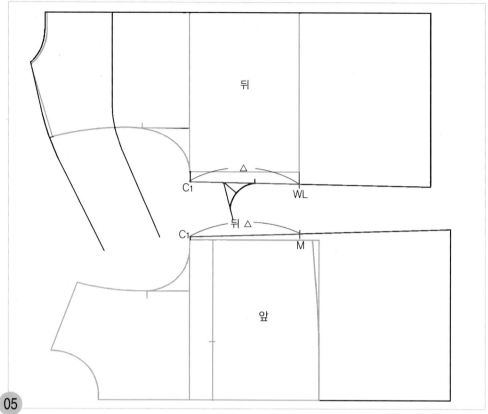

05 **C₁~M=뒤판의 C₁~WL의 길이**

뒤판의 C₁점에서 옆선 쪽 허리선(WL)까지의 길이를 재어, 앞판의 C₁점에서 옆선을 따라나가 겨드랑밑 옆선과 밑단선 위치를 정할 안내점(M)을 표시한다.

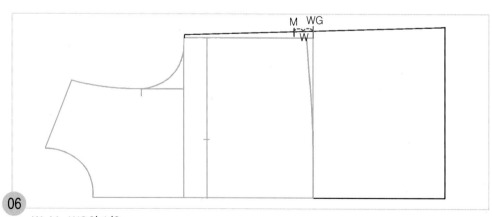

06 **W=M~WG의 1/2**

M점에서 원형의 허리안내선(WG)까지를 2등분하여 1/2점에 옆선 쪽 허리선 위치(W)를 표시한다.

K₁~W=
뒤판의 K₁~WL의 길이
뒤판의 K₁점에서 옆선 쪽 허리선(WL)까지의 길이를 재어, 앞판의 허리선 위치(W)에서 옆선을 따라나가 겨드랑밑 소매밑선을 그릴 안내점(K₁)을 표시한다.

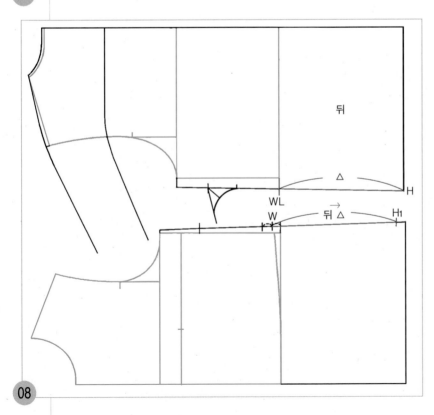

W~H₁=
뒤판의 WL~H의 길이
뒤판의 옆선 쪽 허리선(WL)에서 밑단선(H)까지의 길이를 재어, 앞판의 허리선 위치(W)에서 옆선을 따라나가 옆선 쪽 밑단선 끝점(H₁) 위치를 표시한다.

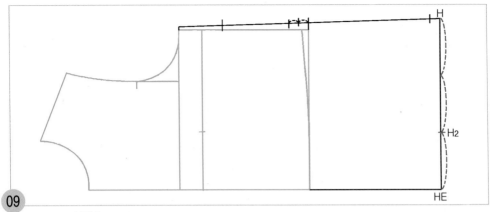

09

HE~H=3등분

앞판의 HE점에서 H점까지의 밑단선을 3등분하여 앞 중심 쪽 1/3 위치에 밑단의 완성선을 그릴 안내점(H2)을 표시한다.

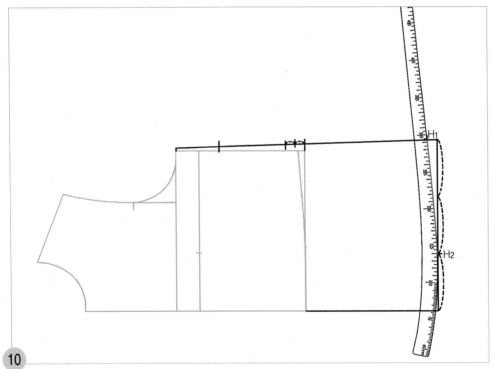

10

H2점에 hip곡자 15근처의 위치를 맞추면서 H1점과 연결하여 밑단의 완성선을 그린다.

2. 앞 여밈분선과 앞 목둘레선을 그린다.

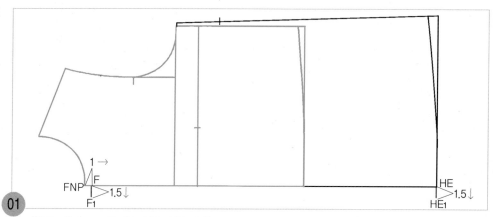

FNP~F=1cm, F~F₁, HE~HE₁=1.5cm

원형의 앞 목점(FNP)에서 1cm 나가 앞 목점 위치(F)를 이동하고, F점과 앞 중심 쪽 밑단선 끝점 (HE)에서 각각 1.5cm씩 앞 여밈폭선(F₁, HE₁)을 내려 그린다.

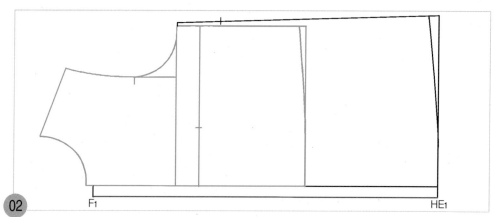

F₁점과 HE₁점 두 점을 직선자로 연결하여 앞 여밈선을 그린다.

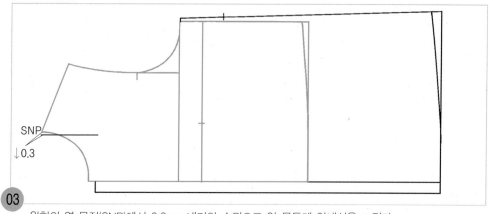

원형의 옆 목점(SNP)에서 0.3cm 내려와 수평으로 앞 목둘레 안내선을 그린다.

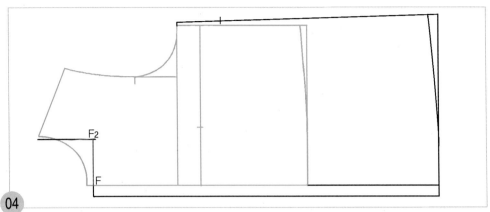

04 F점에서 직각으로 앞 목둘레 안내선을 올려 그리고, 03에서 그린 앞 목둘레 안내선과의 교점을 F2점으로 한다.

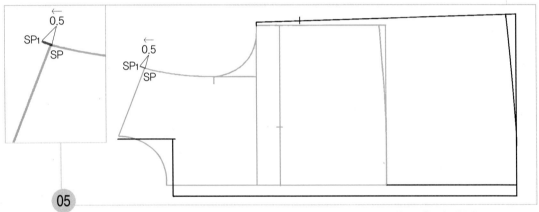

05 **SP~SP1=0.5cm** 원형의 어깨끝점(SP)에서 0.5cm 나가 어깨끝점(SP1)을 이동한다.

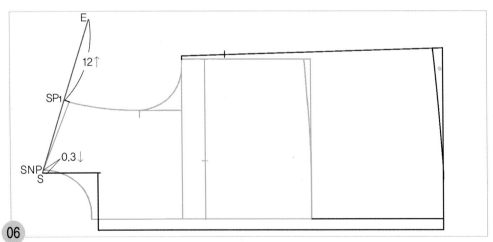

06 **SP1~E=12cm** 이동한 어깨끝점(SP1)과 옆 목점(SNP) 두 점을 직선자로 연결하여, 원형의 옆 목점(SNP)에서 0.3cm 내려와 그린 S점까지 어깨선을 그리면서, 어깨끝점(SP1)에서 12cm 소매선을 그릴 안내선(E)을 더 길게 올려 그린다.

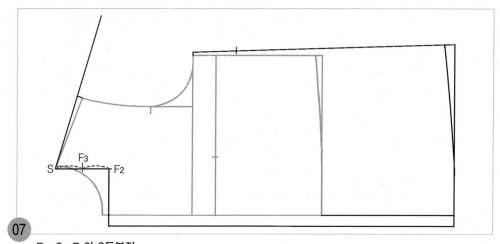

07

F₃=S～F₂의 2등분점

S점에서 F₂점까지를 2등분하여 1/2점에 앞 목둘레선을 그릴 안내점(F₃)을 표시한다.

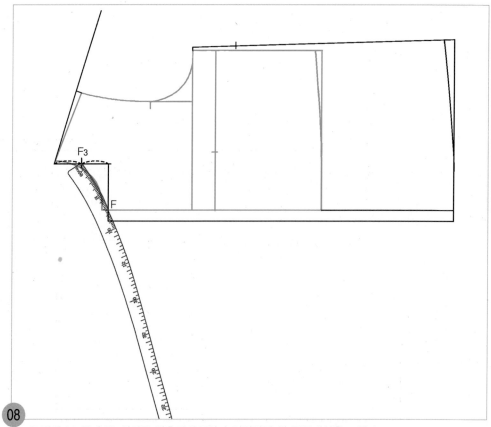

08

F₃점에 hip곡자 끝 위치를 맞추면서 F점과 연결하여 앞 목둘레선을 그린다.

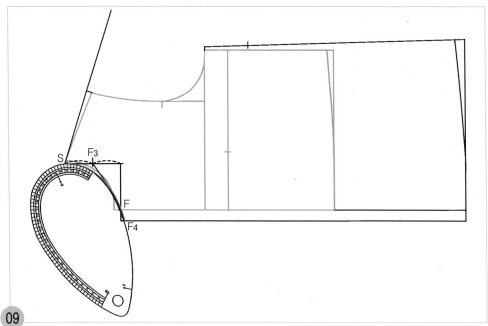

09

S점과 08에서 그린 앞 목둘레선을 AH자로 연결하여 F3점의 각진 곳을 수정하면서 앞 여밈선 F4
까지 앞 목둘레 완성선을 그린다.

3. 돌먼 소매선을 그린다.

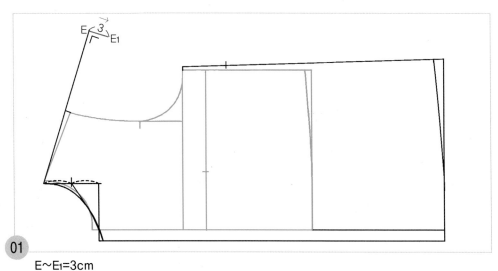

01

E~E₁=3cm

E점에서 직각으로 3cm 소매선을 그릴 안내선(E₁)을 그린다.

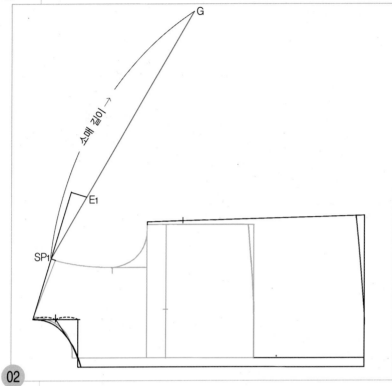

SP₁~G=소매길이

이동한 어깨끝점(SP₁)과 E₁
점 두 점을 직선자로 연결
하여 SP₁에서 소매길이만큼
소매선(G)을 올려 그린다.

02

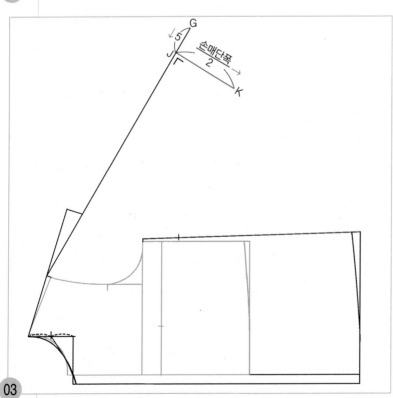

G~J=5cm,
J~K=소매단폭/2

소매선 끝점(G)에서 커프스
폭 5cm를 내려와 소매단
솔기선점(J)을 표시하고, 직
각으로 소매단폭/2 치수의
소매단 솔기 안내선(K)을
그린다.

🈳 소매단 폭={손목둘레
(16cm)+2.5cm(여유
분)/2}+4cm(셔링분)

03

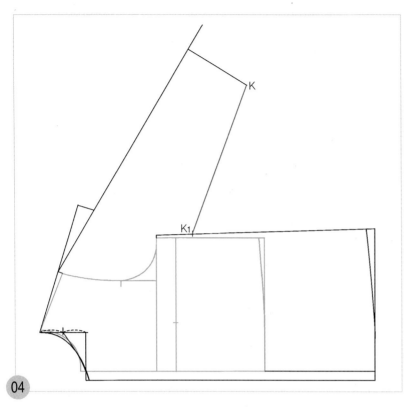

K₁점과 K점 두 점을 직선
자로 연결하여 소매밑선을
그린다.

04

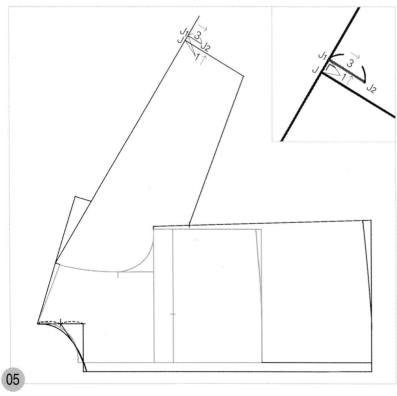

J~J₁=1cm, J₁~J₂=3cm
J점에서 1cm 올라가 소매
단 솔기 완성선을 그릴 안
내점(J₁)을 표시하고 직각으
로 3cm 소매단 솔기선(J₂)
을 그린다.

05

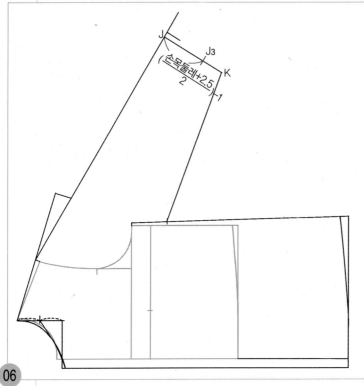

J∼J3={손목둘레(16)+2.5cm(여유분)}/2-1cm

J점에서 소매단 솔기 안내선을 따라 {손목둘레(16)+2.5cm(여유분)}/2-1cm 한 치수를 나가 커프스선을 그릴 길이량(J3)을 표시하면, 남은 K점까지가 셔링분이 된다.

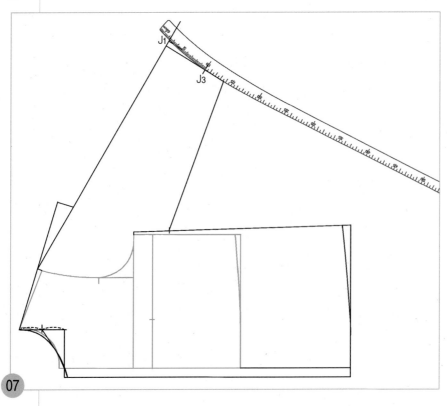

J3점에 hip곡자 10 위치를 맞추면서 J1점과 연결하였을 때 J점의 직각선과 자연스럽게 연결되는 곳까지 소매단 솔기 완성선을 그린다.

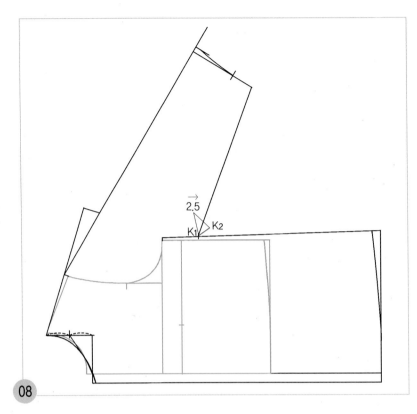

K₁~K₂=2.5cm
K₁점에서 옆선과 소매밑선
의 중간을 통과하는 2.5cm
의 통과선(K₂)을 그린다.

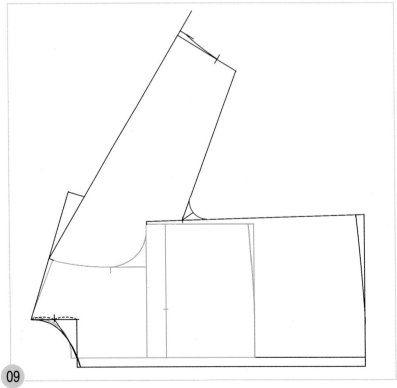

08에서 그린 2.5cm의 통
과선을 통과하는 곡선으로
옆선과 소매밑선을 둥글게
수정한다.

참고 이해가 안될 경우
직경 7.5cm 정도의 원으로
연결

4. 요크선을 그린다.

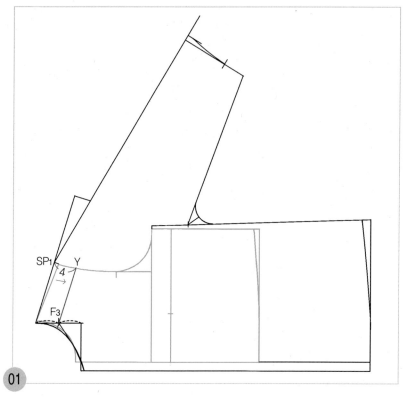

SP₁~Y=4cm

이동한 어깨끝점(SP₁)에서 4cm 원형의 진동둘레선을 따라 나가 요크선을 그릴 안내점 위치(Y)를 표시하고, Y점과 F₃점을 직선자로 연결하여 앞 목둘레 완성선까지 요크선을 그린다.

01

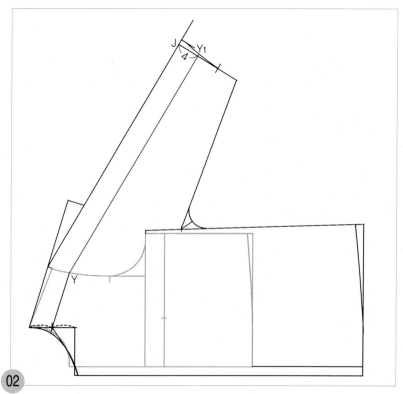

J~Y₁=4cm

J점에서 소매단 안내선을 따라 4cm 나가 소매 요크 선점(Y₁)을 표시하고, Y점과 직선자로 연결하여 소매단 솔기 완성선까지 소매 요크 선을 그린다.

02

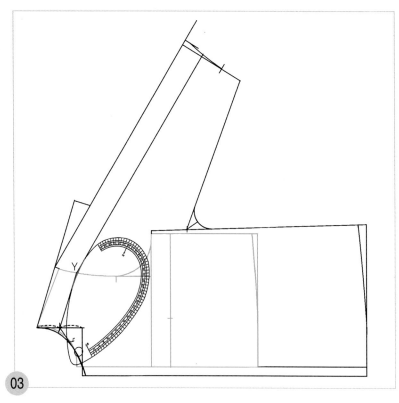

Y점의 각진부분을 AH자로
연결하여 자연스런 곡선으
로 수정한다.

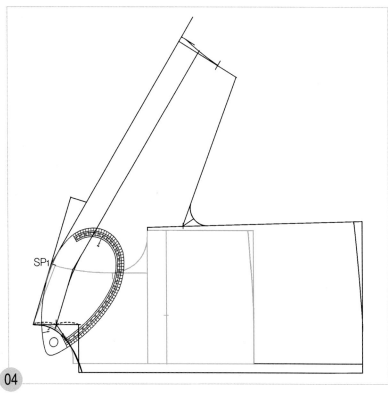

어깨끝점(SP1)의 각진부분
을 AH자로 연결하여 자연
스런 곡선으로 수정한다.

5. 단춧구멍 위치를 표시하고, 앞 여밈덧단 선을 그린다.

F~BT=6cm,
WL~BT5=6cm

앞 목점(F)에서 앞 중심선을 따라 6cm 나가 첫 번째 단춧구멍 위치(BT)를 표시하고, 앞 중심 쪽 허리선(WL)에서 밑단 쪽으로 6cm 나가 다섯 번째 단춧구멍 위치(BT5)를 표시한다.

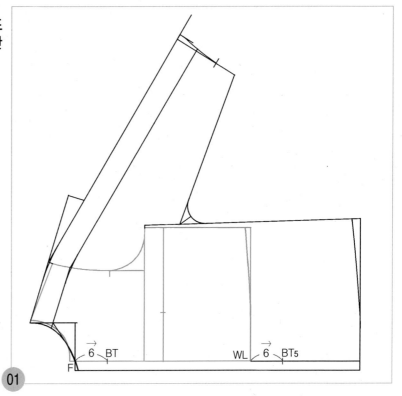

01

첫 번째 단춧구멍 위치(BT)에서 다섯 번째 단춧구멍 위치(BT5)까지를 4등분하여 각 등분점에 두 번째부터 네 번째 단춧구멍 위치(BT2, BT3, BT4)를 각각 표시한다.

02

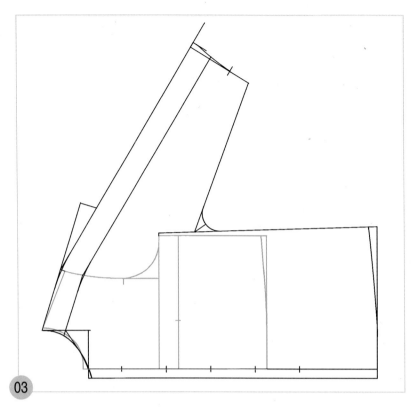

적색선으로 표시된 앞 중심
선을 원형의 선을 그대로
사용한다.

03

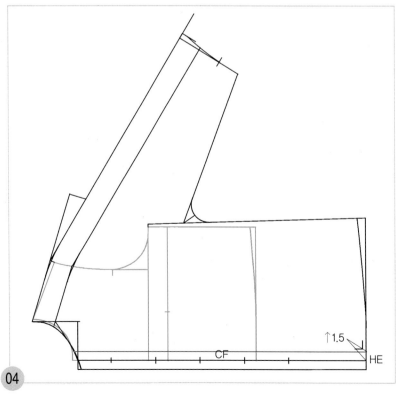

앞 중심선의 밑단선(HE) 위
치에서 1.5cm 올라가 직각
으로 앞 목둘레 완성선까지
앞 여밈 덧단선을 그린다.

04

6. 주머니선을 그린다.

CL~P=5.5cm,
P~P₁=2cm,
P₁~P₂=10.5cm

앞 중심 쪽 위 가슴둘레선
(CL) 위치에서 5.5cm 올라
가 앞 중심 쪽 주머니선 위
치(P)를 표시하고, P점에서
어깨선 쪽으로 2cm 나가 주
머니 입구위치(P₁)를 표시한
다음 수평으로 10.5cm 주머
니 깊이선(P₂)을 그린다.

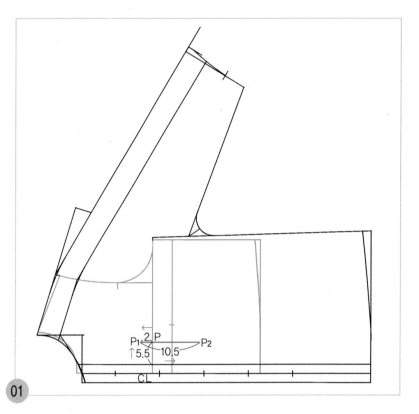

01

P₁~P₃=9cm

P₁점에서 직각으로 9cm 주
머니 입구 안내선(P₃)을 그
린다.

02

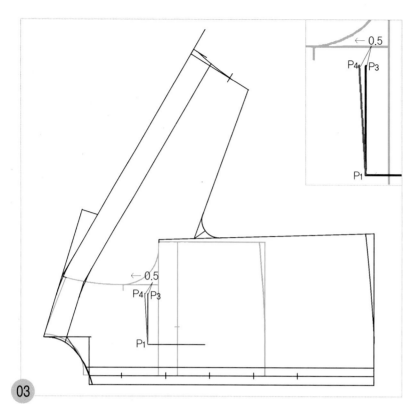

P3점에서 어깨선 쪽으로 0.5cm 나가 주머니 입구선 끝점(P4)을 표시하고, P1점과 직선자로 연결하여 주머니 입구선을 그린다.

03

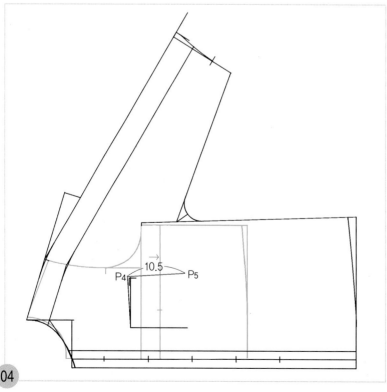

P4점에서 직각으로 10.5cm 주머니 깊이선(P5)을 그린다.

04

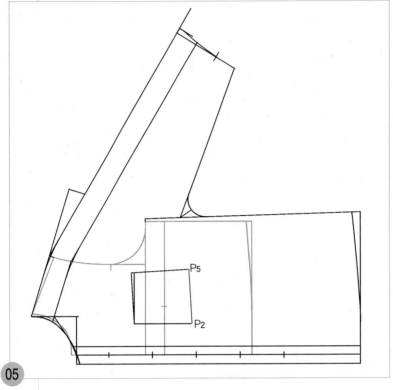

P₅점과 P₂점 두 점을 직선
자로 연결하여 주머니 밑단
선을 그린다.

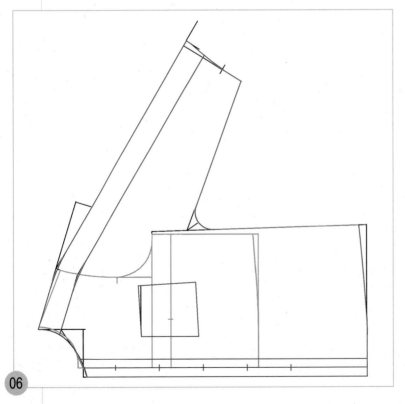

적색선이 주머니와 앞판의
완성선이다.

싱글 커프스 제도하기 ▪▪▪▪▶

01 직각자를 대고 커프스 솔기선(a)을 그린 다음 직각
으로 5cm 커프스 폭선(b)을 내려 그린다.

02 b점에서 직각으로 커프스 단선을 그린다.

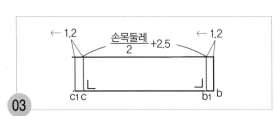

03 b~b₁=1.2cm,
b₁~c=(손목둘레/2)+2.5cm, c~c₁=1.2cm

b~b₁=1.2cm,
b₁~c=(손목둘레/2)+2.5cm, c~c₁=1.2cm
b점에서 1.2cm 나가 직각으로 단추구멍 위치 안
내선(b₁)을 커프스 솔기선까지 올려 그린 다음, b₁
점에서 (손목둘레/2)+2.5cm(여유분)을 나가 직각
으로 단추위치 안내선(c)을 커프스 솔기선까지 올
려 그리고, c점에서 1.2cm 나가 직각으로 커프스
폭선(c₁)을 커프스 솔기선까지 올려 그린다.

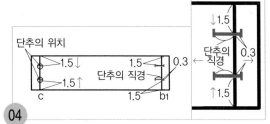

04 b₁과 c의 안내선에 커스프 솔기선에서 1.5cm 내
려온 곳, 커프스 단선에서 1.5cm 올라간 곳에 각
각 단추 다는 위치와 단춧구멍 위치를 표시한다.

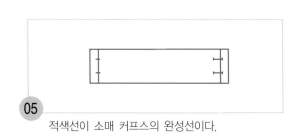

05 적색선이 소매 커프스의 완성선이다.

칼라 제도하기 ·····◦··▷

1. 칼라의 기초선을 그린다.

01
직각자를 대고 스탠드 밴드선을 그릴 안내선(A)을
그린 다음, 직각으로 뒤 중심 안내선을 그린다.

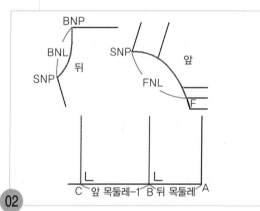

02
A~B=뒤 목둘레(BNL) 치수,
B~C=앞 목둘레(FNL) 치수-1cm
뒤 목둘레(BNL)치수를 재어 A점에서 스탠드 밴드
안내선을 따라나가 옆 목점 위치(B)를 표시하고,
직각으로 옆 목점 안내선을 올려 그린 다음, 앞 목
둘레 치수(FNL=SNP~F)를 재어 -1cm한 치수를
B점에서 스탠드 밴드 안내선을 따라나가 앞목점
위치(C)를 표시하고, 직각으로 앞 목점 안내선을
올려 그린다.

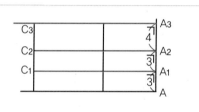

03
A~A₁=3cm, A₁~A₂=3cm, A₂~A₃=4cm

A~A_1=3cm, A_1~A_2=3cm, A_2~A_3=4cm
A점에서 3cm 올라가 표시(A₁)하고 직각으로 스탠
드 밴드 솔기선을 그릴 안내선을 앞 목점 안내선
(C₁)까지 그린다.
A₁점에서 3cm 올라가 표시(A₂)하고 직각으로 칼
라 솔기선을 그릴 안내선을 앞 목점 안내선(C₂)까
지 그린다.
A₂점에서 4cm 올라가 표시(A₃)하고 직각으로 칼
라 바깥선을 그릴 안내선을 앞 목점 안내선 위치
(C₃)보다 길게 그려둔다.

2. 칼라의 스탠드 밴드선을 그린다.

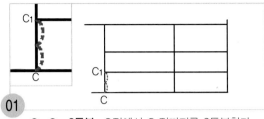

01   C~C₁=2등분   C점에서 C₁점까지를 2등분한다.

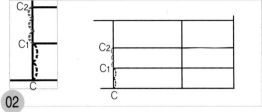

02   C₁~C₂=3등분   C₁점에서 C₂점까지를 3등분한다.

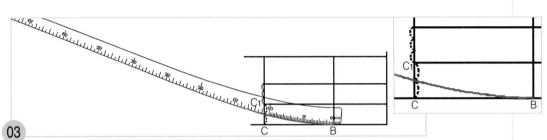

03   B점에 hip곡자 끝 근처의 위치를 맞추면서 C~C₁점의 1/2위치와 연결하여 스탠드 밴드선을 1/2위치에서 조금 길게 그려둔다.

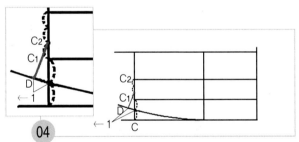

04   C~C₁점의 1/2위치에서 1cm 나가 표시(D)하고, C₁~C₂점의 3등분한 C₁점 쪽 1/3위치와 직선자로 연결하여 단춧구멍 안내선을 그린다.

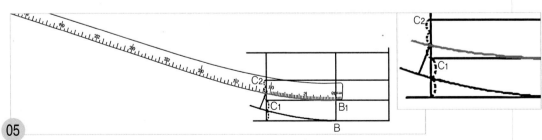

05   B₁점에 hip곡자 끝 근처의 위치를 맞추면서 C₁~C₂점의 3등분한 C₁점 쪽 1/3위치와 연결하여 스탠드 밴드 솔기선을 1/3위치에서 조금 길게 그려둔다.

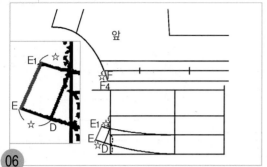

06

앞 목점(F)에서 앞 여밈선(F4)까지의 완성선 길이를 재어, 단춧구멍 안내선 위 아래 끝점에서 스탠드 밴드 솔기선과, 스탠드 밴드선을 따라나가 스탠드밴드 여밈선점(E, E1)을 각각 표시하고 직선자로 두 점을 연결하여 스탠드 밴드 여밈선을 그린다.

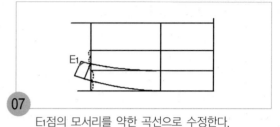

07

E1점의 모서리를 약한 곡선으로 수정한다.

3. 칼라의 완성선을 그린다.

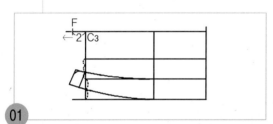

01

C₃~F=2cm C3점에서 칼라 바깥선을 그릴 안내선을 따라 2cm 나가 칼라 완성선을 그릴 안내점(F)을 표시한다.

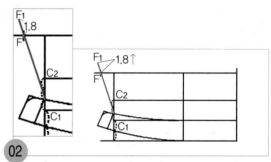

02

C1~C2점의 3등분한 C1점 쪽 1/3위치와 F점을 직선자로 연결하여 칼라 완성선을 F점에서 1.8cm(칼라 모양에 따라 조정가능) 더 올려 그리고 그 끝점을 F1점으로 한다.

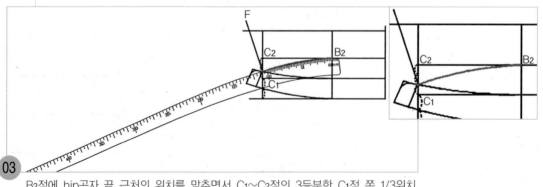

03

B2점에 hip곡자 끝 근처의 위치를 맞추면서 C1~C2점의 3등분한 C1점 쪽 1/3위치와 연결하여 칼라 솔기선을 그린다.

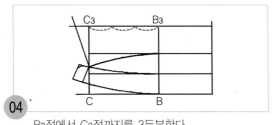

04 B₃점에서 C₃점까지를 3등분한다.

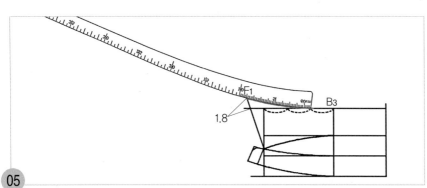

05 B₃점 쪽 1/3위치에 hip곡자 끝위치를 맞추면서 F₁점과 연결하여 칼라 바깥쪽 완성선을 그린다.

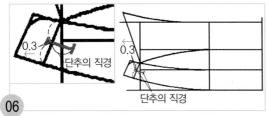

06 단춧구멍 안내선을 2등분하여 1/2위치에 단춧구멍 위치를 표시한다.

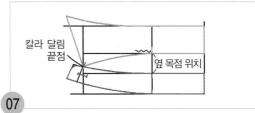

07 청색선이 칼라의 완성선, 적색선이 스탠드 밴드의 완성선이다. 칼라 달림 끝점 위치에 칼라와 스탠드 밴드의 맞춤표시를 넣고, 옆 목점 위치에서 칼라 달림 끝쪽을 향해 이세기호를 넣는다.

🈯 봉제시 칼라 달림 끝점 위치에서 칼라와 스탠드 밴드의 맞춤표시는 반드시 맞추어야 하며, 옆 목점 위치에서 칼라 달림 끝까지의 칼라 솔기선 길이와 스탠드 밴드 솔기선의 차이지는 분량은 이세처리를 한다.

패턴 분리하기 ⋯⋯⋗

1. 앞/뒤판의 패턴을 분리한다.

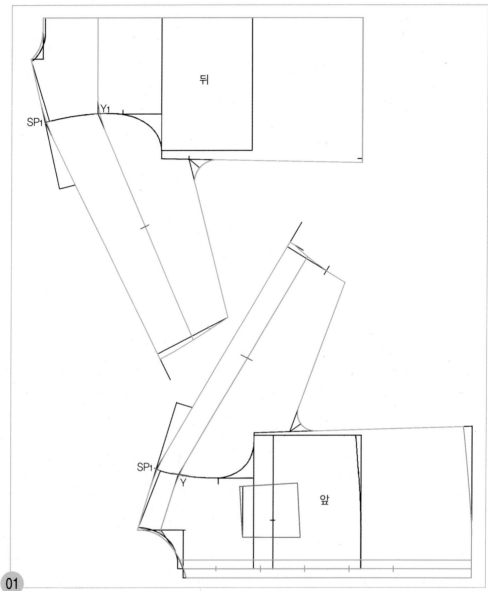

어깨끝점(SP₁)과 원형의 진동둘레선 위치(앞=Y, 뒤=Y₁), 앞/뒤판 소매 요크선의 1/2 위치에 각각 맞춤표시를 넣고, 주머니 완성선을 새 패턴지에 옮겨 그린 다음, 완성선을 따라 오려내어 원래의 완성선에 맞추어 얹어 패턴에 차이가 없는지 확인한다.

🈯 앞뒤 소매 밑선의 완성선 길이에 차이가 생겼을 경우에는 소매길이를 수정하는 것이 아니라 몸판 쪽을 들이거나 내어서 수정해야 소매가 틀어지지 않는다.

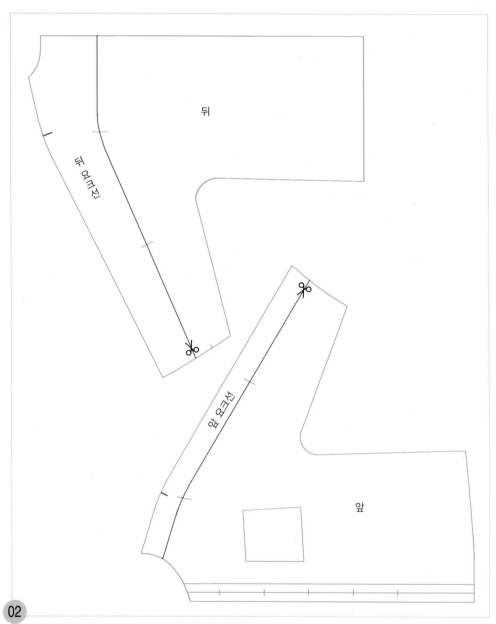

뒤

뒤 요크선

앞 요크선

앞

02
적색선으로 표시된 앞/뒤 요크선에서 오려낸다.

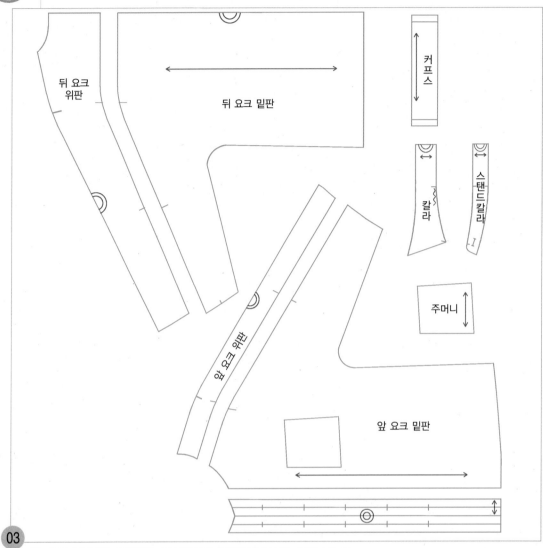

커프스

칼라

스탠드칼라

주머니

뒤 요크 위판

뒤 요크 밑판

앞 요크 위판

앞 요크 밑판

03 각 패턴이 분리된 상태이다. 골선표시와 식서방향 표시를 각각 넣는다.

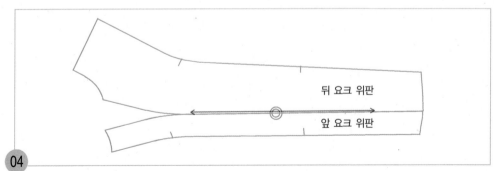

뒤 요크 위판

앞 요크 위판

04 어깨선과 소매선을 솔기선으로 할 경우에는 그대로 사용하고, 솔기선이 없이 할 경우에는 앞/뒤 요크의 소매선을 마주대어 맞추고 테이프로 고정시켜 한 장으로 만든 후 사용한다. 솔기선에 맞추어 식서방향 표시를 넣는다.

타이 칼라 | 퍼프 슬리브 블라우스

Tie Collar | Puff Sleeve Blouse

■■■ B.L.O.U.S.E 05

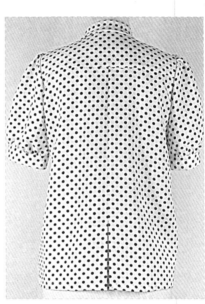

실루엣 ●●● 소매산과 소매입구에 개더를 넣어 부풀린 소매는 젊게 보이기도 하고 귀여워 보이기도한다. 우아함을 표현할 수 있는 소매와 넥타이를 묶은 것처럼 보이는 타이 칼라는 리본 모양으로 묶기도 하고 넥타이처럼 내려뜨리기도 하는 등 묶는 방법에 따라 여러 가지 앞 목둘레 쪽 연출이 가능한 연령에 상관없이 착용할 수 있는 스타일의 블라우스다.

소 재 ●●● 실크나 화섬 등 부드러운 소재가 적합하다. 실물천을 리본으로 묶어 보면 그 느낌을 쉽게 확인할 수 있다.

포인트 ●●● 타이 칼라 제도법, 퍼프 슬리브 제도법, 밴드 커프스 그리는 법, 뒤 요크와 턱선 그리는 법을 배운다.

타이 칼라 | 퍼프 슬리브 블라우스의 제도 순서

제도 치수 구하기 ····▷

계측 부위	계측 치수의 예	자신의 계측 치수	제도 각자 사용 시의 제도 치수	일반 자 사용 시의 제도 치수	자신의 제도 치수
가슴둘레(B)	86cm		$B°/2$	$B/4$	
허리둘레(W)	66cm		$W°/2$	$W/4$	
엉덩이둘레(H)	94cm		$H°/2$	$H/4$	
등길이	38cm		치수 38cm		
앞길이	41cm		41cm		
뒤품	34cm		뒤품/2=17		
앞품	32cm		앞품/2=16		
유두 길이	25cm		25cm		
유두 간격	18cm		유두 간격/2=9		
어깨너비	37cm		어깨너비/2=18.5		
블라우스 길이	58cm		계측한 등길이+20cm		
소매길이	54cm		계측한 소매길이		
진동깊이	최소치=20cm, 최대치=24cm		$B°/2$	$B/4$=21.5	
앞/뒤 위 가슴둘레선			$(B°/2)$+2cm	$(B/4)$+2cm	
밑단선 뒤			$(H°/2)$+0.6cm	(H/4)+0.6cm=24.1cm	
앞			$(H°/2)$+2.5cm	(H/4)+2.5cm=26cm	
소매산 높이			(진동깊이/2)+4cm		

🈩 진동깊이=B/4의 산출치가 20~24cm 범위안에 있으면 이상적인 진동깊이의 길이라 할 수 있다. 따라서 최소치=20cm, 최대치=24cm까지이다. (이는 예를 들면 가슴둘레 치수가 너무 큰 경우에는 진동깊이가 너무 길어 겨드랑밑 위치에서 너무 내려가게 되고, 가슴둘레 치수가 너무 적은 경우에는 진동깊이가 너무 짧아 겨드랑밑 위치에서 너무 올라가게 되어 이상적인 겨드랑 밑 위치가 될 수 없다. 따라서 B/4의 산출치가 20cm 미만이면 뒤 목점(BNP)에서 20cm 나간 위치를 진동깊이로 정하고, B/4의 산출치가 24cm 이상이면 뒤 목점(BNP)에서 24cm 나간 위치를 진동깊이로 정한다.)

01

자신의 각 계측부위를 계측하여 빈칸에 넣어두고 제도치수를 구하여 둔다.

뒤판 제도하기 ⋯⋯⋰⋰

1. 뒤 중심선과 밑단선, 옆선을 그린다.

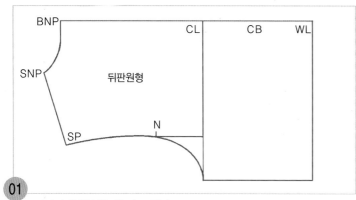

01 뒤판의 원형선을 옮겨 그린다.

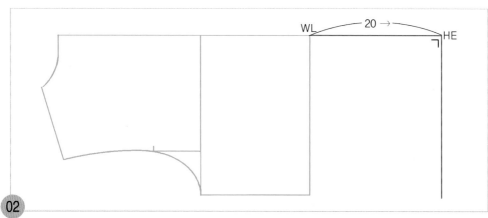

02

WL~HE=20cm

뒤 원형의 뒤 중심 쪽 허리선(WL)에서 수평으로 20cm 뒤 중심선을 연장시켜 그리고 밑단선 위치
(HE)를 정한 다음, 직각으로 밑단선을 내려 그린다.

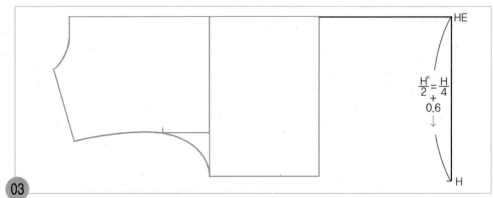

03

HE~H=(H°/2)+0.6cm=(H/4)+0.6cm

HE점에서 (H°/2)+0.6cm=(H/4)+0.6cm 한 치수를 내려와 옆선 쪽 밑단선 끝점(H)을 표시한다.

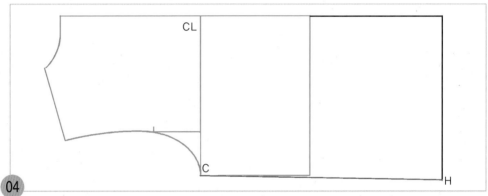

04

C~H=옆선 옆선 쪽 위 가슴둘레선 원형의 끝점(C)과 H점 두 점을 직선자로 연결하여 옆선을 그린다.

2. 뒤 목둘레선을 그린다.

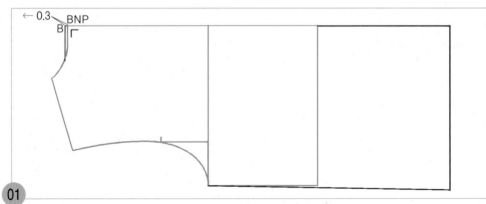

01

BNP~B=0.3cm 원형의 뒤 목점(BNP)에서 0.3cm 뒤 중심선을 추가하여 그리고 뒤 목점 위치(B)를 이동한 다음, B점에서 직각으로 3.5cm정도 뒤 목둘레선을 내려 그린다.

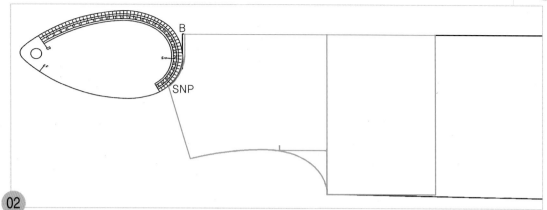

02

원형의 옆 목점(SNP)과 이동한 뒤 목점(B)의 직각선을 AH자를 수평으로 바르게 연결하여 뒤 목둘레선을 그린다.

3. 뒤 요크선과 턱선을 그린다.

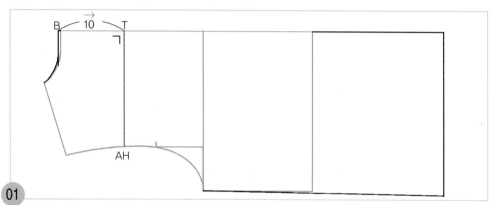

01

B~T=10cm 이동한 뒤 목점(B)에서 뒤 중심선을 따라 10cm 나가 뒤 요크선점(T)을 표시하고, 직각으로 원형의 진동둘레선(AH)까지 요크선을 그린다.

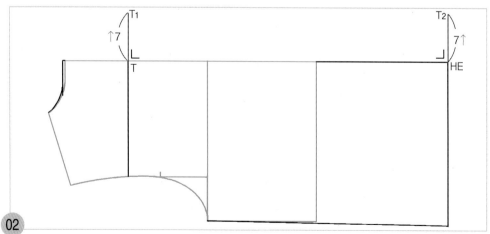

02

T~T₁=7cm, HE~T₂=7cm 뒤 요크선점(T)과 밑단선(HE)에서 각각 7cm씩 뒤 턱폭선(T₁, T₂)을 올려 그린다.

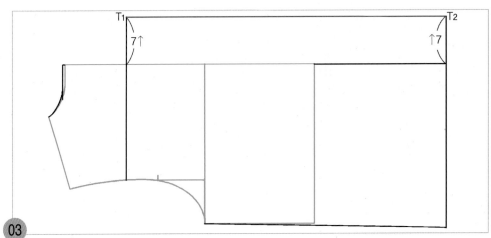

03 T₁점과 T₂점 두 점을 직선자로 연결하여 턱선을 그린다.

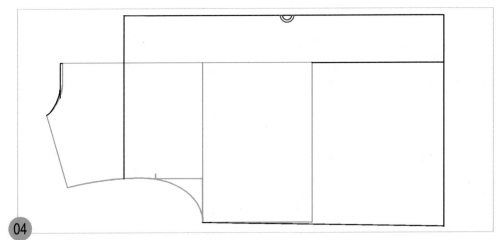

04 턱선에 골선표시를 넣는다.

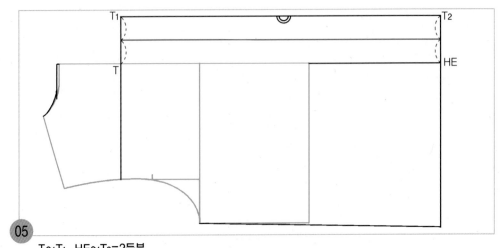

05 **T~T₁, HE~T₂=2등분**
T~T₁, HE~T₂점을 각각 2등분하고, 2등분한 두 점을 직선자로 연결하여 턱 중심선을 그린다.

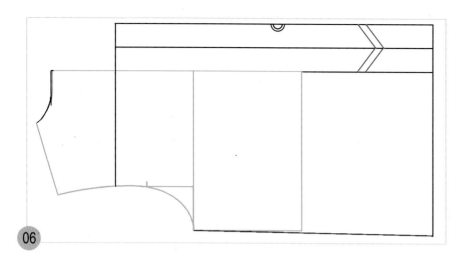

06

턱폭에 맞주름 표시
기호를 넣는다.

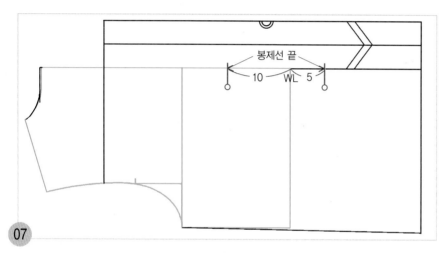

봉제선 끝

10 WL 5

07

뒤 중심 쪽 허리선
(WL)에서 뒤 목점
쪽으로 10cm, 밑단
쪽으로 5cm 나가 봉
제선 끝점 위치를 표
시한다.

4. 진동둘레선을 그린다.

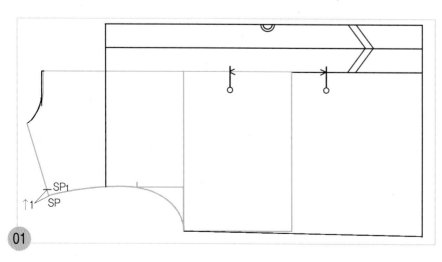

SP1

↑1 SP

01

SP~SP₁=1cm
원형의 어깨끝점(SP)
에서 1cm 어깨선을
따라 올라가 어깨끝
점(SP₁) 위치를 이동
한다.

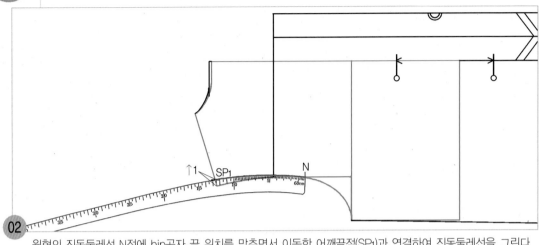

02 원형의 진동둘레선 N점에 hip곡자 끝 위치를 맞추면서 이동한 어깨끝점(SP₁)과 연결하여 진동둘레선을 그린다.

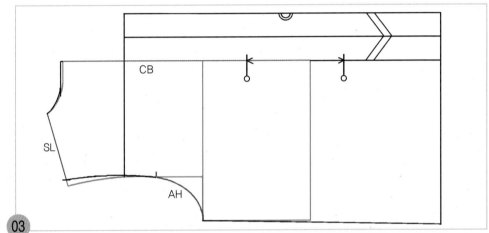

03 적색선으로 표시된 위 가슴둘레선 쪽 진동둘레선과 어깨선, 뒤 중심선은 원형의 선을 그대로 사용한다.

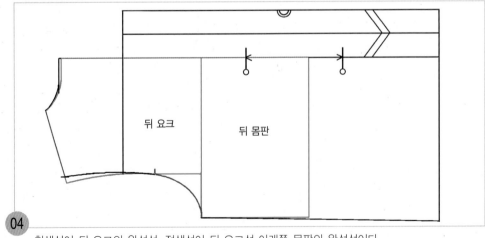

04 청색선이 뒤 요크의 완성선, 적색선이 뒤 요크선 아래쪽 몸판의 완성선이다.

1. 앞 중심선과 밑단선, 옆선을 그린다.

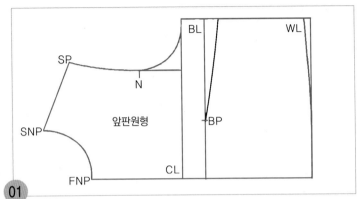

01 앞판의 원형선에서 가슴다트선을 제외한 적색선만을 옮겨 그린다.

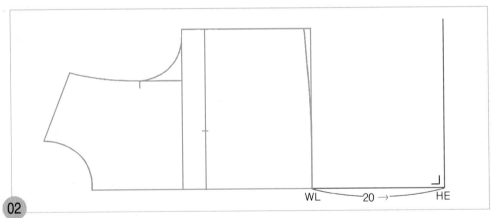

02 **WL~HE=20cm**
직각자를 대고 앞 원형의 WL점에서 수평으로 20cm 앞 중심선(HE)을 연장시켜 그리고, 직각으로 밑단의 안내선을 올려 그린다.

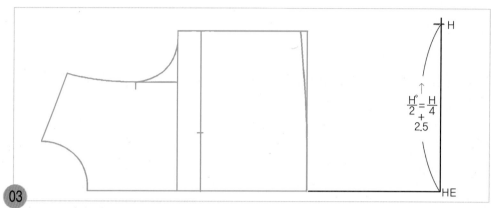

03

HE~H=(H°/2)+2.5cm=(H/4)+2.5cm

앞 중심 쪽 밑단선 끝점(HE)에서 (H°/2)+2.5cm=(H/4)+2.5cm 올라가 옆선 쪽 밑단선 끝점(H)을
표시한다.

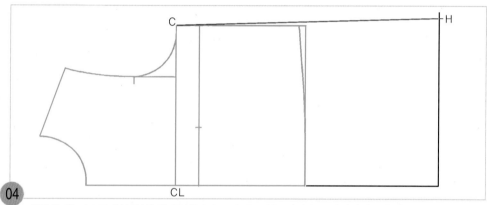

04

원형의 위 가슴둘레선 옆선 쪽 끝점(C)과 H점 두 점을 직선자로 연결하여 옆선을 그린다.

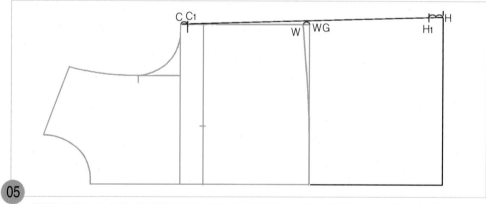

05

원형의 옆선 쪽 허리 완성선(W)에서 허리 안내선(WG)까지의 길이를 재어, 같은 치수를 옆선 쪽
위 가슴둘레선 끝점(C)에서 허리선 쪽으로 옆선을 따라나가 옆선의 끝점 위치(C₁)를 표시하고,
W~WG까지의 길이를 2배한 치수를 옆선 쪽 밑단선 끝점(H)에서 옆선을 따라 나가 옆선 쪽 밑단
의 완성선 끝점(H₁)을 표시한다.

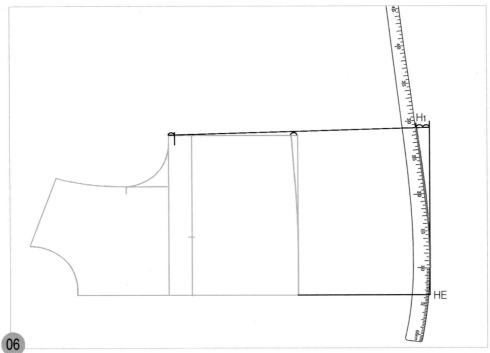

06 H₁점과 밑단선을 hip곡자로 연결하였을 때 밑단선 쪽에서 hip곡자가 수평으로 연결되는 위치로 맞추어 밑단의 완성선을 그린다.

2. 진동둘레선을 그린다.

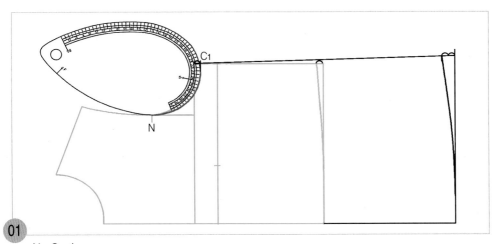

01 N~C₁=1cm
원형의 N점과 C₁점을 앞 AH자 쪽으로 연결하여 진동둘레선을 수정한다.

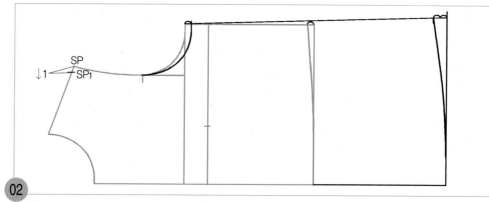

02

SP~SP₁=1cm

원형의 어깨끝점(SP)에서 1cm 어깨선을 따라 내려와 어깨끝점(SP₁) 위치를 이동한다.

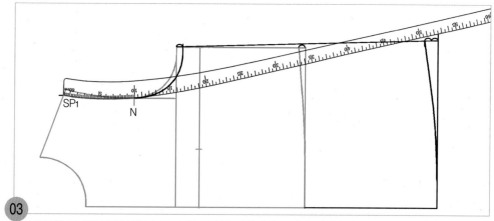

03

이동한 어깨끝점(SP₁)에 hip곡자 끝 위치를 맞추면서 N점과 연결하여 진동둘레선을 수정한다.

3. 앞목둘레선을 그린다.

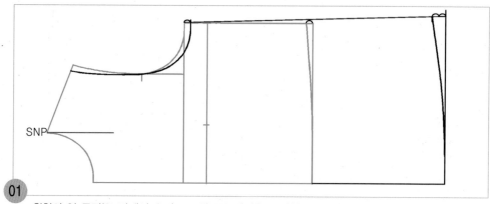

01

원형의 옆 목점(SNP)에서 수평으로 앞 목둘레선을 수정할 안내선을 그린다.

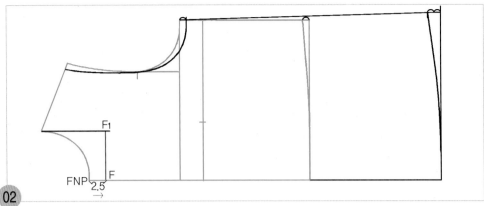

FNP~F=2.5cm 원형의 앞 목점(FNP)에서 앞 중심선을 따라 2.5cm 나가 앞 목점 위치(F)를 표시하고 직각으로 옆 목점(SNP)에서 수평으로 그린 안내선까지 올려 그린 다음, 그 교점을 F₁점으로 한다.

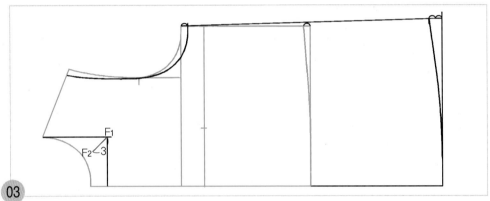

F₁~F₂=3cm F₁점에서 45도 각도로 3cm의 앞 목둘레선을 그릴 통과선(F₂)을 그린다.

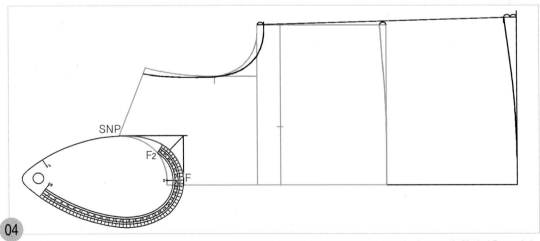

옆 목점(SNP)에서 F₂점을 통과하면서 F점과 연결되도록 앞 AH자 쪽으로 맞추어 앞 목둘레 완성선을 그린다.

4. 앞 여밈선과 안단선을 그린다.

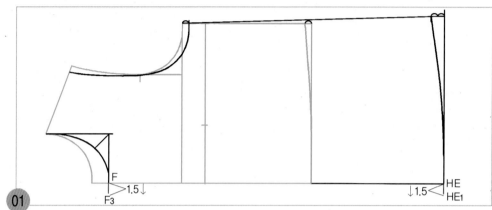

01

F~F₃, HE~HE₁=1.5cm 이동한 앞 목점(F)과 앞 중심 쪽 밑단선 끝점(HE)에서 각각 직각으로 1.5cm씩 앞 여밈폭선(F₃, HE₁)을 내려 그린다.

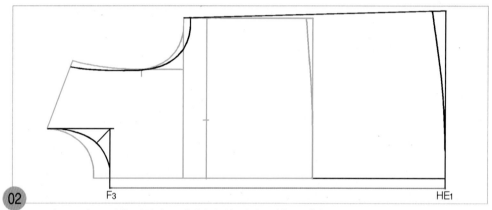

02

F₃과 HE₁점 두 점을 직선자로 연결하여 앞 여밈분선을 그린다.

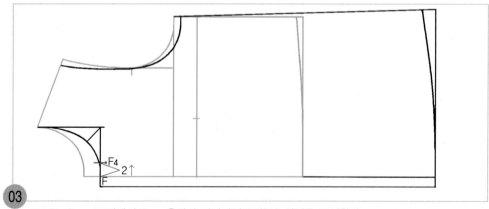

03

F~F₄=2cm F점에서 2cm 올라가 칼라달림끝점(F₄) 위치를 표시한다.
🔒 칼라달림끝점은 소재의 두께에 따라 가감한다. 즉, 실물천을 묶어보고 길이나 칼라달림 끝 위치를 정하는 것이 가장 좋다.

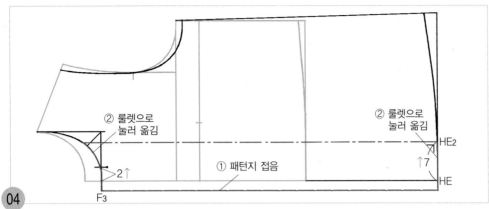

04 **HE~HE₂=7cm** 앞 중심 쪽 밑단선 끝점(HE)에서 7cm 올라가 안단폭점(HE₂)을 표시하고, 직각으로 앞 목둘레선까지 안단선을 그린 다음, 앞 여밈선에서 패턴지를 접어넣고 적색으로 표시된 안단선을 룰렛으로 눌러 표시한다.

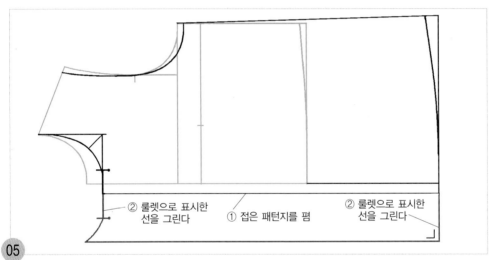

05 앞 여밈선에서 접었던 패턴지를 펴고, 룰렛으로 표시한 안단선을 그린다.

5. 단춧구멍 위치를 표시한다.

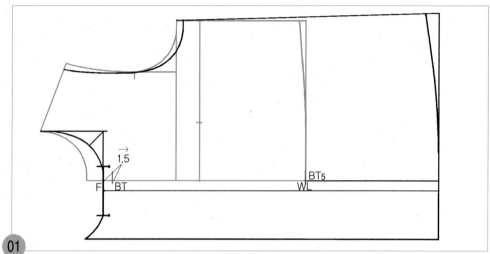

01

이동한 앞 목점(F) 위치에서 1.5cm 나가 첫 번째 단춧구멍 위치(BT)를 표시하고, 원형의 허리선에 다섯 번째 단춧구멍 위치(BT5)를 표시한다.

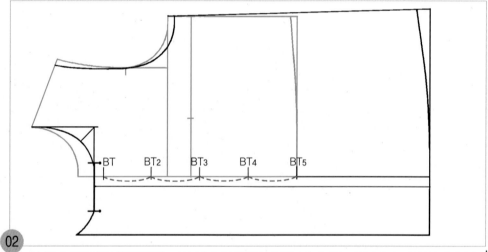

02

첫 번째 단춧구멍 위치(BT)와 다섯 번째 단춧구멍 위치(BT5)까지를 4등분하여 각 등분점에서 단 춧구멍 위치(BT2, BT3, BT4)를 각각 표시한다.

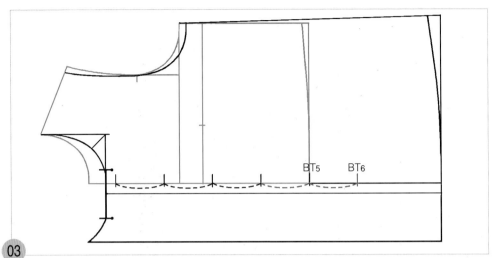

03

02에서 4등분한 1/4 치수를 다섯 번째 단춧구멍 위치(BT5)에서 밑단 쪽으로 나가 여섯 번째 단춧
구멍 위치(BT6)를 표시한다.

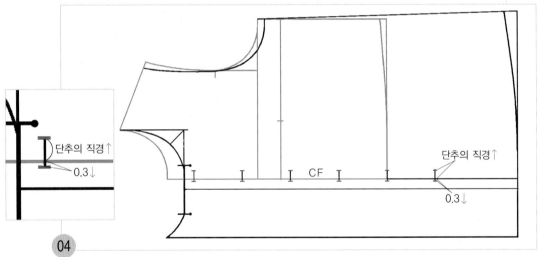

04

각 단춧구멍 위치의 앞 중심선에서 0.3cm씩 내려와 단춧구멍 트임끝 위치를 표시하고, 앞 중심선
에서 단추의 직경만큼 각 단춧구멍 위치에서 올라가 단춧구멍 트임끝 위치를 표시한다.

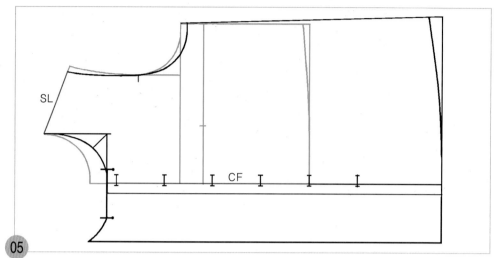

05 적색선으로 표시된 앞 중심선과 어깨선은 원형의 선을 그대로 사용한다.

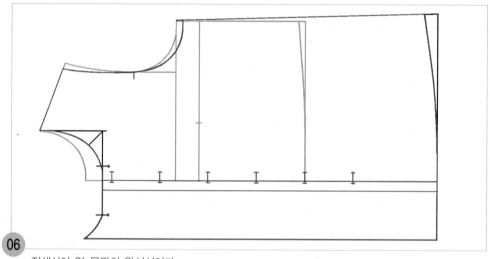

06 적색선이 앞 몸판의 완성선이다.

타이 칼라 제도하기 ····∴

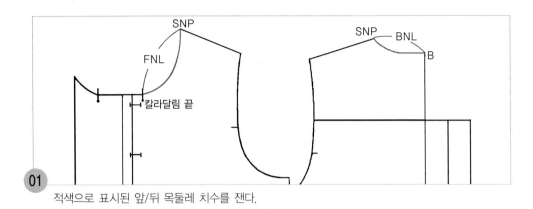

01 적색으로 표시된 앞/뒤 목둘레 치수를 잰다.

02 수평으로 길게 칼라 중심선을 그린다.

03 **B~B1=7cm** B점에서 직각으로 칼라폭 7cm의 뒤 중심선(B1)을 올려 그린다.

04 **B1~N=뒤 목둘레 치수, N~F=앞 목둘레 치수**
직각자를 대고 B1점에서 뒤 목둘레치수+앞 목둘레치수 만큼 나가 앞 목둘레 칼라 맞춤점(F)을 표시하고, 직각으로 칼라중심선까지 칼라폭선(F1)을 그린 다음 B1점에서 뒤 목둘레 치수를 나간 위치에 뒤 목점 맞춤표시(N)를 넣는다.

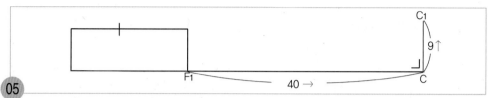

05

$F_1{\sim}C=40cm$ F_1점에서 칼라중심선을 따라 40cm 나가 칼라끝점(C)을 표시하고, 직각으로 9cm 칼라 폭선(C_1)을 올려 그린다.

06

$C_1{\sim}C_2=2cm$
F점과 C_1점 두 점을 직선자로 연결하여 C_1점에서 2cm 더 길게 칼라폭선(C_2)을 그린다.

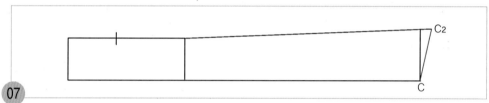

07

C_2점과 C점 두 점을 직선자로 연결하여 칼라단선을 그린다.

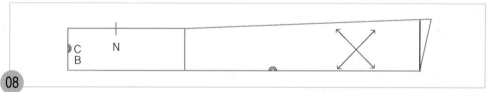

08

청색선이 칼라의 완성선이다. 칼라의 뒤 중심선과 앞 중심선에 골선표시를 넣고, 바이어스 방향으로 식서방향 표시를 넣는다.

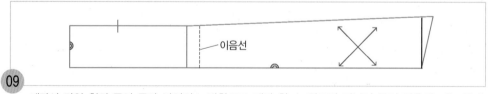

09

재단시 만약 천의 폭이 좁아 바이어스 방향으로 재단 할 수 없으면 리본이 묶여 감추어 지는 쪽에 이음선을 넣는다.

퍼프 소매 제도하기 ••••

1. 소매 밑선을 그린다.

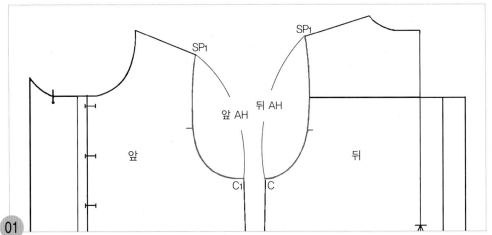

01

SP₁~C₁=앞 AH, SP₁~C=뒤 AH SP₁점에서 C₁점, SP₁~C점까지의 앞/뒤 진동둘레선(AH) 길이를 각각 잰다.

주 뒤 AH−앞 AH=2cm 가장 이상적 치수이다. 즉, 뒤 AH가 앞 AH보다 2cm 정도 더 길어야 하며 허용치수는 ±0.3cm이다. 만약 뒤 AH−앞 AH=1.7~2.3cm 보다 크거나 작으면 몸판의 겨드랑밑 옆선 위치를 이동한다.

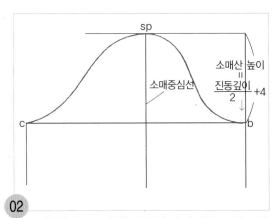

02
p.38의 01~p.42의 01까지 소매원형 그리는 방법을 참조하여 소매산곡선과 소매밑 안내선을 그린다.

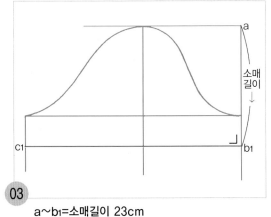

03
a~b₁=소매길이 23cm
a점에서 소매길이 23cm 내려와 앞 소매단점(b₁)을 표시하고, 직각으로 뒤 소매밑 안내선까지 소매단선(c₁)을 그린다.

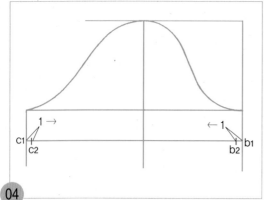

04

b₁~b₂=1cm, c₁~c₂=1cm

b₁점과 c₁점에서 각각 1cm씩 안쪽으로 들어와 소
매단폭 끝점(b₂, c₂)을 표시한다.

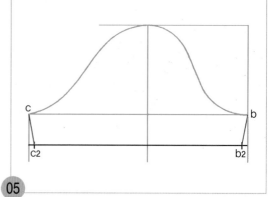

05

b점과 b₂점 두 점, c점과 c₂점 두 점을 각각 직선
자로 연결하여 소매밑 완성선을 그린다.

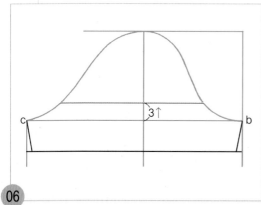

06

b~c의 소매폭선에서 3cm 올라가 앞/뒤 소매산
곡선까지 수평으로 절개선을 그린다.

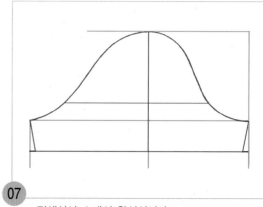

07

적색선이 소매의 완성선이다.

2. 소매 절개선을 절개하여 퍼프 소매 패턴을 완성한다.

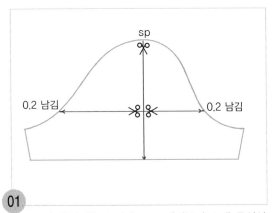

01 소매 완성선을 오려내고, sp에서부터 소매 중심선을 자르고, 절개선을 앞/뒤 소매산 곡선에서 0.2cm씩 남기고 자른다.

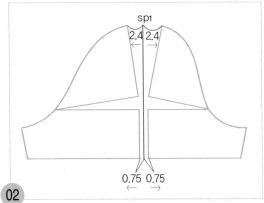

02 소매 중심선을 그리고 소매 중심선에서 0.75cm씩 좌우로 나누어 절개선 밑단선 쪽을 벌려 고정시킨 다음, 턱 3개분(2cm×3)−1.2cm(줄임분)을 소매산점(sp1)에서 좌우로 나누어 벌린다.

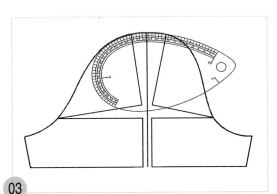

03 소매산점 쪽의 벌어진 소매산 곡선을 AH자로 연결하여 그린다.

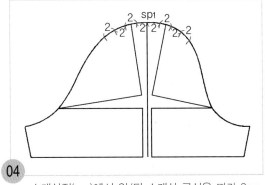

04 소매산점(sp1)에서 앞/뒤 소매산 곡선을 따라 2cm씩 그림과 같이 나가 턱 위치를 표시한다.

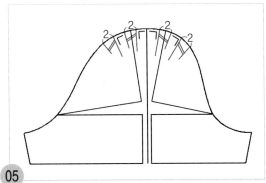

05 앞/뒤 소매산 곡선에 직각으로 턱선을 그리고, 턱의 접는 방향 기호를 넣는다.

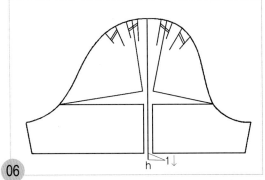

06 소매단 쪽 소매중심선에서 1cm 소매단선을 그릴 안내선(h)을 내려 그린다.

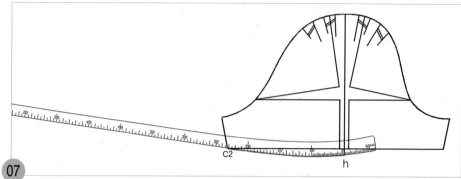

07 h점에 hip곡자 5위치를 맞추면서 뒤 소매단 끝점(c2)과 연결하여 뒤 소매단 완성선을 그린다.

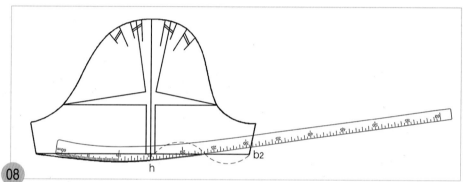

08 **h~b2=2등분** h점에서 b점까지를 2등분한 다음 h점에 hip곡자 15위치를 맞추면서 1/2점과 연결하여 앞 소매단 완성선을 그린다.

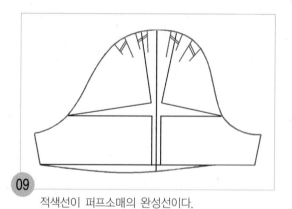

09 적색선이 퍼프소매의 완성선이다.

3. 소매 커프스선을 그린다.

01

직각자를 대고 수평으로 소매단과의 커프스 솔기
선(a)을 그린 다음 직각으로 3cm 커프스폭선(b)을
내려 그린다.

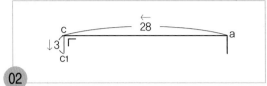

02

a~c=28cm

a점에서 커프스선 28cm를 나가 커프스폭선 위치
(c)를 표시하고 직각으로 3cm 커프스 폭선(c₁)을
내려 그린다.

03

c₁점과 b점 두 점을 직선자로 연결하여 커프스 단
선을 그린다.

04

a~a₁, c~c₂=1.2cm

a점과 c점에서 각각 1.2cm씩 들어가 단추위치 안
내선을 그린다.

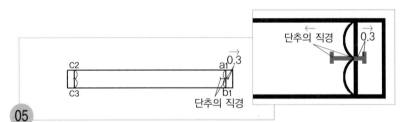

05

단추위치 안내선을 2등분하여 단추 다는 위치와
단춧구멍 위치를 표시한다.

1. 패턴을 분리하고 식서방향표시와 골선표시, 맞춤표시를 넣는다.

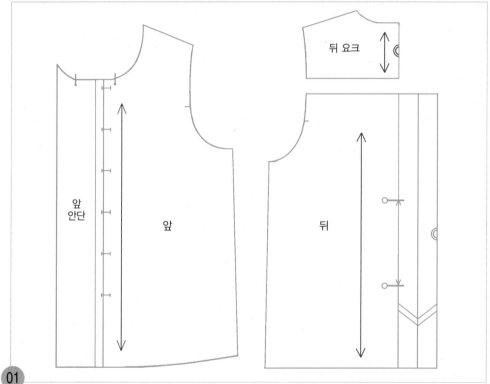

01

뒤 요크와 뒤판을 분리한 다음, 뒤 요크의 뒤 중심선에 골선표시를 넣고, 뒤 요크, 뒤판, 앞판에 식서방향 기호를 넣는다.

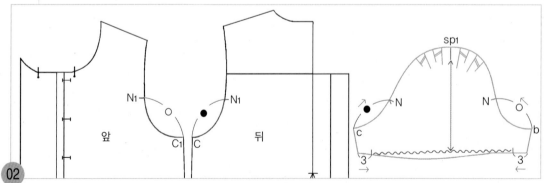

02

앞/뒤 몸판의 N_1점에서 C_1, N_1점에서 C점까지의 길이를 재어, 앞/뒤 소매폭 끝점(b, c)에서 소매산 곡선을 따라 올라가 맞춤표시(N)를 넣고 sp_1의 중심선에 식서방향 표시를 넣은 다음 소매단의 좌우 3cm씩 들어가 남은 솔기선에 개더기호를 넣는다.

세일러 칼라 | 셋인 밴드 커프스 슬리브 블라우스

Sailor Collar | Set-in Band Cuffs Sleeve Blouse

■■■ B.L.O.U.S.E **06**

실루엣 ●●● 해병복에서 볼 수 있는 앞은 V넥라인이면서 뒤는 사각형으로 쳐져있는 커다란 플랫칼라와 가슴다트선만 넣고 허리를 피트시키지 않은 넉넉한 스타일의 소녀복 같은 느낌의 블라우스이다.

소 재 ●●● 면브로드, 피케, 데님 등과 촘촘하게 짜여진 화섬류가 적합하다.

포인트 ●●● 세일러칼라 그리는 법, 밴드 커프스 소배 그리는 법, 앞 바대 그리는 법을 배운다.

제도 치수 구하기

계측 부위	계측 치수의 예	자신의 계측 치수	제도 각자 사용 시의 제도 치수	일반 자 사용 시의 제도 치수	자신의 제도 치수
가슴둘레(B)	86cm		$B°/2$	$B/4$	
허리둘레(W)	66cm		$W°/2$	$W/4$	
엉덩이둘레(H)	94cm		$H°/2$	$H/4$	
등길이	38cm		치수 38cm		
앞길이	41cm		41cm		
뒤품	34cm		뒤 품/2=17		
앞품	32cm		앞 품/2=16		
유두 길이	25cm		25cm		
유두 간격	18cm		유두 간격/2=9		
어깨너비	37cm		어깨 너비/2=18.5		
블라우스 길이	58cm		계측한 등길이+20cm		
소매길이	54cm		계측한 소매길이		
진동깊이	최소치=20cm, 최대치=24cm		$B°/2$	$B/4=21.5$	
앞/뒤 위 가슴둘레선			$(B°/2)+2cm$	$(B/4)+2cm$	
밑단선 뒤			$(H°/2)+0.6cm$	$(H/4)+0.6cm=24.1cm$	
밑단선 앞			$(H°/2)+2.5cm$	$(H/4)+2.5cm=26cm$	
소매산 높이			(진동깊이/2)+4cm		

🈁 진동깊이=B/4의 산출치가 20~24cm 범위안에 있으면 이상적인 진동깊이의 길이라 할 수 있다. 따라서 최소치=20cm, 최대치=24cm까지이다. (이는 예를 들면 가슴둘레 치수가 너무 큰 경우에는 진동깊이가 너무 길어 겨드랑밑 위치에서 너무 내려가게 되고, 가슴둘레 치수가 너무 적은 경우에는 진동깊이가 너무 짧아 겨드랑밑 위치에서 너무 올라가게 되어 이상적인 겨드랑 밑 위치가 될 수 없다. 따라서 B/4의 산출치가 20cm 미만이면 뒤 목점(BNP)에서 20cm 나간 위치를 진동깊이로 정하고, B/4의 산출치가 24cm 이상이면 뒤 목점(BNP)에서 24cm 나간 위치를 진동깊이로 정한다.)

01

자신의 각 계측부위를 계측하여 빈칸에 넣어두고 제도치수를 구하여 둔다.

뒤판 제도하기 ·····◈

1. 뒤 중심선과 밑단선, 옆선을 그린다.

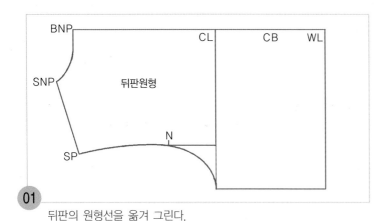

01 뒤판의 원형선을 옮겨 그린다.

02

WL~HE=20cm
뒤 원형의 뒤 중심 쪽 허리선(WL)에서 수평으로 20cm 뒤 중심선을 연장시켜 그리고 밑단선 위치 (HE)를 정한 다음, 직각으로 밑단선을 내려 그린다.

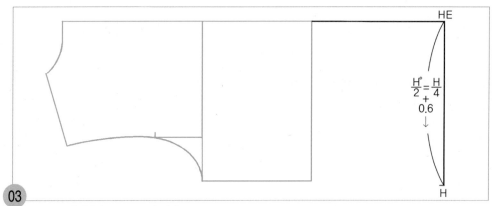

03

HE~H=(H°/2)+0.6cm=(H/4)+0.6cm
HE점에서 (H°/2)+0.6cm=(H/4)+0.6cm 한 치수를 내려와 옆선 쪽 밑단선 끝점(H)을 표시한다.

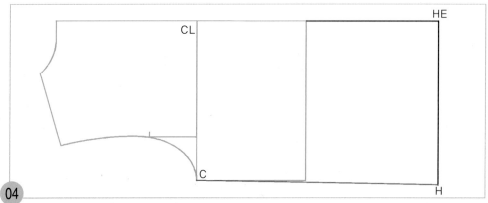

04

C~H=옆선 원형의 위 가슴둘레선 옆선 쪽 끝점(C)과 H점 두 점을 직선자로 연결하여 옆선을 그린다.

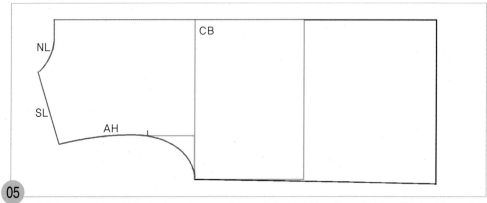

05

적색선으로 표시된 원형의 뒤 중심선과, 뒤 목둘레선, 어깨선, 진동둘레선은 원형의 선을 그대로 사용한다.

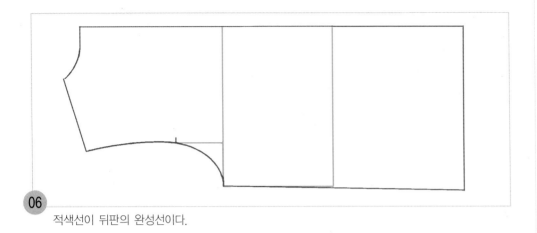

06 적색선이 뒤판의 완성선이다.

앞판 제도하기 ⋯⋮

1. 앞 중심선과 밑단선, 옆선, 가슴다트선을 그린다.

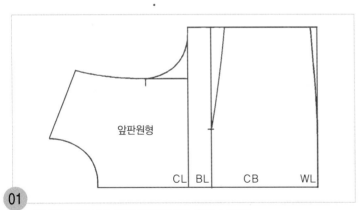

01 앞판의 원형선을 허리 안내선까지 옮겨 그린다.

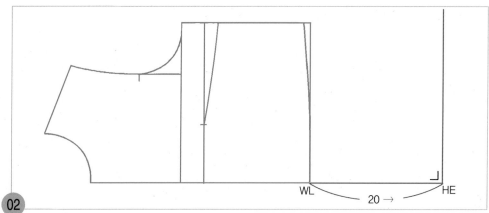

02

WL~HE=20cm 직각자를 대고 앞 원형의 WL점에서 수평으로 20cm 앞 중심선(HE)을 연장시켜 그리고, 직각으로 밑단의 안내선을 올려 그린다.

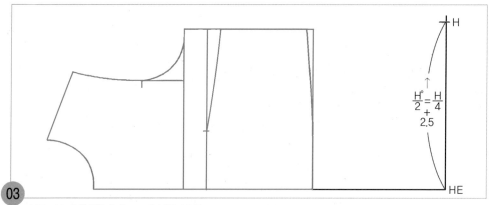

03

HE~H=(H°/2)+2.5cm=(H/4)+2.5cm
앞 중심 쪽 밑단선 끝점(HE)에서 (H°/2)+2.5cm=(H/4)+2.5cm 올라가 옆선 쪽 밑단선 끝점(H)을 표시한다.

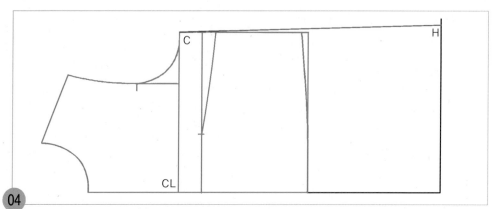

04

위 가슴둘레선 옆선 쪽 끝점(C)과 H점 두 점을 직선자로 연결하여 옆선을 그린다.

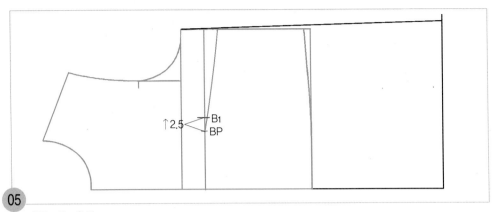

05

BP~B₁=2.5cm

원형의 유두점(BP)에서 2.5cm 올라가 가슴다트 끝점(B₁)을 표시한다.

06

원형의 옆선 쪽 가슴다트점(D)에 hip곡자 15위치를 맞추면서 가슴다트끝점(B₁)과 연결하여 가슴다트선을 수정한다.

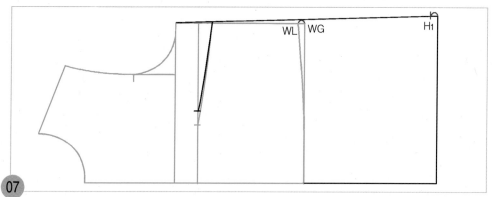

07 원형의 옆선 쪽 허리 완성선(WL)에서 허리 안내선(WG)까지의 길이를 재어, 옆선 쪽 밑단선 끝점 (H)에서 옆선을 따라 들어가 밑단의 완성선 끝점(H₁)을 표시한다.

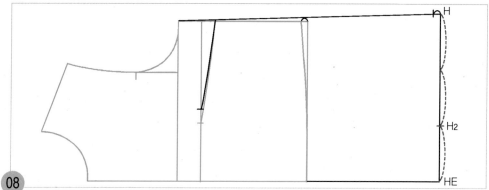

08 **H₂=HE~H의 1/3** 앞 중심 쪽 밑단선 끝점(HE)에서 H점까지를 3등분하여 앞 중심 쪽 1/3위치에 밑단의 완성선을 그릴 연결점(H₂)을 표시한다.

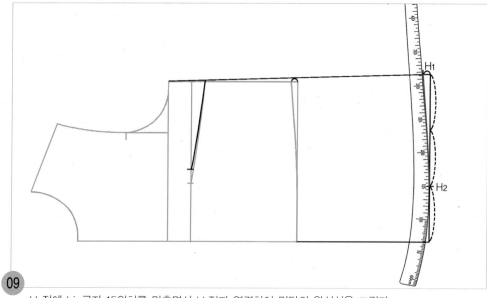

09 H₂점에 hip곡자 15위치를 맞추면서 H₁점과 연결하여 밑단의 완성선을 그린다.

2. 앞 바대선을 그린다.

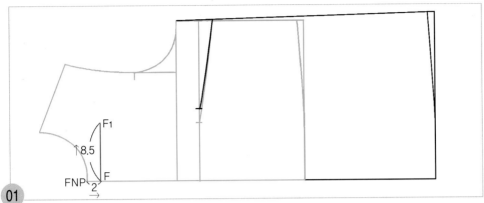

01

FNP~F=2cm, F~F₁=8.5cm 원형의 앞 목점(FNP)에서 앞 중심선을 따라 2cm나가 앞 바대 선점(F)을 표시하고, 직각으로 8.5cm 앞 바대폭선(F₁)을 올려 그린다.

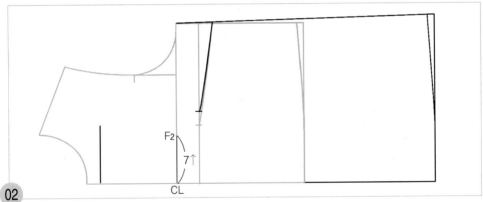

02

CL~F₂=7cm 원형의 앞 중심 쪽 위 가슴둘레선(CL) 위치에서 7cm 올라가 앞 바대 밑단 쪽 폭 점(F₂)을 표시한다.

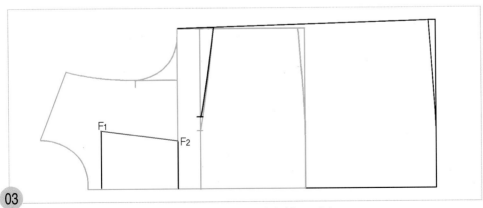

03

F₁점과 F₂점 두 점을 직선자로 연결하여 앞 바대 깊이선을 그린다.

3. 앞 여밈선을 그리고 단춧구멍 위치를 표시한다.

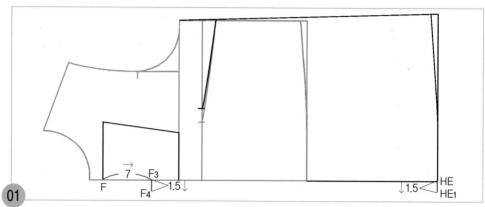

F~F₃=7cm, F₃~F₄, HE~HE₁=1.5cm
앞 바대선점(F)에서 7cm나가 앞 목점 위치(F₃)를 표시하고, F₃점과 앞 중심 쪽 밑단선 끝점(HE)에서 각각 직각으로 1.5cm씩 앞 여밈폭선(F₄, HE₁)을 내려 그린다.

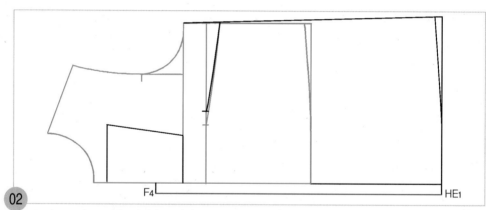

F₄과 HE₁점 두 점을 직선자로 연결하여 앞 여밈분선을 그린다.

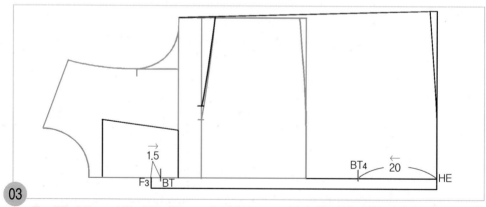

F₃~BT=1.5cm, HE~BT₄=20cm F₃점에서 1.5cm 나가 첫 번째 단춧구멍위치(BT)를 표시하고, HE점에서 앞 중심선을 따라 20cm 들어가 네 번째 단춧구멍 위치(BT₄)를 표시한다.

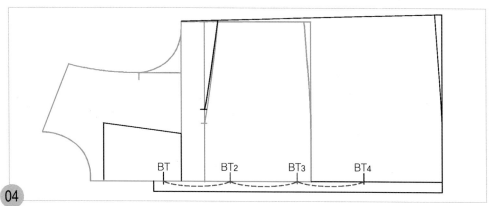

04

BT~BT4=3등분 첫 번째 단춧구멍 위치(BT)에서 네 번째 단춧구멍 위치(BT4)까지를 3등분하여 각 등분점에서 두 번째(BT2), 세 번째(BT3) 단춧구멍 위치를 표시한다.

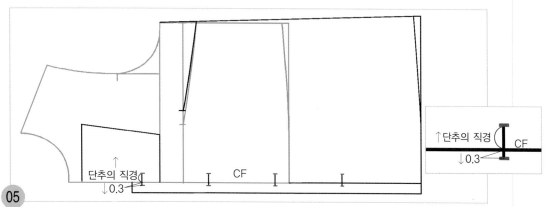

05

각 단춧구멍 위치의 앞 중심선에서 0.3cm씩 내려와 단춧구멍 트임끝 위치를 표시하고, 앞 중심선에서 단추의 직경치수만큼 각 단춧구멍 위치에서 올라가 단춧구멍 트임끝 위치를 표시한다.

4. 앞 목둘레선을 그린다.

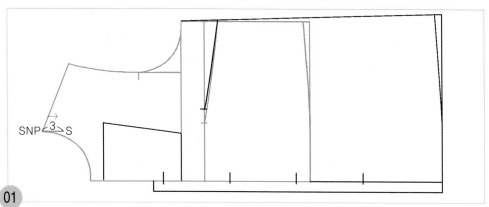

01

SNP~S=3cm 원형의 옆 목점(SNP)에서 수평으로 3cm 앞 목둘레선을 그릴 안내선(S)을 그린다.

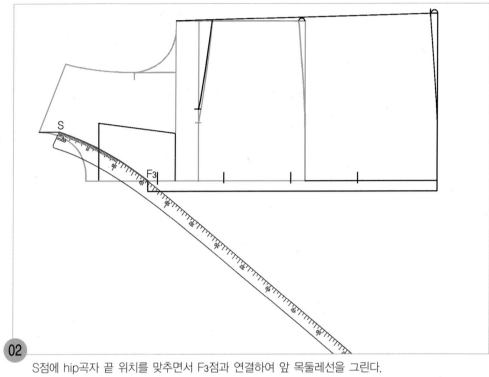

02 S점에 hip곡자 끝 위치를 맞추면서 F3점과 연결하여 앞 목둘레선을 그린다.

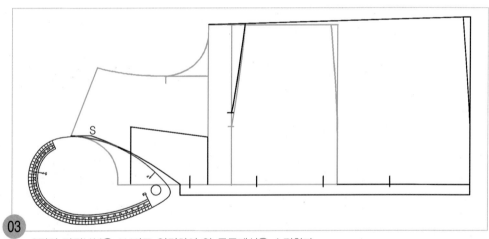

03 S점의 각진부분을 AH자로 연결하여 앞 목둘레선을 수정한다.

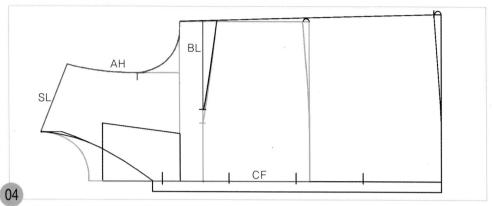

04 적색선으로 표시된 앞 중심선과 어깨선, 진동둘레선, 가슴둘레선은 원형의 선을 그대로 사용한다.

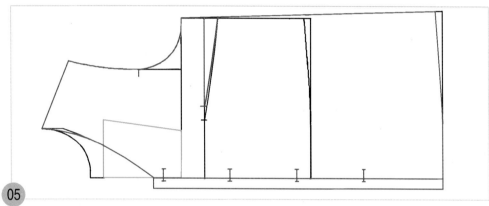

05 적색선이 앞 몸판, 청색선이 앞 바대의 완성선이다.

세일러 칼라 제도하기 ···▶

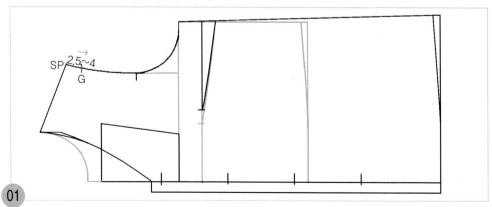

01 **SP~G=2.5~4cm** 앞 원형의 어깨끝점(SP)에서 2.5cm(얇은 천)~4cm(두꺼운 천) 진동둘레선을 따라 나가 뒤 칼라선을 마주댈 안내선점(G)을 표시한다.

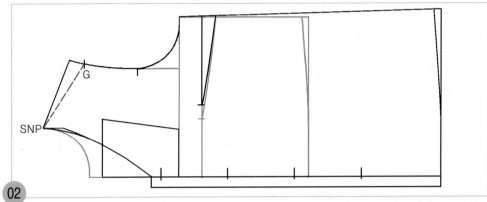

02 앞판의 옆 목점(SNP)과 G점 두 점을 직선자로 연결하여 점선으로 뒤판을 겹칠 안내선을 그린다.

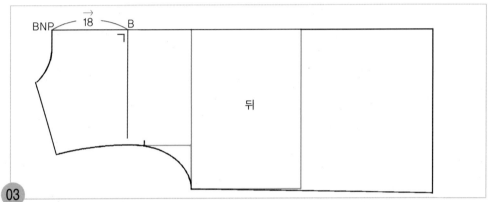

03 **BNP~B=18cm** 뒤판의 뒤 목점(BNP)에서 뒤 중심선을 따라 18cm나가 뒤 칼라 밑단선점(B)을 표시하고 직각으로 뒤 칼라 밑단선을 내려 그린다.

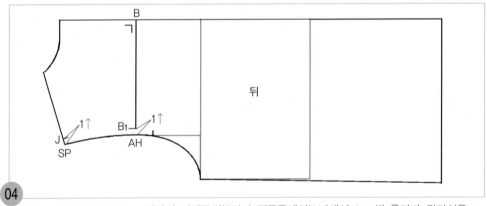

04 **SP~J, AH~B₁=1cm** 뒤판의 어깨끝점(SP)과 진동둘레선(AH)에서 1cm씩 올라가 칼라선을 그릴 안내점(J, B₁)을 각각 표시한다.

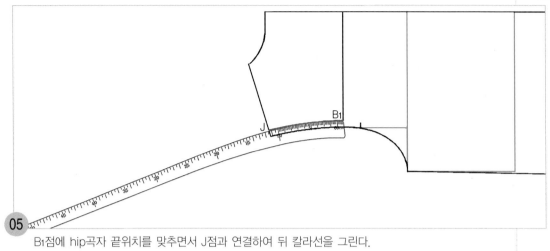

05 B₁점에 hip곡자 끝위치를 맞추면서 J점과 연결하여 뒤 칼라선을 그린다.

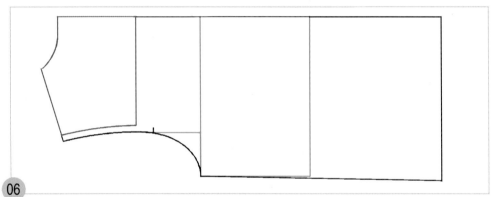

06 적색선이 뒤 칼라의 완성선이다. 새 패턴지에 뒤 칼라 완성선을 옮겨 그리고 완성선을 따라 오려 내어 패턴에 차이가 없는지 확인한다.

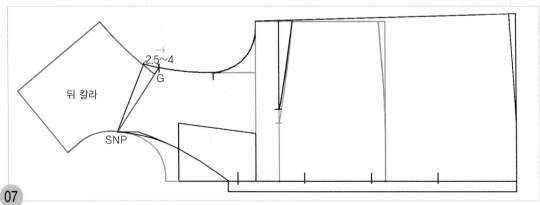

07 06에서 오려낸 뒤 칼라 완성선을 앞판의 옆 목점(SNP)부터 맞추고 02에서 점선으로 그린 앞판의 안내선에 맞추어 핀이나 테이프로 고정시킨다.

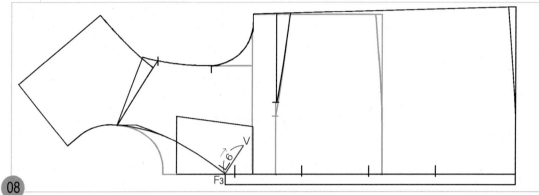

08

　　F₃~V=6cm 앞 목점(F3)에서 앞 목둘레선에 직각으로 6cm 앞 칼라를 그릴 안내선(V)을 그린다.

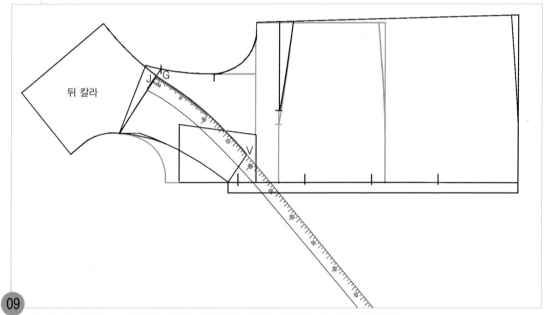

09

　　뒤 칼라의 J점에 hip곡자 끝 위치를 맞추면서 V점과 연결하여 앞 칼라 안내선을 그린다.

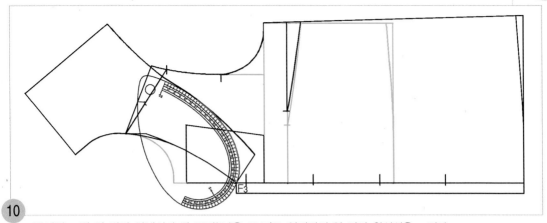

10 09에서 그린 앞 칼라 안내선과 앞 목점(F3)을 AH자로 연결하여 앞 칼라 완성선을 그린다.

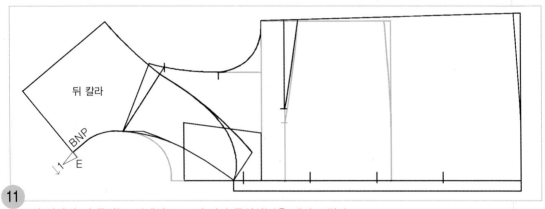

11 뒤 칼라의 뒤 목점(BNP)에서 1cm 뒤 칼라 중심선(E)을 내려 그린다.

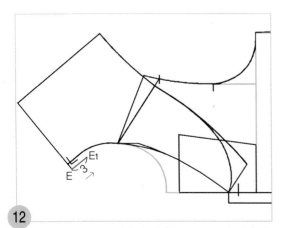

12 **E~E1=3cm** E점에서 직각으로 3cm 뒤 칼라 솔 기선(E1)을 그린다.

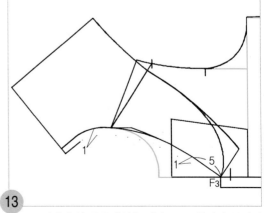

13 F3점에서 앞 목둘레선을 따라 5cm 올라간 곳까지 E1점에서 1cm 폭으로 칼라 솔기선을 그릴 안내점 을 표시한다.

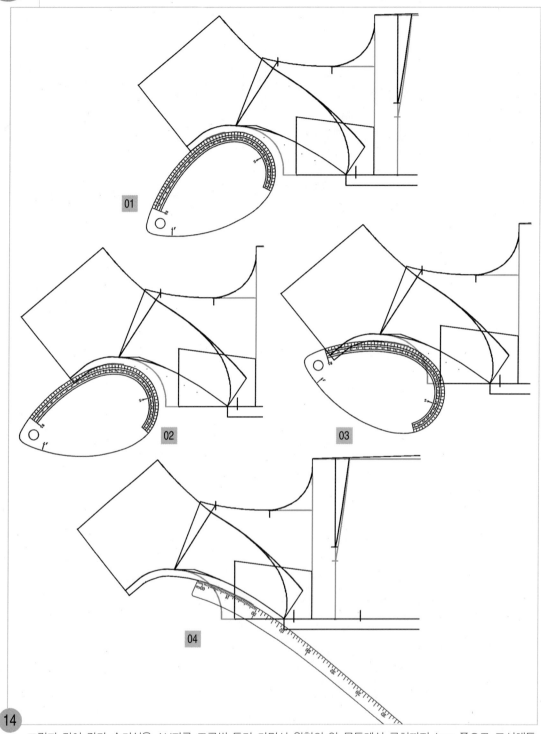

01

02

03

04

14 그림과 같이 칼라 솔기선을 AH자를 조금씩 돌려 가면서 원형의 앞 목둘레선 근처까지 1cm 폭으로 표시해둔
안내점을 따르면서 연결되는 곳까지 그린 다음, hip곡자 끝위치를 맞추면서 F3점에서 5cm 올라가 표시해둔
점과 연결하여 칼라 솔기선을 그린다.

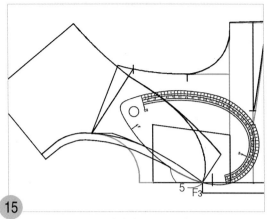

15 F3점에서 5cm 전까지 그린 칼라 솔기선과 F3점을 AH자로 연결하여 칼라 솔기선을 완성한다.

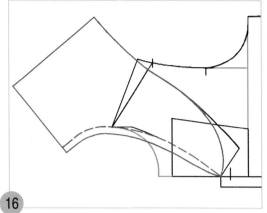

16 적색의 외곽선이 칼라의 완성선이고, 점선이 칼라 꺾임선이다.

소매 제도하기 ••••••

1. 소매 완성선을 그린다.

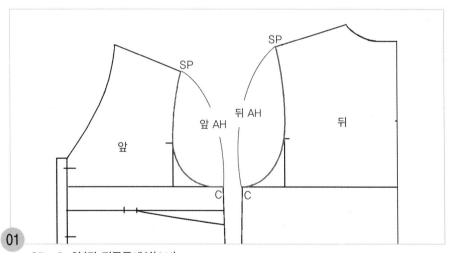

01

SP~C=앞/뒤 진동둘레선(AH)
SP점에서 C점의 앞/뒤 진동둘레선(AH) 길이를 각각 잰다.

🈺 뒤 AH-앞 AH=2cm 가장 이상적 치수이다. 즉, 뒤 AH이 앞 AH보다 2cm 정도 더 길어야 하며 허용치수는 ±0.3cm이다. 만약 뒤 AH-앞 AH=1.7~2.3cm 보다 크거나 작으면 몸판의 겨드랑밑 옆선 위치를 이동한다.

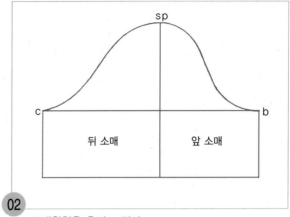

02

소매원형을 옮겨 그린다.

🈯 앞뒤 AH 치수와 원형의 앞뒤 AH 치수가 동일한지
　확인하고 차이가 있으면 p.38의 02~p.41의 04까
　지 참조하여 소매산 곡선까지 그린다.

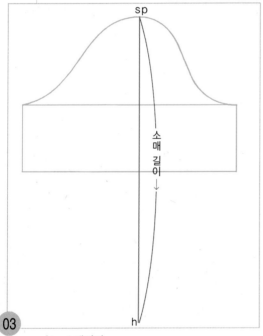

03

sp~h=소매길이

소매 원형의 소매산점(sp)에서 소매길이만큼 소매
중심선(h)을 내려 그린다.

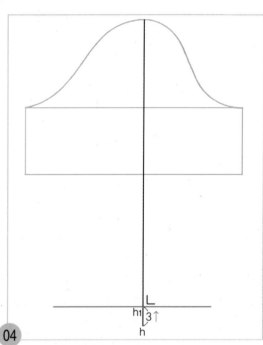

04

h~h₁=3cm

h점에서 3cm 올라가 소매단 솔기선점(h₁)을 표시
하고 소매 중심선에 직각으로 앞/뒤 소매단 솔기
안내선을 그린다.

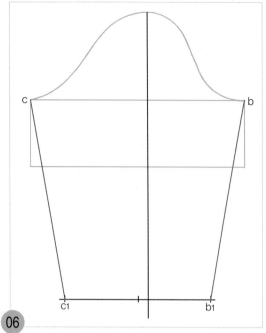

06

b점과 b₁점, c점과 c₁점을 각각 직선자로 연결하여 소매밑선을 그린다.

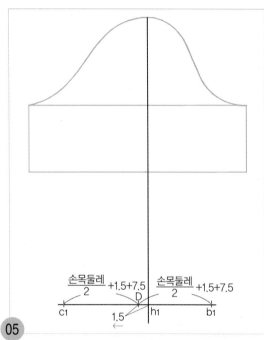

05

h₁~D=1.5cm, D~b₁=(손목둘레/2)+1.5cm(여유분)+7.5cm(셔링분)

h₁점에서 1.5cm 뒤 소매단 솔기 안내선 쪽으로 나가 앞 소매폭을 정할 안내점(D)을 표시하고, D점에서 앞 소매단 솔기 안내선 쪽으로 (손목둘레/2)+1.5cm(여유분)+7.5cm(셔링분)을 나가 앞 소매단폭점(b₁)을 표시하고, 같은 치수를 D점에서 뒤 소매단 솔기 안내선 쪽으로 나가 뒤 소매단폭점(c₁)을 표시한다.

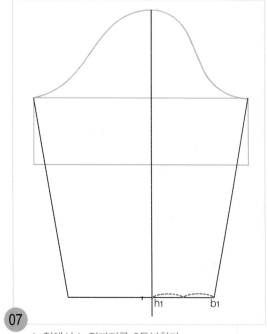

07

h₁점에서 b₁점까지를 2등분한다.

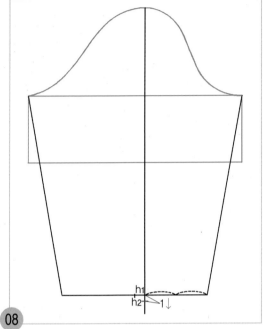

08   h₁점에서 1cm 소매단 솔기 완성선을 그릴 통과선
(h₂)을 그린다.

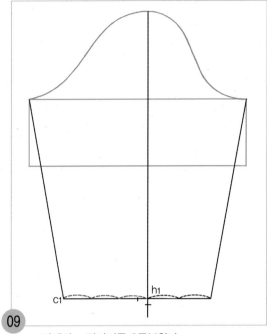

09   h₁점에서 c₁점까지를 3등분한다.

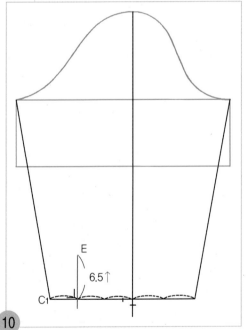

10   c₁점 쪽 1/3 위치에서 직각으로 6.5cm 소매단
트임선(E)을 올려 그린 다음, 소매단 솔기 안
내선 아래쪽으로 조금 길게 그려 둔다.

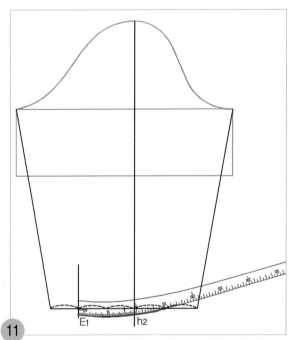

11   앞 소매단 솔기 안내선의 1/2점과 h₂점을 hip곡자로 연
결하면서 hip곡자 끝이 10에서 그린 소매단 트임선(E₁)
에 닿도록 맞추어 뒤 소매단 솔기 완성선을 그린다.

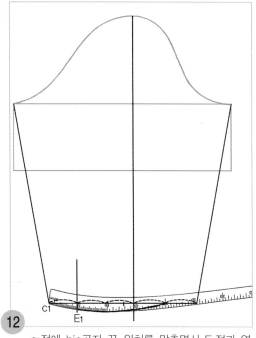

12 c_1점에 hip곡자 끝 위치를 맞추면서 E_1점과 연결하여 남은 뒤 소매단 솔기 완성선을 그린다.

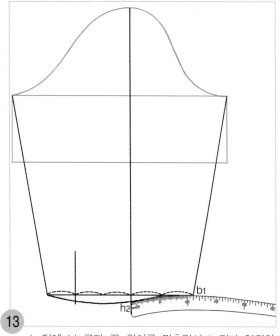

13 h_2점에 hip곡자 끝 위치를 맞추면서 b_1점과 연결하여 앞 소매단 솔기 완성선을 그린다.

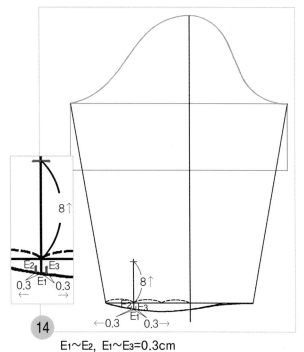

14 $E_1{\sim}E_2,\ E_1{\sim}E_3=0.3cm$
E_1점에서 좌우로 0.3cm씩 나가 소매단 트임선을 그릴 안내점(E_2, E_3)을 표시한다.

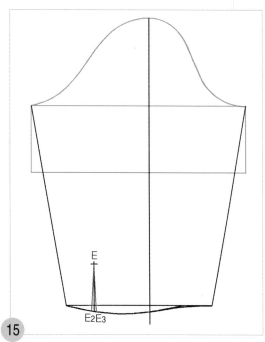

15 E점과 E_2점, E점과 E_3점을 각각 직선자로 연결하여 소매단 트임선을 그린다.

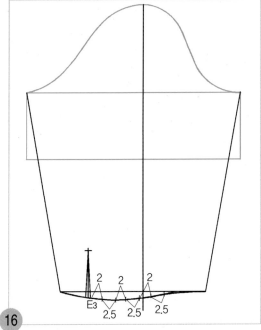

16

E3점에서 2cm, 2.5cm, 2cm, 2.5cm, 2cm, 2.5cm
씩 나가 턱선을 그릴 안내점을 각각 표시한다.

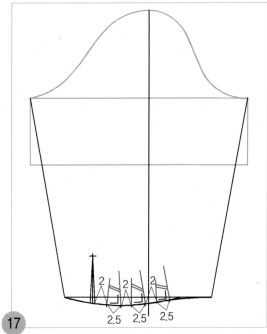

17

2.5cm로 표시된 점이 턱선의 안내점이다. 소매단
솔기 완성선에 직각으로 턱선을 각각 그리고, 턱
주름 방향 표시를 넣는다.

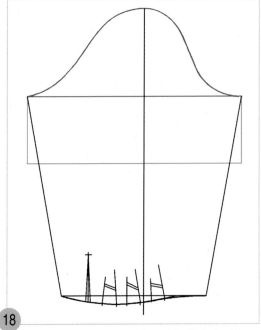

18

적색선으로 표시된 소매산 곡선은 원형의 선을 그
대로 사용한다.

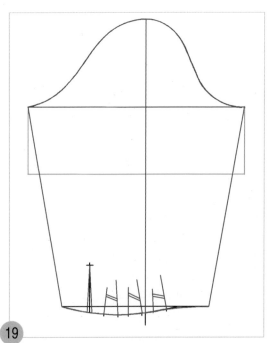

19

적색선이 소매의 완성선이다.

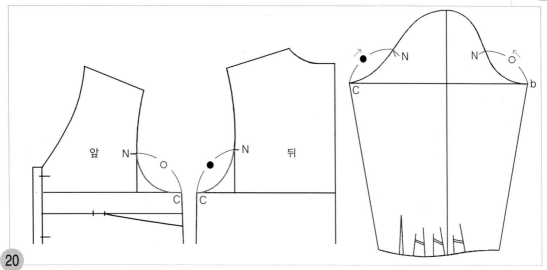

20

앞/뒤 몸판의 C점에서 N점까지의 길이를 각각 재어, 앞 뒤 소매폭 끝점(b, c)에서 소매산 곡선을 따라 올라가 맞춤표시(N)를 넣는다.

2. 밴드 커프스선을 그린다.

01

직각자를 대고 수평으로 소매단과의 커프스 솔기 선(a)을 그린 다음 직각으로 3cm 커프스폭선(b)을 내려 그린다.

02

b점에서 직각으로 커프스 단선을 그린다.

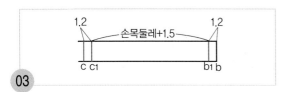

03

b~b₁=1.2cm, b₁~c₁=손목둘레+1.5cm, c₁~c=1.2cm
b점에서 1.2cm 나가 단춧구멍 위치 안내선(b_1)을 그리고, b_1점에서 손목둘레+1.5cm한 치수를 나가 단추위치 안내선(c_1)을 그린 다음, c점에서 1.2cm나가 커프스 폭선(c)을 그린다.

04

단추위치 안내선의 1/2점에 단추 다는 위치를 표시하고, 단춧구멍 위치 안내선의 1/2점에서 커프스 폭선 쪽으로 0.3cm 나가 단춧구멍 트임끝 위치를 표시하고, 안내선의 1/2점에서 단추의 직경을 나가 단춧구멍 트임끝 위치를 표시한다.

05

적색선이 커프스의 완성선이다.

1. 패턴을 분리하고 식서방향 표시와 골선표시를 넣는다.

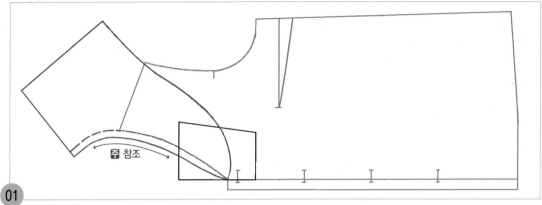

01 청색선이 앞 몸판의 완성선이고, 적색선이 칼라의 완성선, 검정색선이 앞 바대의 완성선인다. 새 페턴지에 칼라와 앞 바대의 완성선을 옮겨 그리고 새 페턴지에 옮겨 그린 완성선을 따라 오려낸 다음 원래의 패턴 위에 겹쳐 얹어 패턴에 차이가 없는지 확인한다.

🈺 봉제시 칼라 솔기선은 몸판의 목둘레 치수 만큼 늘려서 봉제하여야 한다.

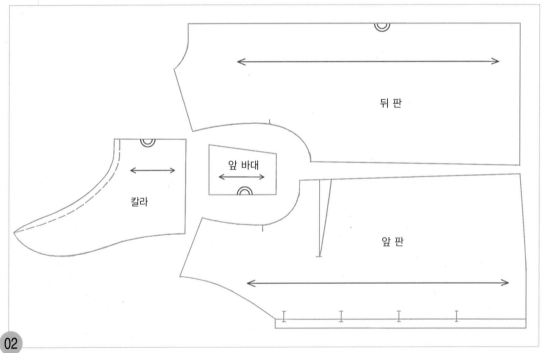

02 앞/뒤 몸판, 칼라, 앞 바대를 분리하여 골선표시와 식서방향 표시를 넣는다.

윙 칼라 | 드롭프드 숄더의 셔츠 반소매 블라우스

Wing Collar | Shirt Half Sleeve of Dropped Shoulder Blouse

■■■ B.L.O.U.S.E 07

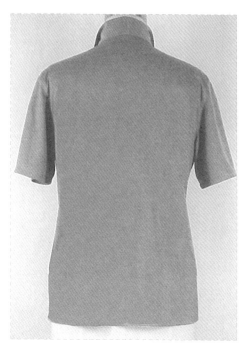

실루엣 ● ● ● 목의 뒤 부분은 칼라를 세우면서 앞 부분은 목에서 떨어져 날개를 펼친 것 같이 밖으로 접어 넘기는 윙 칼라와 소매산이 낮고 팔을 움직이기 쉬운 셔츠 반 소매의 활동적인 요소를 지닌 블라우스이다. 소재의 선택에 따라 T-셔츠 느낌을 주기도 한다.

소 재 ● ● ● 스포티한 느낌에는 면 브로드, 저어지, 피케 등이 적합하며 고급스런 느낌 에는 조오젯, 실크, 새틴과 같은 부드러운 소재가 적합하다.

포인트 ● ● ● 윙 칼라 그리는 법, 슬래시 여밈 그리는 법, 셔츠 슬리브 그리는 법을 배운다.

윙 칼라 | 드롭프드 숄더의 셔츠 반소매 블라우스 ▌213

제도 치수 구하기 ⋯⋯▶

계측 부위	계측 치수의 예	자신의 계측 치수	제도 각자 사용 시의 제도 치수	일반 자 사용 시의 제도 치수	자신의 제도 치수
가슴둘레(B)	86cm		$B°/2$	$B/4$	
허리둘레(W)	66cm		$W°/2$	$W/4$	
엉덩이둘레(H)	94cm		$H°/2$	$H/4$	
등길이	38cm		치수 38cm		
앞길이	41cm		41cm		
뒤품	34cm		뒤 품/2=17		
앞품	32cm		앞 품/2=16		
유두 길이	25cm		25cm		
유두 간격	18cm		유두 간격/2=9		
어깨너비	37cm		어깨 너비/2=18.5		
블라우스 길이	58cm		계측한 등길이+20cm		
소매길이	54cm		계측한 소매길이		
진동깊이			$B°/2$	$B/4=21.5$	
위 가슴둘레선 뒤			$(B°/2)+2.5cm$	$(B/4)+2.5cm$	
위 가슴둘레선 앞			$(B°/2)+2cm$	$(B/4)+2cm$	
밑단선 뒤			위가슴둘레선+0.6cm	위가슴둘레선+0.6cm=24.6cm	
밑단선 앞			$(H°/2)+2.5cm$	$(H/4)+2.5cm=26cm$	
소매산 높이			(진동깊이/2)+1cm		

🈺 진동깊이=B/4의 산출치가 20~24cm 범위안에 있으면 이상적인 진동깊이의 길이라 할 수 있다. 따라서 최소치=20cm, 최대치=24cm까지이다. (이는 예를 들면 가슴둘레 치수가 너무 큰 경우에는 진동깊이가 너무 길어 겨드랑밑 위치에서 너무 내려가게 되고, 가슴둘레 치수가 너무 적은 경우에는 진동깊이가 너무 짧아 겨드랑밑 위치에서 너무 올라가게 되어 이상적인 겨드랑 밑 위치가 될 수 없다. 따라서 B/4의 산출치가 20cm 미만이면 뒤 목점(BNP)에서 20cm 나간 위치를 진동깊이로 정하고, B/4의 산출치가 24cm 이상이면 뒤 목점(BNP)에서 24cm 나간 위치를 진동깊이로 정한다.)

01 자신의 각 계측부위를 계측하여 빈칸에 넣어두고 제도치수를 구하여 둔다.

뒤판 제도하기 ···❖

1. 뒤 중심선과 밑단선, 옆선을 그린다.

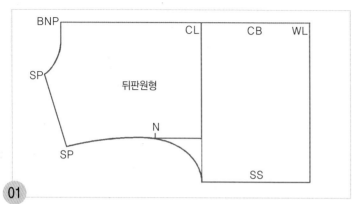

01

뒤판의 원형선을 옮겨 그린다.

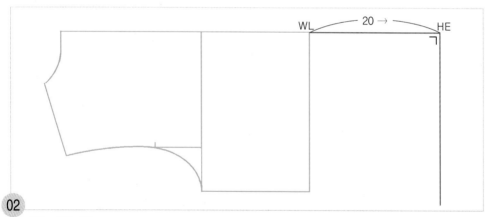

02

WL~HE=20cm

뒤 원형의 뒤 중심 쪽 허리선(WL)에서 수평으로 20cm 뒤 중심선을 연장시켜 그리고 밑단선 위치
(HE)를 정한 다음, 직각으로 밑단선을 내려 그린다.

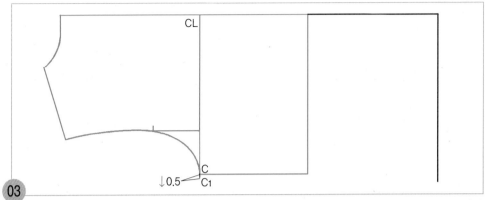

03

C~C₁=0.5cm 원형의 위 가슴둘레선 옆선 쪽 끝점(C)에서 0.5cm 내려 그리고 위 가슴둘레선의 옆선 쪽 끝점(C₁)을 이동한다.

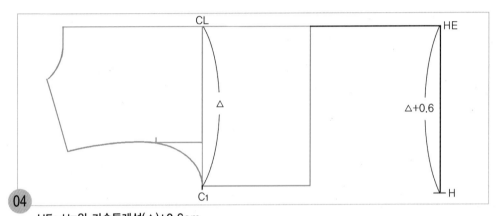

04

HE~H=위 가슴둘레선(△)+0.6cm
HE점에서 위 가슴둘레선(△)+0.6cm한 치수를 내려와 옆선 쪽 밑단선 끝점(H)을 표시한다.

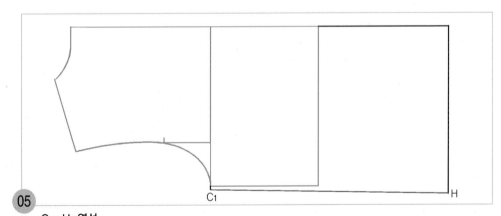

05

C₁~H=옆선
옆선 쪽 위 가슴둘레선 끝점(C₁)과 H점 두 점을 직선자로 연결하여 옆선을 그린다.

2. 진동둘레선을 그린다.

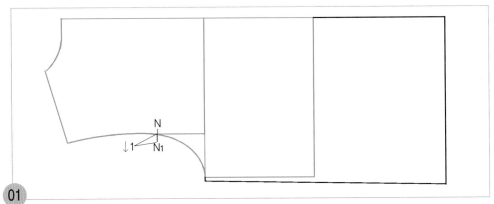

01

N~N₁=1cm 원형의 N점에서 1cm 내려 그려 진동둘레선을 그릴 안내선점(N₁)을 표시한다.

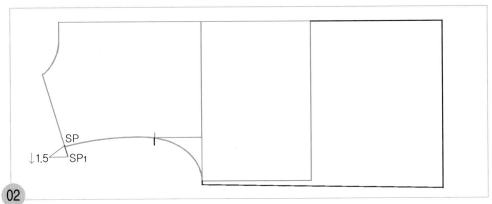

02

SP~SP₁=1.5cm
원형의 어깨끝점(SP)에서 1.5cm 어깨선을 연장시켜 그려 어깨끝점(SP₁) 위치를 이동한다.

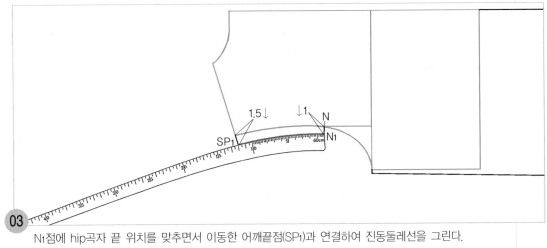

03

N₁점에 hip곡자 끝 위치를 맞추면서 이동한 어깨끝점(SP₁)과 연결하여 진동둘레선을 그린다.

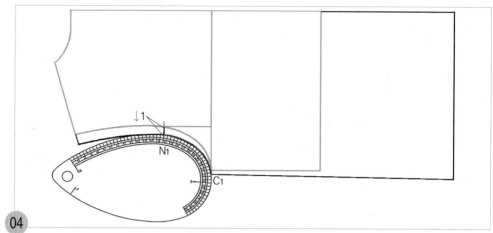

04 N₁점과 C₁점 두 점을 뒤 AH자 쪽으로 연결하여 남은 진동둘레선을 그린다.

3. 옆선의 트임끝 위치를 표시한다.

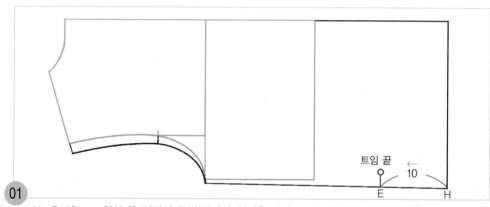

01 **H～E=10cm** 옆선 쪽 밑단선 끝점(H)에서 옆선을 따라 10cm 나가 트임끝 위치(E)를 표시한다.

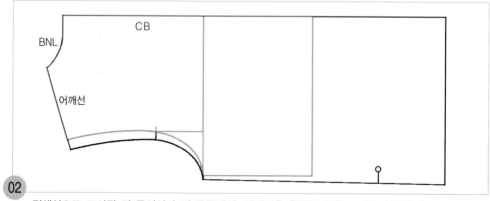

02 적색선으로 표시된 뒤 중심선과 뒤 목둘레선, 어깨선은 원형의 선을 그대로 사용한다.

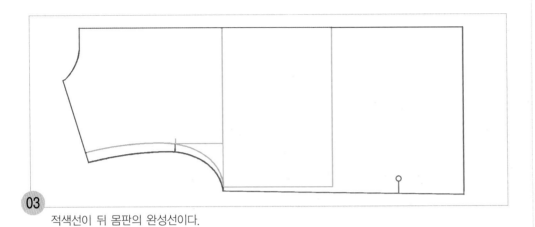

03 적색선이 뒤 몸판의 완성선이다.

앞판 제도하기 ····

1. 앞 중심선과 밑단선, 옆선을 그린다.

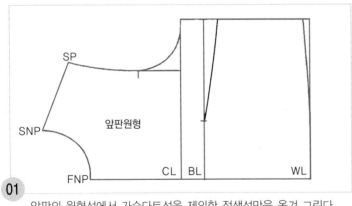

01 앞판의 원형선에서 가슴다트선을 제외한 적색선만을 옮겨 그린다.

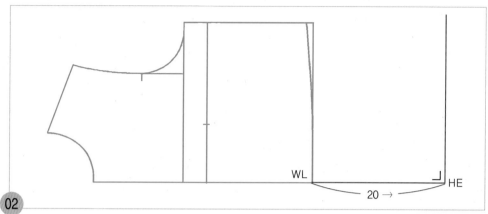

WL~HE=20cm 직각자를 대고 앞 원형의 WL점에서 수평으로 20cm 앞 중심선(HE)을 연장시켜 그리고, 직각으로 밑단의 안내선을 올려 그린다.

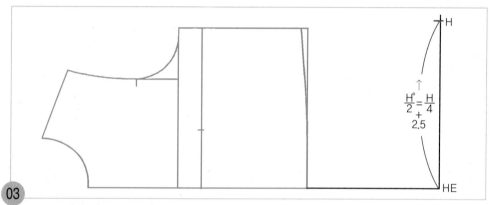

HE~H=(H°/2)+2.5cm=(H/4)+2.5cm
앞 중심 쪽 밑단선 끝점(HE)에서 (H°/2)+2.5cm=(H/4)+2.5cm 올라가 옆선 쪽 밑단선 끝점(H)을 표시한다.

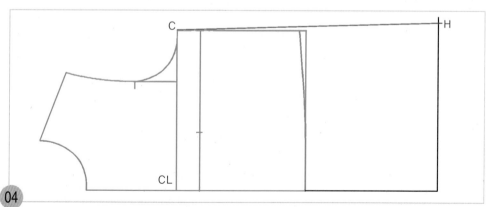

원형의 위 가슴둘레선 옆선 쪽 끝점(C)과 H점 두 점을 직선자로 연결하여 옆선을 그린다.

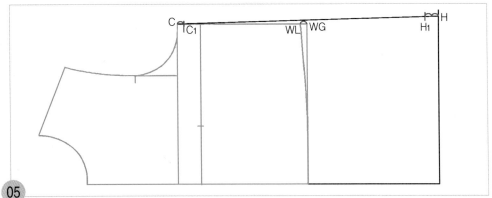

05

원형의 옆선 쪽 허리 완성선(WL)에서 허리 안내선(WG)까지의 길이를 재어, 같은 치수를 옆선 쪽 위 가슴둘레선 끝점(C)에서 허리선 쪽으로 옆선을 따라들어가 옆선의 끝점위치(C_1)를 표시하고, WL~WG까지의 길이를 2배한 치수를 옆선 쪽 밑단선 끝점(H)에서 옆선을 따라 들어가 옆선 쪽 밑단의 완성선 끝점(H_1)을 표시한다.

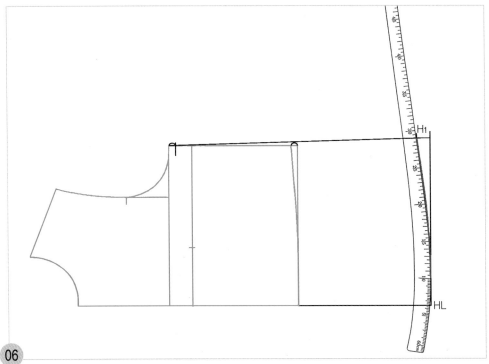

06

H_1점과 밑단선을 hip곡자로 연결하였을 때 밑단선 쪽에서 hip곡자가 수평으로 연결되는 위치로 맞추어 밑단의 완성선을 그린다.

2. 진동둘레선을 그린다.

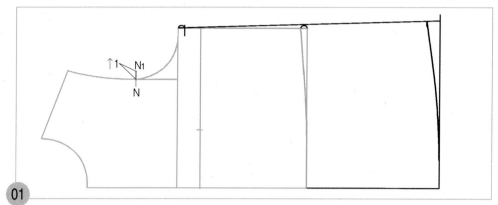

01

N~N₁=1cm   원형의 N점에서 1cm 올려 그려 진동둘레선을 그릴 안내선점(N₁)을 표시한다.

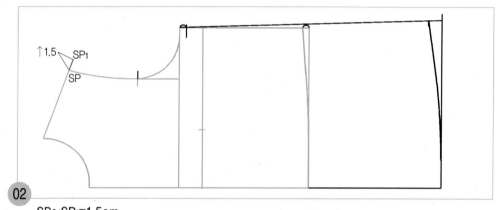

02

SP~SP₁=1.5cm
원형의 어깨끝점(SP)에서 1.5cm 어깨선을 연장시켜 그려 어깨끝점(SP₁) 위치를 이동한다.

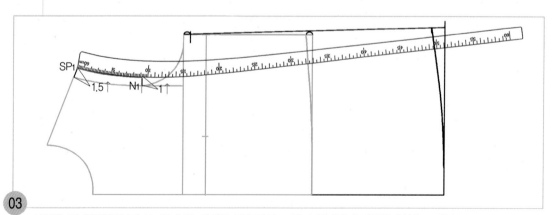

03

이동한 어깨끝점(SP₁)에 hip곡자 끝 위치를 맞추면서 N₁점과 연결하여 진동둘레선을 그린다.

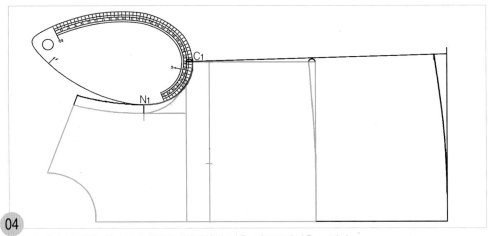

04

C₁점과 N₁점을 앞 AH자 쪽으로 연결하여 남은 진동둘레선을 그린다.

3. 주머니선을 그린다.

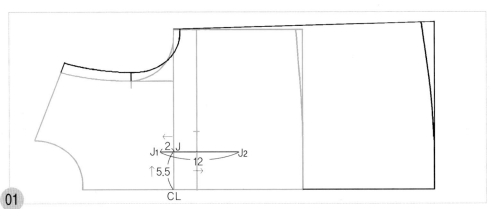

01

CL~J=5.5cm, J~J₁=2cm, J₁~J₂=12cm

원형의 앞 중심 쪽 위 가슴둘레선(CL) 위치에서 5.5cm 올라가 앞 중심 쪽 주머니선 위치(J)를 표
시하고, J점에서 어깨선 쪽으로 2cm 나가 주머니 입구위치(J₁)를 표시한 다음 수평으로 12cm 주
머니 깊이선(J₂)을 그린다.

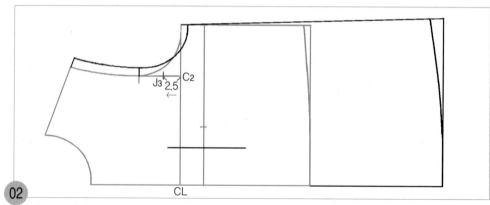

C₂~J₃=2.5cm
원형의 앞품선 위치(C₂)에서 2.5cm 나가 주머니 입구선을 그릴 통과점(J₃)을 표시한다.

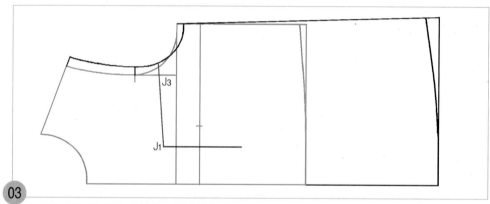

J₁점과 J₃점 두 점을 직선자로 연결하여 진동둘레선(AH)까지 주머니 입구선을 그린다.

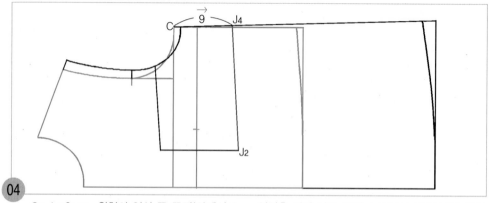

C~J₄=9cm 원형의 옆선 쪽 끝점(C)에서 9cm 옆선을 따라 나가 주머니 깊이선 위치(J₄)를 표시하고, J₂점과 직선자로 연결하여 주머니 밑단선을 그린다.

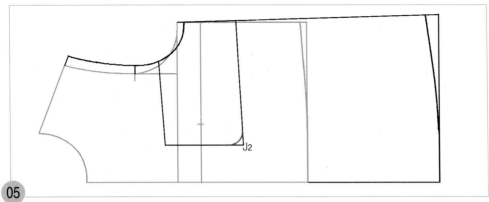

05

J2점의 각진 부분을 곡선으로 수정한다.

4. 앞 슬래시 여밈선을 그린다.

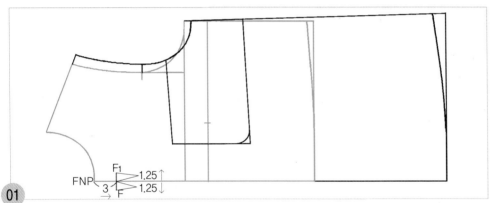

01

원형의 앞 목점(FNP)에서 수평으로 3cm 나간 위치에서 위아래로 1.25cm씩 앞 슬래시 여밈폭선
(F, F1)을 그린다.

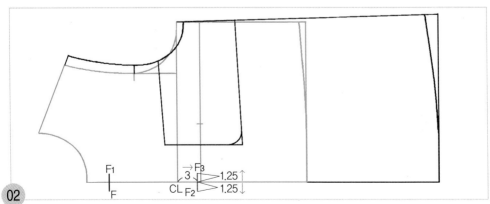

02

원형의 앞 중심 쪽 위 가슴둘레선(CL) 위치에서 3cm 나간 위치에서 위아래로 1.25cm씩 슬래시
여밈폭선 끝점(F2, F3)을 그린다.

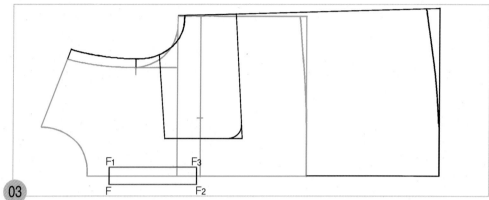

03 F점과 F₂점, F₁점과 F₃점 두 점씩을 각각 직선자로 연결하여 앞 여밈분선을 그린다.

5. 윙 칼라를 제도한다.

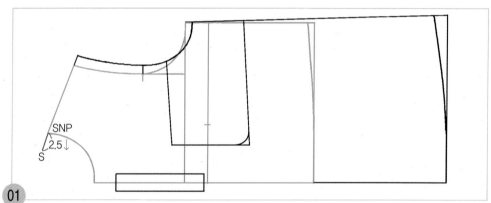

01 **SNP~S=2.5cm** 원형의 옆 목점(SNP)에서 2.5cm 어깨선의 연장선으로 칼라의 안내선을 그릴 통과선(S)을 내려 그린다.

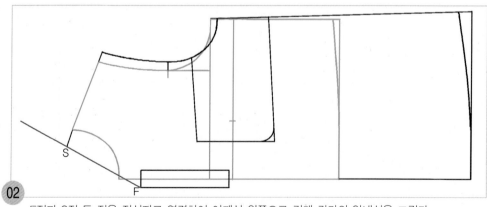

02 F점과 S점 두 점을 직선자로 연결하여 어깨선 위쪽으로 길게 칼라의 안내선을 그린다.

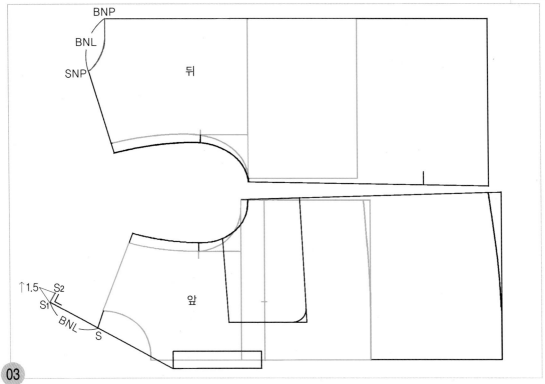

03

S~S₁=뒤 목둘레선(BNL) 치수

뒤 목둘레선(BNL) 치수를 재어 S점에서 칼라의 안내선을 따라 나가 칼라를 그릴 안내선점(S₁)을 표시하고, 직각으로 1.5cm 칼라의 안내선을 그릴 통과선(S₂)을 그린다.

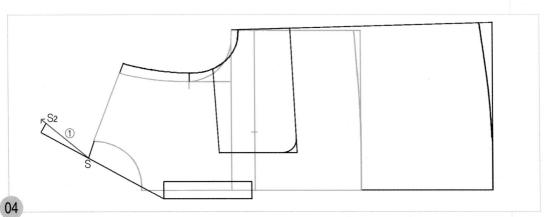

04

S점과 S₂점 두 점을 직선자로 연결하여 칼라를 그릴 안내선(①)을 그린다.

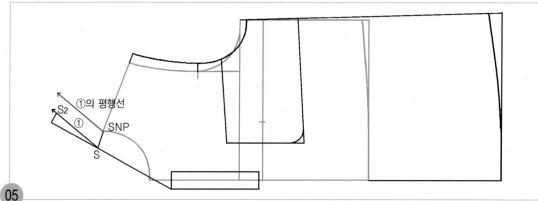

05

원형의 옆 목점(SNP)에서 04에서 그린 안내선(①)과 평행이 되는 칼라선을 그린다.

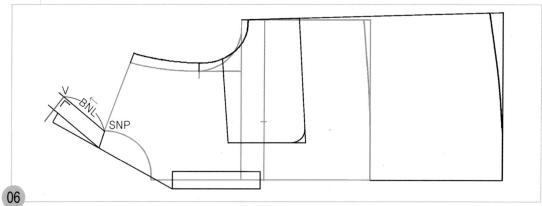

06

SNP~V=뒤 목둘레(BNL)치수 원형의 옆 목점(SNP)에서 뒤 목둘레(BNL)치수를 05에서 그린 칼라선을 따라나가 칼라의 뒤 중심선(V) 위치를 표시하고, 직각으로 칼라의 뒤 중심선을 그린다.

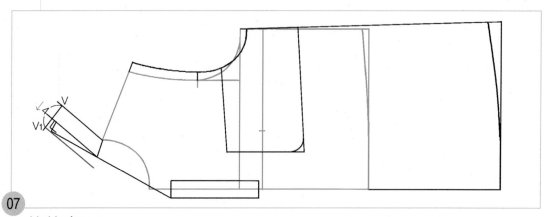

07

V~V₁=4cm

V점에서 칼라의 뒤 중심선을 따라 4cm 내려와 칼라폭점(V₁)을 표시하고 직각으로 칼라폭선을 그린다.

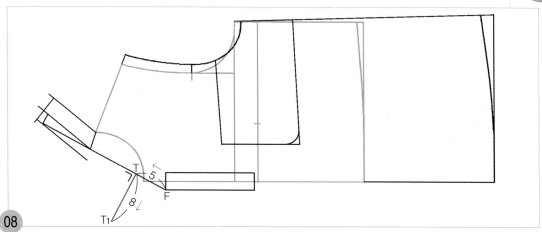

08 F~T=5cm, T~T =8cm

F점에서 칼라 안내선을 따라 5cm 나가 칼라 완성선을 그릴 안내선점(T)을 표시하고, 직각으로 8cm 칼라 완성선을 그릴 통과선(T₁)을 그린다.

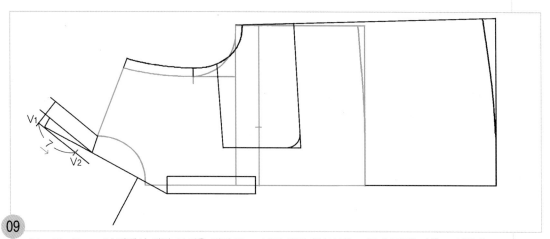

09 V₁~V₂=7cm V₁점에서 칼라 폭선을 따라 7cm 나가 칼라 완성선을 그릴 연결점(V₂)을 표시한다.

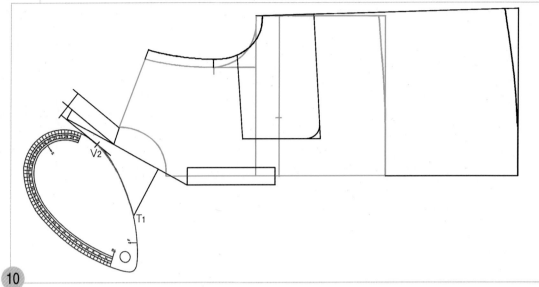

10 V2점과 T1점을 그림과 같이 앞 AH자 쪽으로 연결하여 칼라 완성선을 그린다.

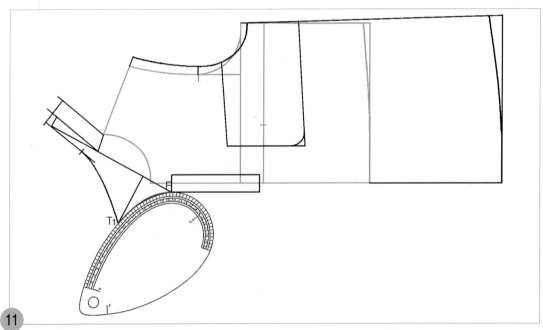

11 T1점과 F점을 그림과 같이 뒤 AH자 쪽으로 연결하여 칼라 완성선을 그린다.

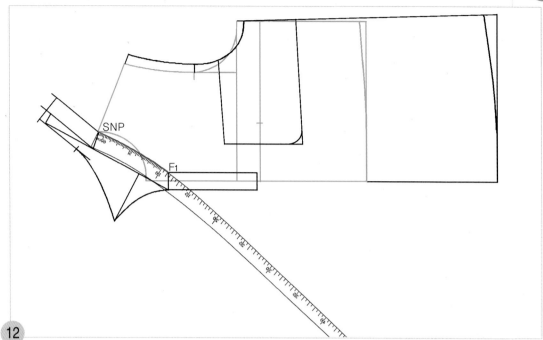

12 원형의 옆 목점(SNP)에 hip곡자 끝 위치를 맞추면서 F1점과 연결하여 앞 목둘레선을 그린다.

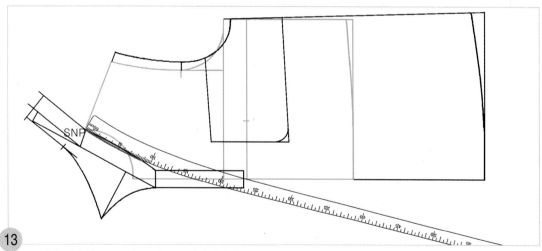

13 12에서 사용한 hip곡자를 반대로 반전시켜 원형의 옆 목점(SNP)에 hip곡자 끝 위치를 맞추면서 12에서 그린 앞 목둘레선과 연결되는 위치로 맞추어 칼라 완성선을 그린다.

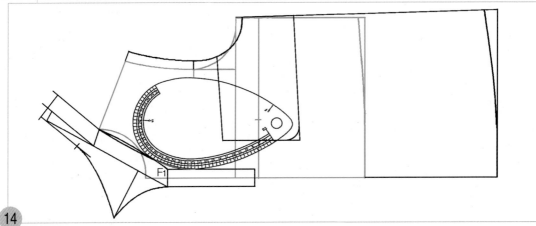

14   F1점의 각진 부분을 AH자로 연결하여 곡선으로 수정한다.

6. 단춧구멍과 옆선의 트임끝 위치를 표시한다.

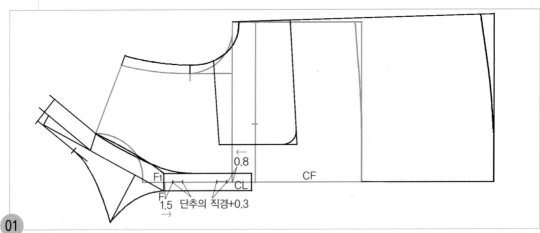

01   F와 F1선의 앞 중심선 위치에서 1.5cm 나가 첫 번째 단춧구멍 위치를 표시하고, 그곳에서 단추의 직경 +0.3cm 나가 단춧구멍 트임끝 위치를 표시한 다음, 앞 중심 쪽 위 가슴둘레선(CL) 위치에서 0.8cm 앞 목점 쪽으로 나가 두 번째 단춧구멍 위치를 표시하고, 그곳에서 단추의 직경+0.3cm 나가 단춧구멍 트임끝 위치를 표시한다.

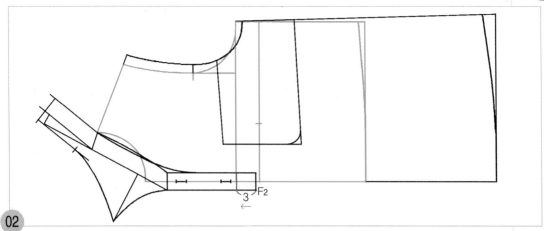

02

F2점에서 3cm 앞 목점 쪽으로 나가 앞 여밈선의 아래쪽 막음선을 그린다.

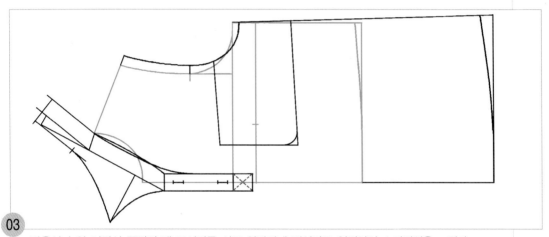

03

막음선과 앞 여밈선 끝점의 네 모서리를 서로 엇갈리게 직선자로 연결하여 스티치선을 그린다.

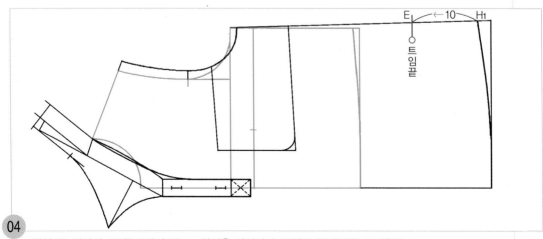

04

옆선 쪽 밑단선 끝점(H₁)에서 10cm 옆선을 따라나가 트임끝 위치(E)를 표시한다.

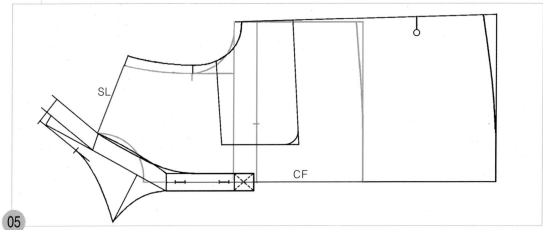

05 적색선으로 표시된 앞 중심선과 어깨선은 원형의 선을 그대로 사용한다.

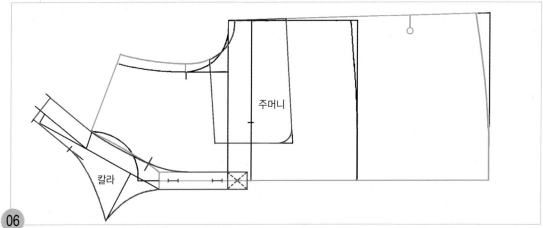

06 청색선이 앞 몸판의 완성선이고, 적색선이 칼라와 주머니의 완성선이다. 봉제시 칼라와 몸판을 맞출 수 있도록 맞춤 표시를 넣어둔다.

셔츠 반소매 제도하기 ···:·

1. 소매 기초선을 그린다.

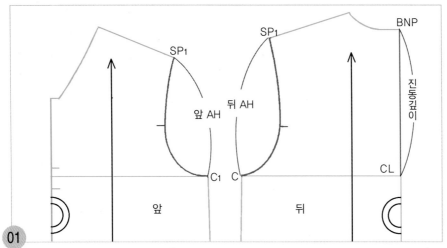

01

SP₁~C₁=앞 AH, SP₁~C=뒤 AH

SP₁~C₁, SP₁~C점의 앞/뒤 진동둘레선(AH) 길이를 각각 잰 다음, BNP~CL까지의 진동깊이 길이를 재어둔다.

🔢 뒤 AH-앞 AH=2cm 가장 이상적 치수이다. 즉, 뒤 AH이 앞 AH보다 2cm 정도 더 길어야 하며 허용치수는 ±0.3cm이다. 만약 뒤 AH-앞AH=1.7~2.3cm 보다 크거나 작으면 몸판의 겨드랑밑 옆선 위치를 이동한다.

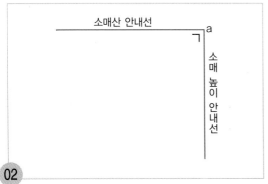

02

직각자를 대고 소매산 안내선(a)을 그린 다음, 직각으로 소매 높이 안내선을 내려 그린다.

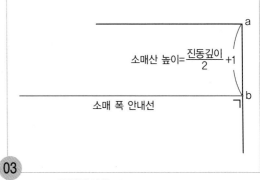

03

a~b=진동깊이/2+1cm

뒤 몸판의 뒤 목점(BNP)에서 위 가슴둘레선(CL)까지의 길이 즉 (진동깊이/2+1cm) 한 치수가 소매산 높이 치수가 된다. a점에서 소매산 높이 치수를 내려와 앞 소매폭 끝점(b)을 표시하고, 직각으로 소매폭 안내선을 그린다.

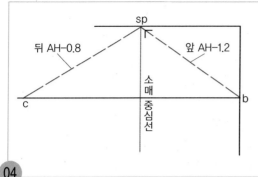

04

b~sp=앞 AH−1.2cm, sp~c=뒤 AH−0.8cm

b점에서 소매산 안내선을 향해 앞 AH치수−1.2cm
한 치수가 마주닿는 위치를 소매산점(sp)으로 정
해 표시하고, sp에서 직각으로 소매중심선을 내려
그린다음, sp에서 소매폭 안내선을 향해 뒤AH치
수−0.8cm한 치수가 마주닿는 위치를 뒤 소매폭
점(c)으로 정해 표시한다.

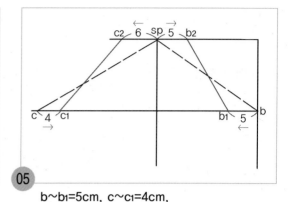

05

b~b1=5cm, c~c1=4cm,
sp~b2=5cm, sp~c2=6cm

b점에서 5cm, c점에서 4cm 소매중심선 쪽으로
들어가 소매산 곡선을 그릴 안내선점(b1, c1)을 표
시하고, 소매산점(sp)에서 앞 소매 쪽은 5cm, 뒤
소매 쪽은 6cm 나가 소매산 곡선을 그릴 안내점
(b2, c2)을 표시한 다음, b1점과 b2점, c1점과 c2점
의 두 점을 각각 직선자로 연결하여 앞/뒤 소매산
곡선을 그릴 안내선을 그린다.

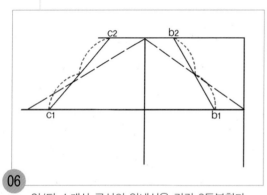

06

앞/뒤 소매산 곡선의 안내선을 각각 2등분한다.

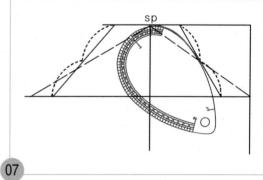

07

그림과 같이 앞 AH자 쪽을 사용하여 sp와 소매산
곡선 안내선의 1/2 위치에 닿으면서 1cm가 수평
으로 앞 소매산 곡선 안내선과 이어지는 곡선으로
맞추어 앞 소매산 곡선을 그린다.

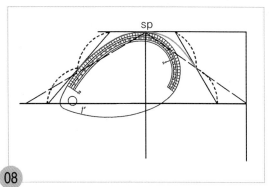

08
뒤 소매산 곡선 안내선의 1/2 위치와 소매산점
(sp)을 뒤 AH자로 연결하였을 때 1/2 위치에서 소
매산 곡선 안내선과 이어지는 곡선으로 맞추어 뒤
소매산 곡선을 그린다.

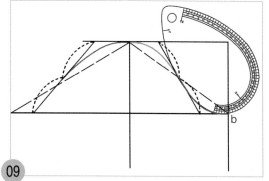

09
앞 AH자 쪽을 반대로 뒤집어서 소매산 곡선 안내
선의 1/2 위치에서 1cm가 07에서 그린 소매산곡
선과 수평으로 마주 닿으면서 연결되도록 맞추어
남은 소매산 곡선을 그린다.

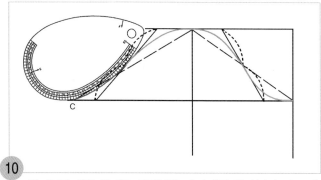

10
뒤 AH자 쪽을 반대로 뒤집어서 뒤 소매폭 끝점(c)과 뒤 소매
산 곡선 안내선의 1/2 위치를 연결하였을 때 08에서 그린 소
매산 곡선과 1/2위치에서 1cm 수평으로 이어지는 곡선으로
맞추어 남은 뒤 진동둘레선을 그린다.

🅟 드롭숄더의 경우에는 소매산 곡선에 이세분이 전혀 없어야
하므로 완성된 앞뒤 소매산 곡선 치수를 재어 앞뒤 AH 치
수와 같은지 확인하여 일치하지 않으면 앞 AH-1.2, 뒤
AH-0.8 치수를 증감하여 수정한다.

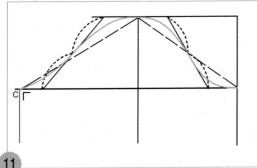

11 뒤 소매폭점(c)에서 직각으로 뒤 소매밑 안내선을
그린다.

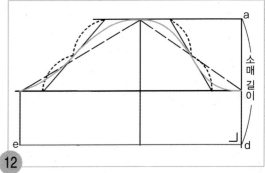

12

a~d=소매길이

a점에서 소매길이를 내려와 앞 소매밑 끝점(d)을
표시하고, 직각으로 뒤 소매밑선과 연결하여 소매
단 안내선(e)을 그린다.

🈺 소매길이는 3부소매~5부소매까지 원하는 길
이로 한다.

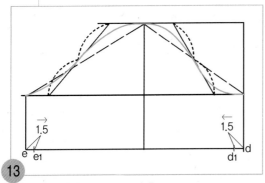

13

d~d₁=1.5cm, e~e₁=1.5cm

d점과 e점에서 각각 1.5cm씩 안쪽으로 들어와 소
매단폭 끝점(d₁, e₁)을 표시한다.

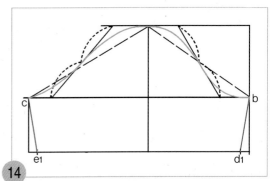

14 b점과 d₁점 두점, c점과 e₁점 두 점을 각각 직선
자로 연결하여 앞/뒤 소매밑선을 그린다.

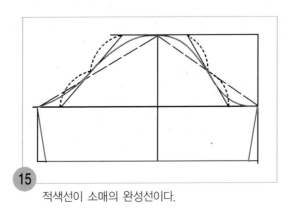

15 적색선이 소매의 완성선이다.

패턴 분리하기 ···▸

1. 앞뒤 몸판과의 칼라 패턴을 분리하고 식서방향과 맞춤표시를 넣는다.

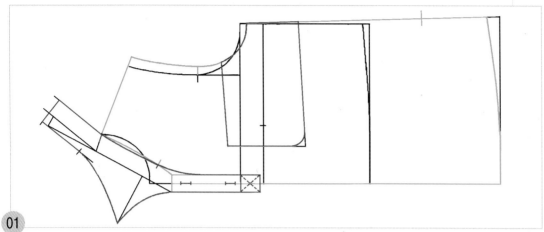

01 적색선으로 표시된 앞 몸판의 칼라와 주머니 완성선을 새 패턴지에 옮겨 그리고, 완성선을 따라 오려낸 다음 원래의 완성선에 맞추어 얹어 패턴에 차이가 없는지 확인한다.

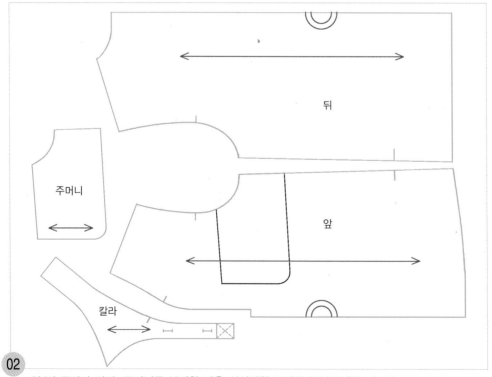

02 앞/뒤 몸판과 칼라, 주머니를 분리한 다음 식서방향 표시와 골선표시를 넣는다.

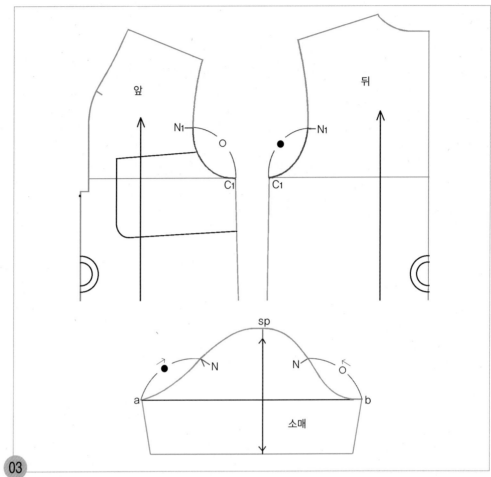

앞/뒤 몸판의 N_1점에서 C_1점까지의 길이를 재어, 앞/뒤 소매폭 끝점(b, c)에서 소매산 곡선을 따라 올라가 맞춤표시(N)를 넣는다.

프릴 칼라 | 셋인 7부 소매 블라우스

Frill Collar | Set-in Three Quarter Sleeve Blouse

■■■ B.L.O.U.S.E **08**

실루엣 ●●● 라운드 넥에 프릴 칼라를 달고 앞 오른쪽 여밈에 프릴을 댄 셋인 7부소매의 양옆 허리만 약간 쉐이프시킨 여성스러우면서 우아한 느낌의 블라우스이다. 착용방법으로는 스커트나 팬츠 위로 밑단 쪽을 내어 입는 오버블라우스식 스타일이다.

소 재 ●●● 면보일, 실크데싱, 화섬의 조오젯, 새틴, 샨텅, 화이유, 자카드, 도비직물 등과 같은 얇고 부드러운 소재가 고급스런 느낌을 준다.

포인트 ●●● 프릴 칼라 그리는 법, 셋인 7부소매 그리는 법을 배운다.

프릴 칼라 | 셋인 7부 소매 블라우스의 제도 순서

제도 치수 구하기 ····▷

계측 부위	계측 치수의 예	자신의 계측 치수	제도 각자 사용 시의 제도 치수	일반 자 사용 시의 제도 치수	자신의 제도 치수
가슴둘레(B)	86cm		$B°/2$	$B/4$	
허리둘레(W)	66cm		$W°/2$	$W/4$	
엉덩이둘레(H)	94cm		$H°/2$	$H/4$	
등길이	38cm		치수 38cm		
앞길이	41cm		41cm		
뒤품	34cm		뒤품/2=17		
앞품	32cm		앞품/2=16		
유두 길이	25cm		25cm		
유두 간격	18cm		유두 간격/2=9		
어깨너비	37cm		어깨너비/2=18.5		
블라우스 길이	58cm		계측한 등길이+20cm		
소매길이			어깨끝 점에서 팔꿈치와 손목의 1/2 위치까지의 길이		
진동깊이	최소치=20cm, 최대치=24cm		$B°/2-0.5$	$B/4-0.5$	
앞/뒤 위 가슴둘레선			$(B°/2)+1.5cm$	$(B/4)+1.5cm=23cm$	
밑단선 뒤			$(H°/2)+0.6cm$	$(H/4)+0.6cm=24.1cm$	
밑단선 앞			$(H°/2)+2.5cm$	$(H/4)+2.5cm=24.5cm$	
소매산 높이			(진동높이/2)+4cm		

🔄 진동깊이=B/4의 산출치가 20~24cm 범위안에 있으면 이상적인 진동깊이의 길이라 할 수 있다. 따라서 최소치=20cm, 최대치=24cm까지이다. (이는 예를 들면 가슴둘레 치수가 너무 큰 경우에는 진동깊이가 너무 길어 겨드랑밑 위치에서 너무 내려가게 되고, 가슴둘레 치수가 너무 적은 경우에는 진동깊이가 너무 짧아 겨드랑밑 위치에서 너무 올라가게 되어 이상적인 겨드랑 밑 위치가 될 수 없다. 따라서 B/4의 산출치가 20cm 미만이면 뒤 목점(BNP)에서 20cm 나간 위치를 진동깊이로 정하고, B/4의 산출치가 24cm 이상이면 뒤 목점(BNP)에서 24cm 나간 위치를 진동깊이로 정한다.)

01 자신의 각 계측부위를 계측하여 빈칸에 넣어두고 제도치수를 구하여 둔다.

뒤판 제도하기 ....>

1. 뒤 중심선과 밑단선을 그린다.

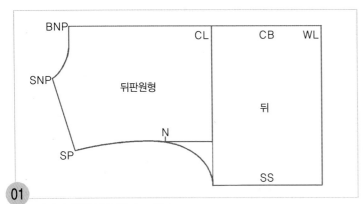

01

뒤판의 원형선을 옮겨 그린다.

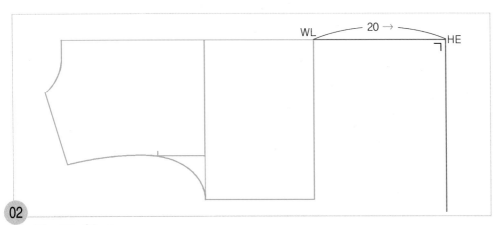

02

WL~HE=20cm
뒤 원형의 뒤 중심 쪽 허리선(WL)에서 수평으로 20cm 뒤 중심선을 연장시켜 그리고 밑단선 위치
(HE)를 정한 다음, 직각으로 밑단선을 내려 그린다.

2. 옆선의 완성선을 그린다.

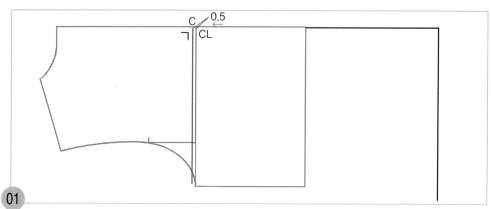

01 CL~C=0.5cm 원형의 위 가슴둘레선(CL)에서 뒤 목점(BNP) 쪽으로 0.5cm 나가 위 가슴둘레선 위치(C)를 이동하고 직각으로 위 가슴둘레선을 내려 그린다.

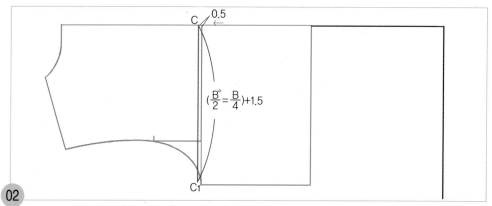

02 C~C₁=(B°/2)+1.5cm=(B/4)+1.5cm

이동한 위 가슴둘레선(C)의 뒤 중심 쪽에서 (B°/2)+1.5cm=(B/4)+1.5cm한 치수를 내려와 옆선을 그릴 위 가슴둘레선 끝점(C₁)을 표시한다.

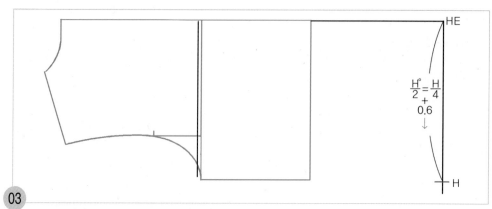

03 HE~H=(H°/2)+0.6cm=(H/4)+0.6cm

HE점에서 (H°/2)+0.6cm=(H/4)+0.6cm한 치수를 내려와 옆선 쪽의 밑단선 끝점(H)을 표시한다.

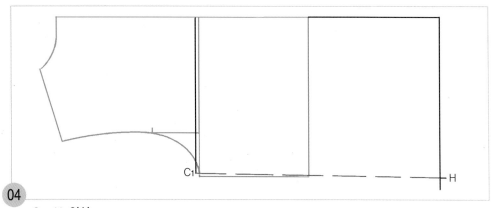

04

C₁~H=옆선

옆선 쪽 위 가슴둘레선 끝점(C₁)과 H점 두 점을 직선자로 연결하여 옆선의 안내선을 그린다.

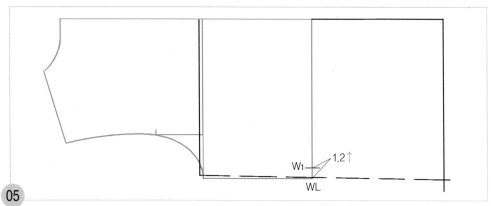

05

WL~W₁=1.2cm　04에서 그린 옆선의 안내선과 원형의 옆선 쪽 허리안내선과의 교점(WL)에서 1.2cm 올라가 옆선의 완성선을 그릴 안내점(W₁)을 표시한다.

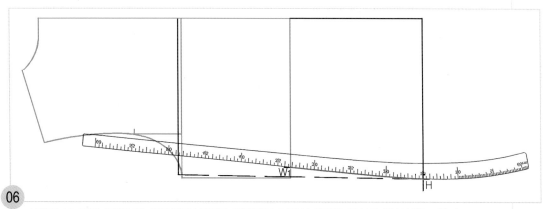

06

H점에 hip곡자 15위치를 맞추면서 W₁점과 연결하여 허리선 아래쪽 옆선의 완성선을 그린다.

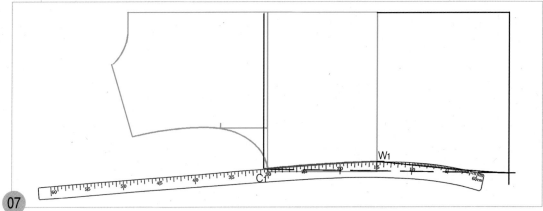

07

W₁점에 hip곡자 15위치를 맞추면서 C₁점과 연결하여 허리선 위쪽 옆선의 완성선을 그린다.

3. 진동둘레선을 그린다.

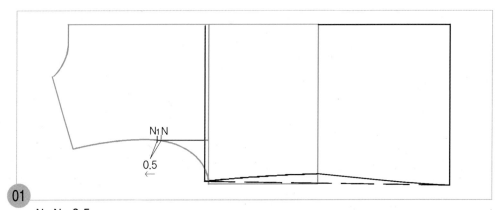

01

N~N₁=0.5cm
원형의 소매맞춤 표시점(N)에서 0.5cm 어깨선 쪽으로 나가 소매 맞춤표시점(N₁)을 이동한다.

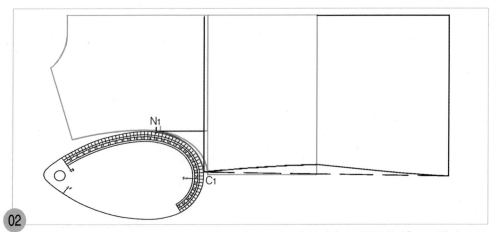

02

N₁점과 C₁점이 연결되도록 뒤 AH자 쪽을 수평으로 바르게 연결하여 진동둘레선을 수정한다.

4. 뒤 목둘레선과 안단선을 그린다.

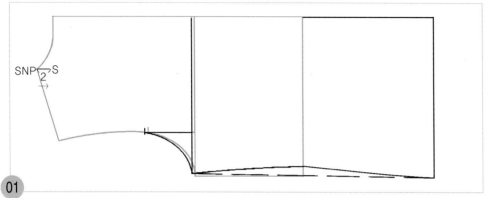

01

SNP~S=2cm

원형의 옆 목점(SNP)에서 수평으로 2cm 뒤 목둘레선을 수정할 안내선(S)을 그린다.

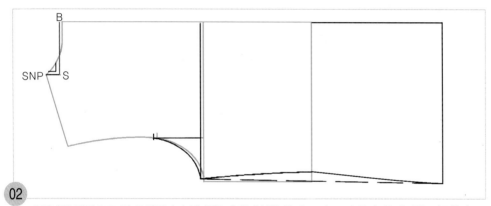

02

S점에서 직각으로 뒤 중심선까지 뒤 목둘레 안내선을 올려 그리고 뒤 목점 위치(B)를 이동한다.

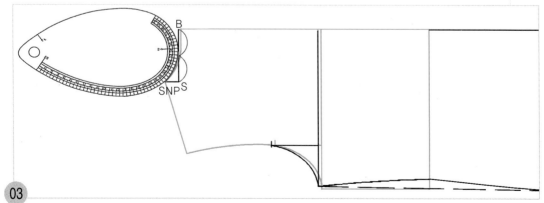

03

S~B의 1/2 위치와 옆 목점(SNP)을 뒤 AH자를 수평으로 바르게 맞추어 연결하여 뒤 목둘레 완성선을 그리고, 남은 뒤 중심 쪽의 1/2분량은 안내선을 완성선으로 사용한다.

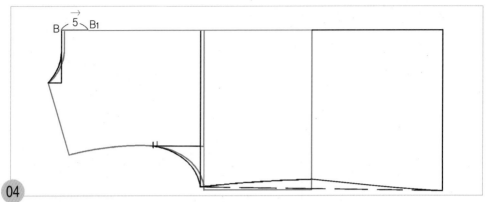

04

B~B₁=5cm

이동한 뒤 목점(B)에서 원형의 뒤 중심선을 따라 5cm 나가 안단의 뒤 중심선(B₁)을 그린다.

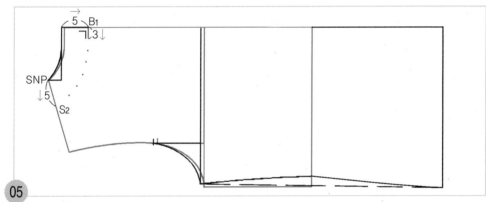

05

SNP~S₂=5cm

옆 목점(SNP)에서 어깨선을 따라 5cm 내려와 안단폭점(S₂)을 표시하고, B₁점에서 직각으로 3cm
안단선을 내려 그린 다음, S₂점까지 5cm 폭으로 안단선을 그릴 안내점을 표시해 둔다.

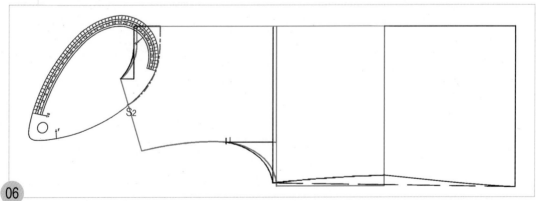

06

05에서 표시해둔 안내점을 AH자를 조금씩 돌려가면서 연결하여 뒤 안단선을 그린다.

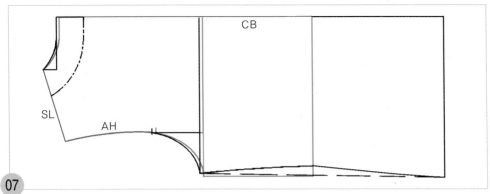

07 적색선으로 표시된 뒤 중심선(CB), 어깨선(SL), 진동둘레선은 원형의 선을 그대로 사용한다.

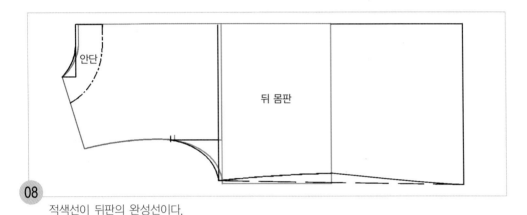

08 적색선이 뒤판의 완성선이다.

앞판 제도하기

1. 앞 중심선과 밑단의 안내선을 그린다.

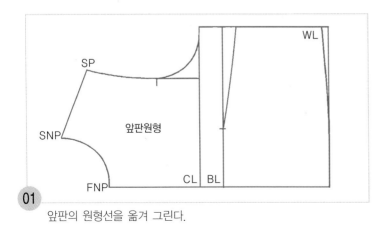

01 앞판의 원형선을 옮겨 그린다.

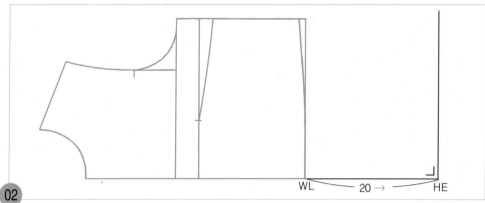

02

WL~HE=20cm 직각자를 대고 앞 원형의 WL점에서 수평으로 20cm 앞 중심선(HE)을 연장시켜 그리고, 직각으로 밑단의 안내선을 올려 그린다.

2. 옆선과 밑단의 완성선을 그린다.

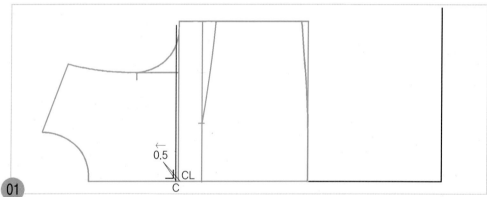

01

CL~C=0.5cm 원형의 위 가슴둘레선(CL)에서 앞 목점(FNP) 쪽으로 0.5cm 나가 위 가슴둘레선 위치(C)를 이동하고 직각으로 위 가슴둘레선을 올려 그린다.

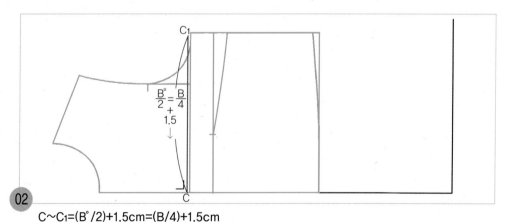

02

C~C₁=(B°/2)+1.5cm=(B/4)+1.5cm

이동한 위 가슴둘레선(C)의 앞 중심 쪽에서 $(B°/2)+1.5cm=(B/4)+1.5cm$한 치수를 올라가 위 가슴둘레선의 옆선 쪽 끝점(C₁) 위치를 표시한다.

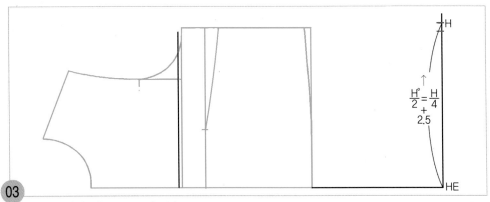

03

HE~H=(H°/2)+2.5cm=(H/4)+2.5cm

앞 중심 쪽 밑단선 끝점(HE)에서 (H°/2)+2.5cm=(H/4)+2.5cm한 치수를 올라가 밑단선의 옆선 쪽 끝점(H)을 표시한다.

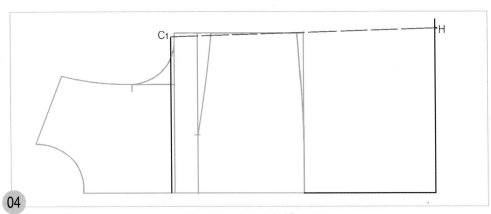

04

C1점과 H점 두 점을 직선자로 연결하여 옆선의 안내선을 그린다.

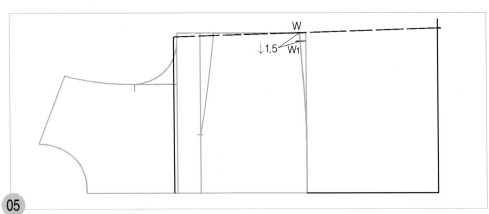

05

W~W1=1.5cm   04에서 그린 옆선의 안내선과 원형의 옆선 쪽 허리선과의 교점(W)에서 1.5cm 내려와 옆선의 완성선을 그릴 안내점(W1)을 표시한다.

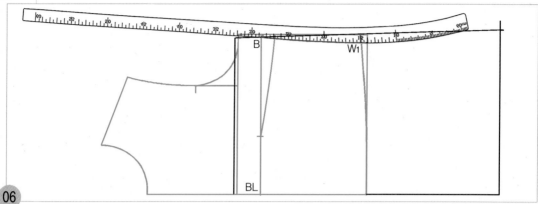

06 W₁점에 hip곡자 15위치를 맞추면서 가슴둘레선(BL)과 옆선의 안내선과의 교점(B)과 연결하여 허리선 위쪽 옆선의 완성선을 그린다.

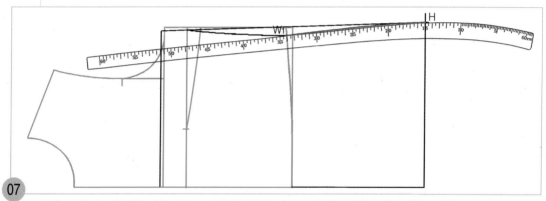

07 H점에 hip곡자 15위치를 맞추면서 W₁점과 연결하여 허리선 아래쪽 옆선의 완성선을 그린다.

3. 가슴다트선과 진동둘레선을 그린다.

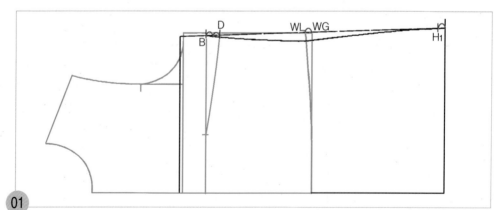

01 원형의 옆선 쪽 허리완성선(WL)과 허리안내선(WG)의 길이를 재어 옆선 쪽 밑단의 안내선 끝점(H)에서 옆선의 완성선을 따라나가 밑단의 완성선을 그릴 옆선의 끝점(H₁)을 표시하고, WL~WG의 길이를 재어 그 두 배 길이를 가슴둘레선 옆선 쪽 끝점(B)에서 허리선을 따라 나가 가슴다트선을 그릴 안내점(D) 위치를 표시한다.

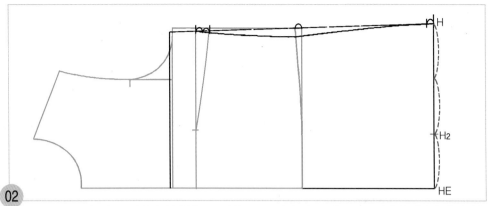

02

H₂=HE~H의 1/3 밑단의 안내선(HE~H)을 3등분하여 앞 중심 쪽 1/3위치에 밑단의 완성선을 그릴 연결점 위치(H₂)를 표시한다.

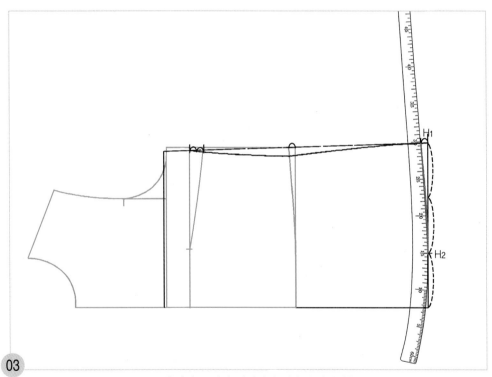

03

H₂점에 hip곡자 15위치를 맞추면서 H₁점과 연결하여 밑단의 완성선을 그린다.

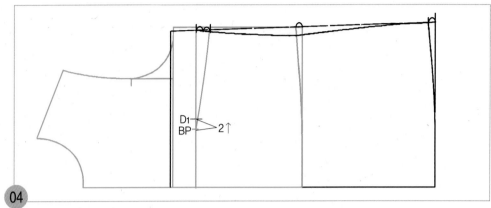

04

BP~D₁=2cm

원형의 유두점(BP)에서 2cm 올라가 가슴다트 끝점(D₁)점을 표시한다.

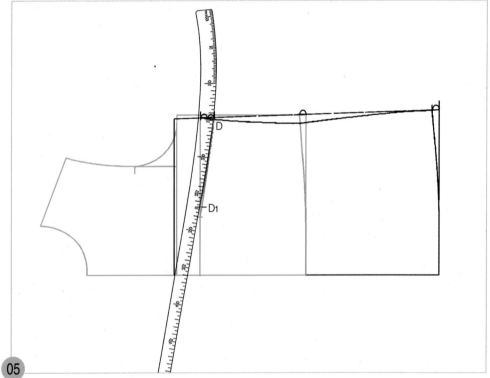

05

원형의 옆선 쪽 가슴다트점(D)에 hip곡자 15위치를 맞추면서 가슴다트 끝점(D₁)과 연결하여 가슴
다트 완성선을 그린다.

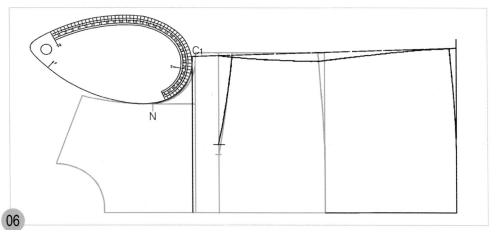

06

원형의 소매 맞춤표시(N)점과 옆선 쪽 위 가슴둘레선 끝점(C₁)을 앞 AH자 쪽으로 연결하여 진동 둘레선을 수정한다.

4. 앞 왼쪽 여밈선과 단추고리 위치를 표시한다.

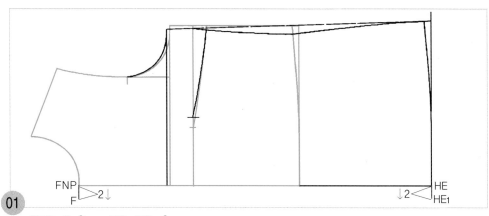

01

FNP~F=2cm, HE~HE₁=2cm

원형의 앞 목점(FNP)과 앞 중심 쪽 밑단선 끝점(HE)에서 각각 수직으로 2cm 앞 왼쪽 여밈분폭선 (F, HE₁)을 내려 그린다.

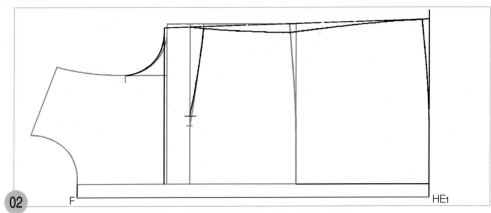

02 F점과 HE1점 두 점을 직선자로 연결하여 앞 왼쪽 여밈분선을 그린다.

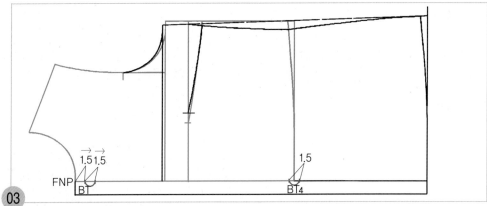

03 **FNP~BT=1.5cm** 원형의 앞 목점(FNP)에서 1.5cm 나가 첫 번째 단추고리 위치(BT)를 표시하고, BT점에서 1.5cm 나가 단추고리 끝점을 표시한 다음, 원형의 허리선 위치에서 1.5cm를 좌우로 나누어 허리선에서 왼쪽으로 나간 점에 네 번째 단추고리 위치(BT4)를 표시한다.

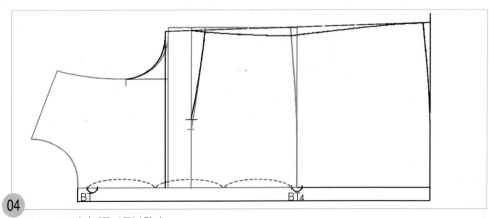

04 BT~BT4점까지를 3등분한다.

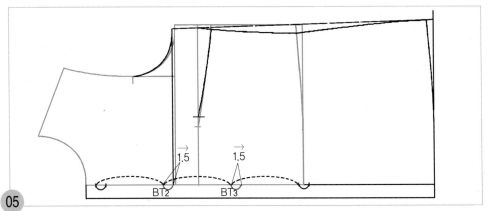

05 04에서 3등분한 각 등분점에서 1.5cm씩 나가 두 번째(BT2)와 세 번째(BT3) 단추고리 끝점을 표
시한다.

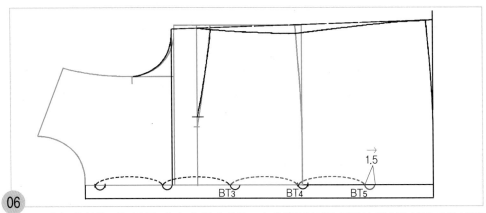

06 04에서 3등분한 1/3치수를 재어 네 번째 단추고리 위치(BT4)에서 밑단선 쪽으로 나가 다섯 번째
단추고리 위치(BT5)를 표시한다.

5. 앞목점을 곡선으로 수정한다.

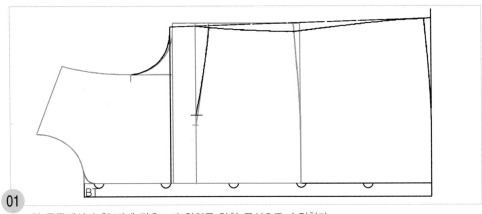

01 앞 목둘레선과 첫 번째 단추고리 위치를 약한 곡선으로 수정한다.

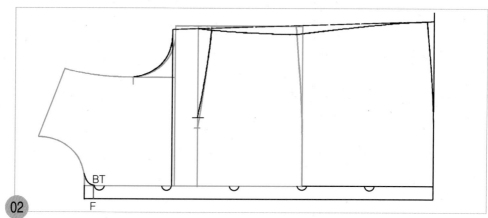

02 첫 번째 단춧구멍 위치(BT)에서 앞 여밈선까지 앞 왼쪽 여밈폭선을 내려 그린다.

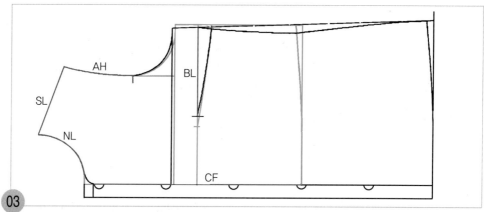

03 적색선으로 표시된 가슴둘레선(BL), 진동둘레선(AH), 어깨선(SL), 앞 목둘레선(FNL), 앞 중심선(CF)은 원형의 선을 그대로 사용한다.

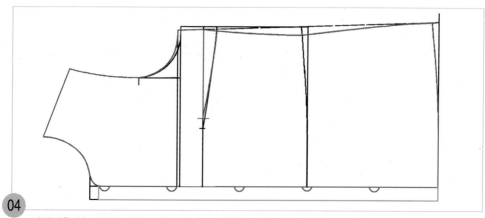

04 적색선은 앞 오른쪽 몸판의 완성선이고, 청색선+적색선이 앞 왼쪽 몸판의 완성선이다

6. 앞 안단선을 그린다.

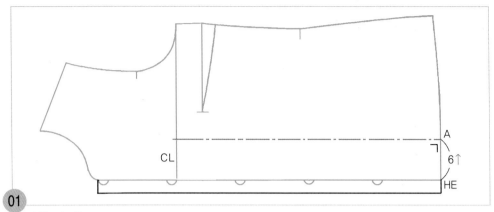

01

HE~A=6cm

앞 중심 쪽 밑단선 끝점(HE)에서 6cm 올라가 안단선 위치(A)를 표시하고, 직각으로 위 가슴둘레선(CL)까지 안단선을 그린다.

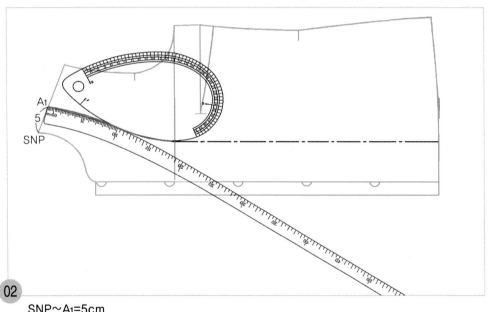

02

SNP~A₁=5cm

옆 목점(SNP)에서 어깨선을 따라 5cm 올라가 안단선 위치(A₁)를 표시하고, 01에서 그린 위 가슴둘레선까지의 안단선 끝점에서 AH자를 A₁점을 향해 대고 어깨선까지의 중간부분까지 안단선을 그린 다음, A₁점에 hip곡자 끝위치를 맞추면서 AH자를 대고 그린 안단선과 연결하여 안단선을 완성한다.

소매 제도하기 ⸱⸱⸱⸱⸱✦

1. 소매 기초선을 그린다.

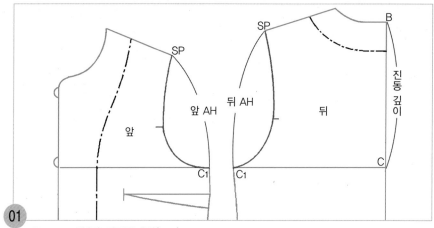

01

SP~C₁=앞/뒤 진동둘레선(AH)

SP점에서 C점까지의 앞/뒤 진동둘레선(AH) 길이를 각각 잰 다음, 뒤판의 B점에서 C점까지의 진동깊이 길이를 재어둔다.

✪ 뒤 AH치수-앞 AH치수=2cm 내외가 가장 이상적 치수이다. 즉 뒤AH 치수가 앞 AH치수보다 2cm정도 더 길어야 하며 허용치수는 ±0.3cm까지이다.

02

직각자를 대고 소매산 안내선(a)을 그린 다음, 직각으로 앞 소매를 그릴 안내선을 내려 그린다.

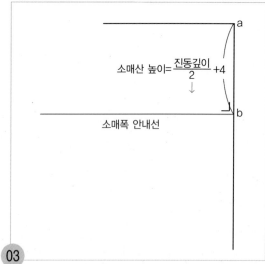

03

a~b={소매산높이=(진동깊이/2)+4cm(진동깊이 =뒤판의 뒤 목점(B)에서 위 가슴둘레선(CL)까지 의 길이)} a점에서 소매산높이 치수{(진동깊이 /2)+4cm}를 내려와 앞 소매폭점 위치(b)를 표시 하고, 직각으로 소매폭 안내선을 그린다.

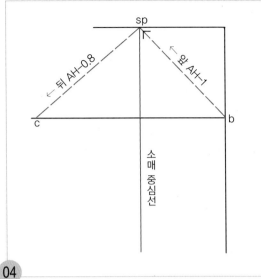

04

b~sp=앞 AH−1cm, sp~c=뒤 AH−0.8cm

b점에서 소매산 안내선을 향해 앞 AH치수−1cm
한 치수가 마주닿는 위치를 소매산점(sp)으로 정
해 표시하고, 직각으로 소매 중심선을 내려 그린
다음, 소매산점(sp)에서 소매폭선을 향해 뒤 AH치
수−0.8cm 한 치수가 마주닿는 위치를 뒤 소매폭
점(c)으로 정한다.

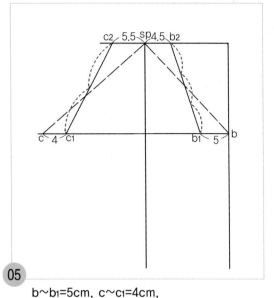

05

b~b₁=5cm, c~c₁=4cm,
sp~b₂=4.5cm, sp~c₂=5.5cm

앞 소매폭점(b)에서 5cm, 뒤 소매폭점(c)에서
4cm 소매중심선 쪽으로 들어가 소매산 곡선을 그
릴 안내선점(b₁, c₁)을 각각 표시하고, 소매산점
(sp)에서 오른쪽으로 4.5cm, 왼쪽으로 5.5cm 나
가 소매산 곡선을 그릴 안내선점(b₂, c₂)을 각각
표시한 다음, b₁점과 b₂점 두 점을 직선자로 연결
하여 앞 소매산 곡선을 그릴 안내선을 그리고 3등
분한다. c₁점과 c₂점 두 점을 직선자로 연결하여 뒤
소매산 곡선을 그릴 안내선을 그리고 2등분한다.

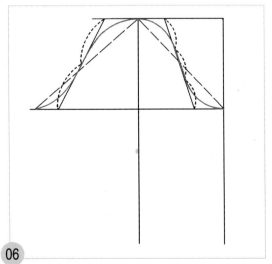

06

적색선으로 그려진 소매산곡선을 p.41 소매산곡선
그리는법을 참조하여 앞/뒤 소매산곡선을 그린다.

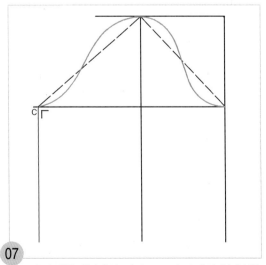

07

뒤 소매폭점(c)에서 직각으로 뒤 소매밑 안내선을
내려 그린다.

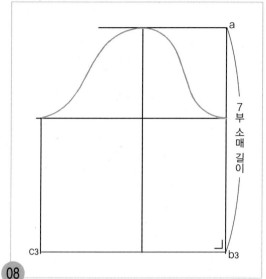

7부 소매 길이

08 a점에서 소매길이를 내려와 앞 소매밑 안내선 끝점(b3)을 표시하고 직각으로 뒤 소매밑 안내선(c3)까지 소매단선을 그린다.

🈹 7부 소매는 소매길이의 3/4이다.

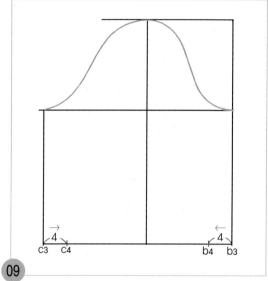

09 b3~b4=4cm, c3~c4=4cm

앞/뒤 소매밑 안내선 끝점(b3, c3)에서 각각 소매 중심 쪽으로 4cm씩 들어가 앞뒤 소매단폭 끝점(b4, c4) 위치를 각각 표시한다.

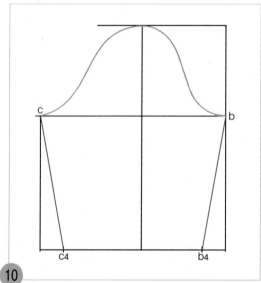

10 b점과 b4점 두 점을 직선자로 연결하여 앞 소매밑 완성선을 그리고, c점과 c4점 두 점을 직선자로 연결하여 뒤 소매밑 완성선을 그린다.

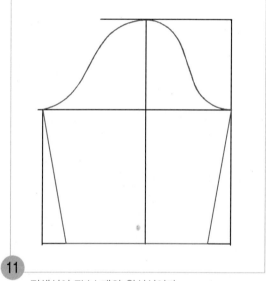

11 적색선이 7부소매의 완성선이다.

프릴 칼라 제도하기 ◦◦◦◦◦

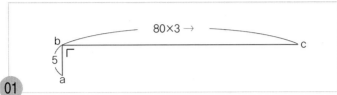

01 직각자를 대고 a점에서 5cm의 칼라폭선(b)을 그린 다음 직각으로 칼라길이(80cm×3)만큼 칼라 솔기선(c)을 그린다.(패턴지가 240cm가 되지 않으므로 80cm 길이로 그려 재단시 3배로 재단한다.)

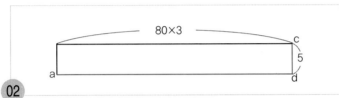

02 c점에서 직각으로 5cm 칼라폭선(d)을 그리고 a점과 d점 두 점을 직선자로 연결하여 칼라선을 그린다.(패턴지가 240cm가 되지 않으므로 80cm 길이로 그려 재단시 3배로 재단한다.)

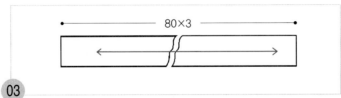

03 칼라에 식서방향 표시를 넣는다.(중간에 끊어진 선은 240cm를 그려 나타낼 수 없으므로 재단시 그 길이가 필요하다는 표시이다.)

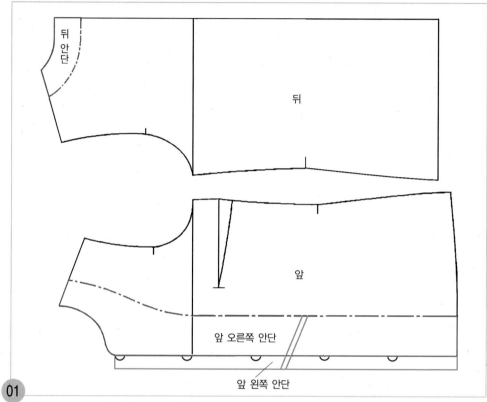

뒤 안단

뒤

앞

앞 오른쪽 안단

앞 왼쪽 안단

01

새 패턴지에 앞 안단(적색선과 청색선)과 뒤 안단을 옮겨 그리고 완성선을 따라 오려내어 패턴에 차이가 없는지 확인한다.

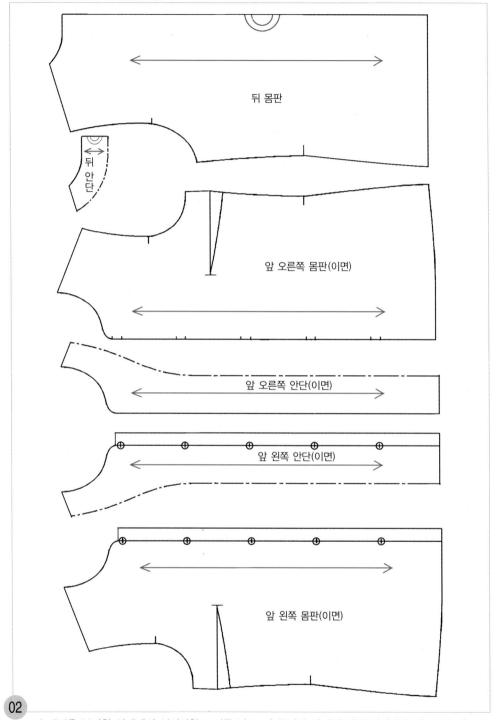

뒤 몸판

뒤
안단

앞 오른쪽 몸판(이면)

앞 오른쪽 안단(이면)

앞 왼쪽 안단(이면)

앞 왼쪽 몸판(이면)

02 각 패턴을 분리한 상태에서 식서방향 표시를 넣고, 뒤 몸판과 칼라의 뒤 중심선에 골선표시를 넣는다.
🔒 여기서는 패턴상태를 쉽게 이해할 수 있도록 하기 위해 앞 오른쪽 몸판과 안단, 앞 왼쪽 몸판
　과 안단을 따로 분리해 두었으나 앞 왼쪽 몸판과 안단의 패턴을 사용하여 재단하고 난 다음,
　앞 오른쪽은 앞 중심선을 완성선으로 사용하면 된다.

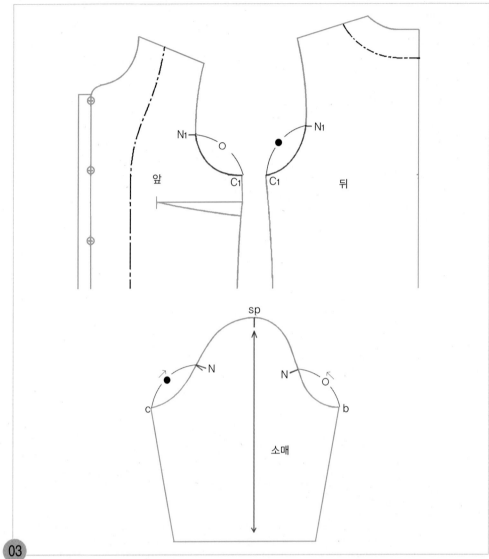

앞

뒤

소매

03 앞/뒤 몸판의 C_1점에서 N_1점까지의 길이를 재어, 소매의 앞/뒤 소매폭점(b, c)에서 각각 소매산 곡선을 따라 올라가 소매 맞춤표시(N)를 넣는다.

드레이프 칼라 | 셋인 긴소매 블라우스

Draped Collar | Set-in Wrist Length Sleeve Blouse

■ ■ ■ B.L.O.U.S.E **09**

실루엣 ● ● ● 뒤 부분은 라운드 넥이면서 뒤 중심 솔기선을 이용한 여밈으로 되어있고, 앞 부분은 양옆 목점 쪽에서부터 양쪽 유두점 사이 쪽으로 드레이프가 잡히는 여성스러우면서 세련된 느낌의 드레이프 칼라와 셋인 긴소매의 가슴다트만 넣은 스트레이트 실루엣의 블라우스이다.

소 재 ● ● ● 실크나 화섬의 얇고 부드러우며 드레이프성이 좋은 것들을 선택한다. 특히 프린트지나 밝은색을 사용하면 디자인성을 더욱 살릴 수 있다.

포인트 ● ● ● 드레이프 칼라 그리는 법, 셋인 한 장 소매 그리는 법, 솔기선을 이용한 여밈선 그리는 법을 배운다.

드레이프 칼라 | 셋인 긴소매 블라우스의 제도 순서

제도 치수 구하기

계측 부위		계측 치수의 예	자신의 계측 치수	제도 각자 사용 시의 제도 치수	일반 자 사용 시의 제도 치수	자신의 제도 치수
가슴둘레(B)		86cm		$B°/2$	$B/4$	
허리둘레(W)		66cm		$W°/2$	$W/4$	
엉덩이둘레(H)		94cm		$H°/2$	$H/4$	
등길이		38cm		치수 38cm		
앞길이		41cm		41cm		
뒤품		34cm		뒤품/2=17		
앞품		32cm		앞품/2=16		
유두 길이		25cm		25cm		
유두 간격		18cm		유두 간격/2=9		
어깨너비		37cm		어깨 너비/2=18.5		
블라우스 길이		58cm		계측한 등길이+20cm		
소매길이		54cm		계측한 소매길이		
진동깊이		최소치=20cm, 최대치=24cm		$B°/2$	$B/4=21.5$	
앞/뒤 위 가슴둘레선				$(B°/2)+2cm$	$(B/4)+2cm$	
밑단선	뒤			$(H°/2)+0.6cm$	$(H/4)+0.6cm=24.1cm$	
	앞			앞 위 가슴둘레선 길이+1cm=24.5cm		
소매산 높이				(진동깊이/2)+4cm		

🈺 진동깊이=B/4의 산출치가 20~24cm 범위안에 있으면 이상적인 진동깊이의 길이라 할 수 있다. 따라서 최소치=20cm, 최대치=24cm까지이다. (이는 예를 들면 가슴둘레 치수가 너무 큰 경우에는 진동깊이가 너무 길어 겨드랑밑 위치에서 너무 내려가게 되고, 가슴둘레 치수가 너무 적은 경우에는 진동깊이가 너무 짧아 겨드랑밑 위치에서 너무 올라가게 되어 이상적인 겨드랑 밑 위치가 될 수 없다. 따라서 B/4의 산출치가 20cm 미만이면 뒤 목점(BNP)에서 20cm 나간 위치를 진동깊이로 정하고, B/4의 산출치가 24cm 이상이면 뒤 목점(BNP)에서 24cm 나간 위치를 진동깊이로 정한다.)

01 자신의 각 계측부위를 계측하여 빈칸에 넣어두고 제도치수를 구하여 둔다.

뒤판 제도하기 ••••

1. 뒤 중심선과 밑단선, 옆선을 그린다.

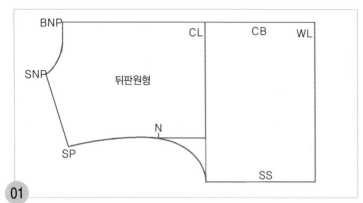

01
뒤판의 원형선을 옮겨 그린다.

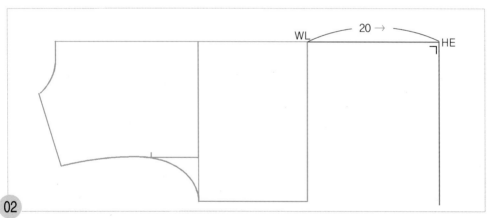

02
WL~HE=20cm
뒤 원형의 뒤 중심 쪽 허리선(WL)에서 수평으로 20cm 뒤 중심선을 연장시켜 그리고 밑단선 위치 (HE)를 정한 다음, 직각으로 밑단선을 내려 그린다.

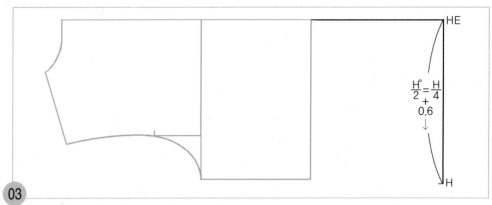

03

HE~H=(H°/2)+0.6cm=(H/4)+0.6cm
HE점에서 (H°/2)+0.6cm=(H/4)+0.6cm 치수를 내려와 옆선 쪽 밑단선 끝점(H)을 표시한다.

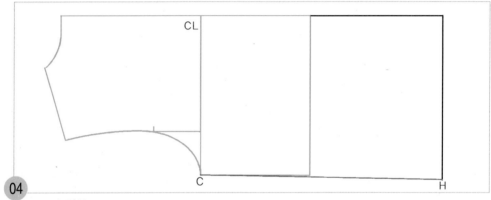

04

C~H=옆선
뒤 원형의 옆선 쪽 위 가슴둘레선 끝점(C)과 H점 두 점을 직선자로 연결하여 옆선을 그린다.

2. 뒤 목둘레선과 뒤 슬래시 여밈선을 그리고 단춧구멍 위치를 표시한다.

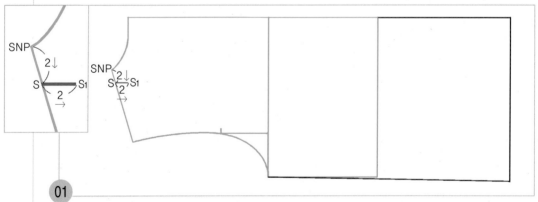

01

SNP~S=2cm, S~S₁=2cm 뒤 원형의 옆 목점(SNP)에서 어깨선을 따라 2cm 내려와 수정할 옆 목점 위치(S)를 표시하고 수평으로 2cm 뒤 목둘레선을 그릴 안내선(S₁)을 그린다.

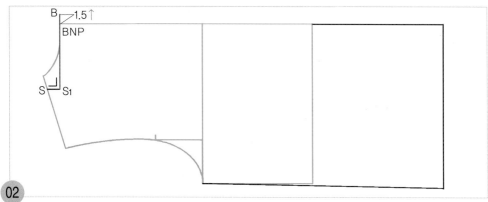

02

BNP~B=1.5cm S₁점에서 직각으로 원형의 뒤 목점(BNP)에서 1.5cm 추가하여 뒤 여밈분선(B)을 그린다.

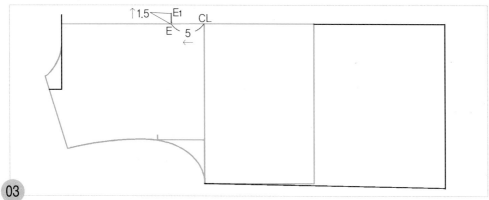

03

CL~E=5cm, E~E₁=1.5cm 원형의 뒤 중심 쪽 위 가슴둘레선(CL) 위치에서 왼쪽으로 5cm 나가 슬래시 끝점(E)을 표시하고, 직각으로 1.5cm 슬래시 여밈분선(E₁)을 그린다.

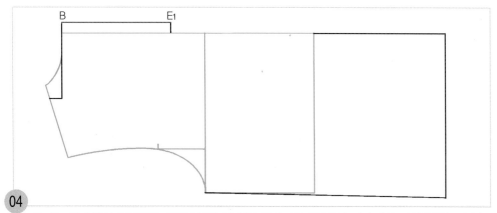

04

B~E₁=뒤 슬래시 여밈분선 B점과 E₁점 두 점을 직선자로 연결하여 뒤 슬래시 여밈분선을 그린다.

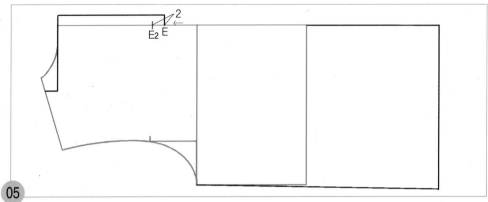

05 **E~E₂=2cm** E점에서 왼쪽으로 2cm 나가 뒤 트임끝 위치(E_2)를 표시한다.

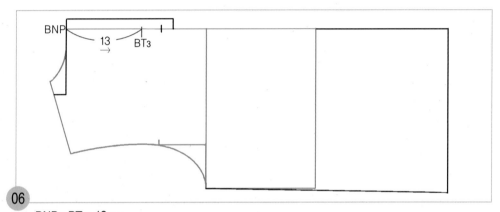

06 **BNP~BT₃=13cm**
원형의 뒤 목점(BNP)에서 13cm 나가 세 번째 단춧구멍 위치(BT_3)를 표시한다.

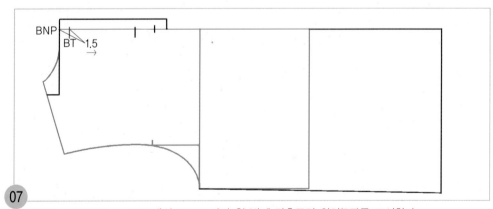

07 **BNP~BT=1.5cm** BNP에서 1.5cm 나가 첫 번째 단춧구멍 위치(BT)를 표시한다.

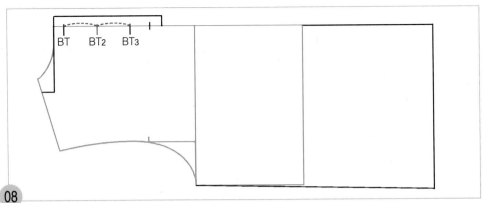

08 **BT~BT₃=2등분** 첫 번째 단춧구멍 위치(BT)에서 세 번째 단춧구멍 위치(BT₃)까지를 2등분하여 두 번째 단춧구멍 위치(BT₂)를 표시한다.

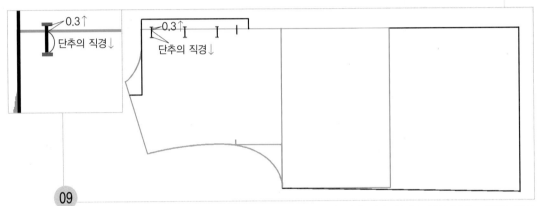

09 각 단춧구멍 위치의 뒤 중심선에서 여유분 0.3cm를 올라가 뒤 중심 쪽 단춧구멍의 트임끝 위치를 표시하고, 각 단춧구멍 위치의 뒤 중심선에서 단추의 직경 치수를 내려와 단춧구멍의 트임끝 위치를 표시한다.

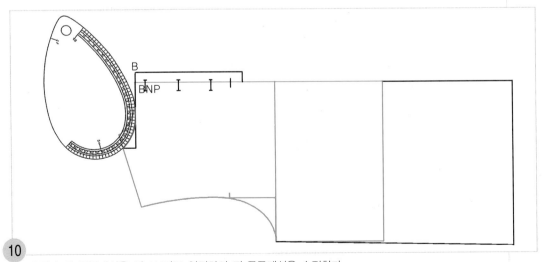

10 S점과 뒤 목둘레선을 뒤 AH자로 연결하여 뒤 목둘레선을 수정한다.

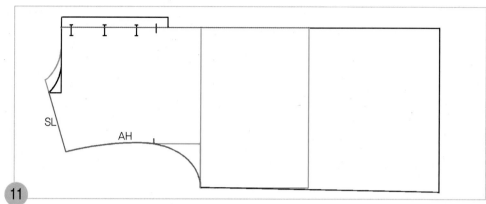

11 적색선으로 표시된 뒤 중심선과 어깨선, 진동둘레선은 원형의 선을 그대로 사용한다.

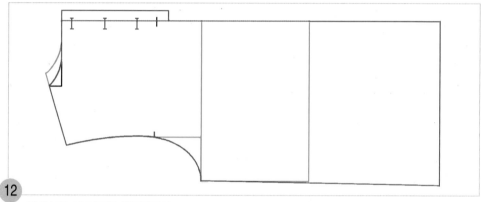

12 적색선이 뒤 몸판의 완성선이다.

앞판 제도하기

1. 앞 중심선과 밑단의 안내선을 그린다.

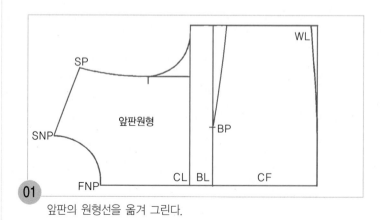

01 앞판의 원형선을 옮겨 그린다.

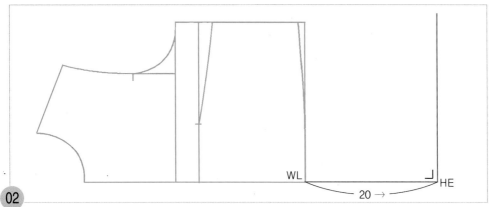

02

WL~HE=20cm 직각자를 대고 앞 원형의 WL점에서 수평으로 20cm 앞 중심선(HE)을 연장시켜 그리고, 직각으로 밑단의 안내선을 올려 그린다.

2. 옆선과 밑단의 완성선을 그린다.

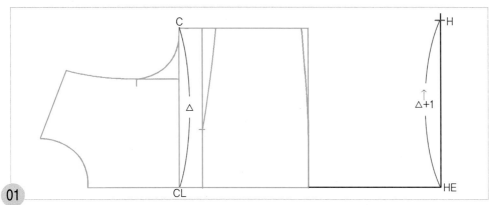

01

HE~H=CL~C+1cm 원형의 위 가슴둘레선(CL~C) 길이(△)에 +1cm한 치수를 HE점에서 밑단의 안내선을 따라 올라가 옆선을 그릴 밑단선 끝점(H)을 표시한다.

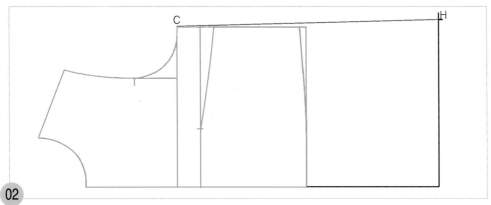

02

원형의 위 가슴둘레선 옆선 쪽 끝점(C)과 H점 두 점을 직선자로 연결하여 옆선을 그린다.

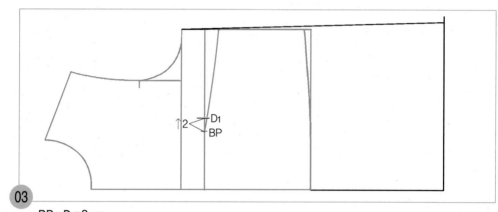

03

BP~D₁=2cm

원형의 유두점(BP)에서 2cm 가슴둘레선을 따라 올라가 가슴 다트 끝점(D₁)을 표시한다.

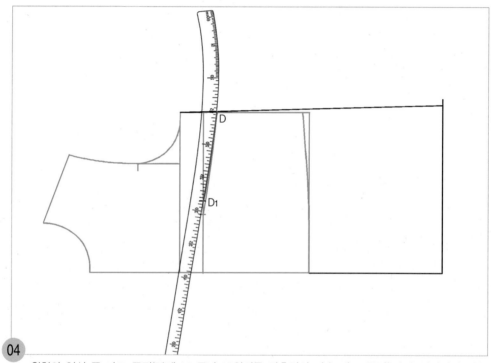

04

원형의 옆선 쪽 다트 끝점(D)에 hip곡자 15위치를 맞추면서 가슴 다트 끝점(D₁)과 연결하여 가슴 다트선을 그린다.

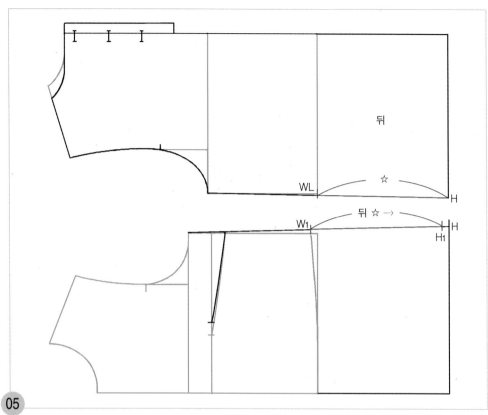

05

W₁~H₁=뒤판의 WL~H 뒤판의 옆선 쪽 허리선(WL)에서 밑단선 끝점(H)까지의 길이를 재어, 앞
판 원형의 옆선 쪽 허리 완성선(W₁)에서 옆선을 따라 나가 앞판의 밑단선 끝점(H₁)을 표시한다.

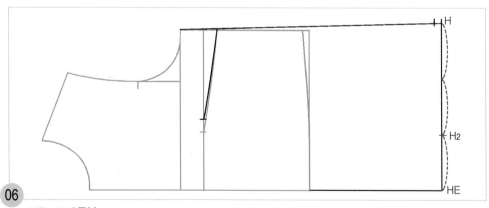

06

HE~H=3등분
밑단의 안내선 HE점에서 H점까지를 3등분하여 앞 중심 쪽 1/3지점을 H₂점으로 한다.

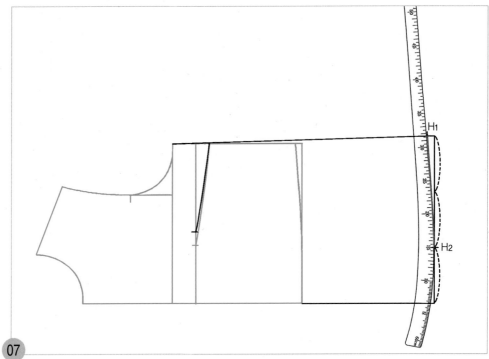

07

H2점에 hip곡자 15위치를 맞추면서 H1점과 연결하여 밑단의 완성선을 그린다.

3. 드레이프 칼라를 제도한다.

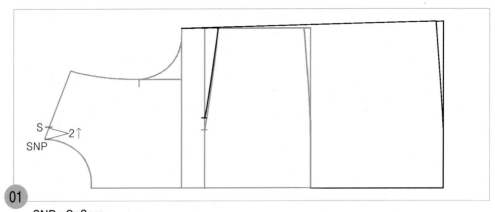

01

SNP~S=2cm
원형의 옆 목점(SNP)에서 어깨선을 따라 2cm 올라가 수정할 옆 목점 위치(S)를 표시한다.

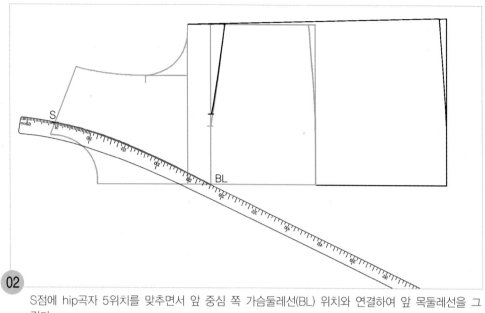

02

S점에 hip곡자 5위치를 맞추면서 앞 중심 쪽 가슴둘레선(BL) 위치와 연결하여 앞 목둘레선을 그린다.

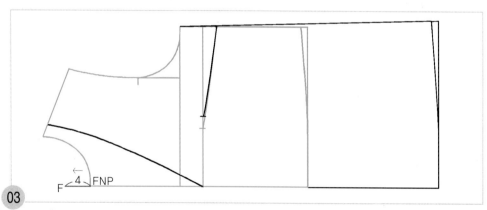

03

FNP~F=4cm

원형의 앞 목점(FNP)에서 수평으로 4cm 앞 중심선을 연장시켜 그리고 칼라를 그릴 안내선점(F)을 표시한다.

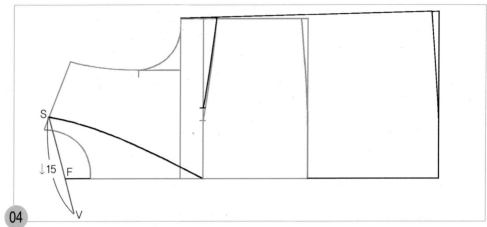

04 S점과 F점 두 점을 직선자로 연결하여 S점에서 15cm 칼라선(V)을 내려 그린다.

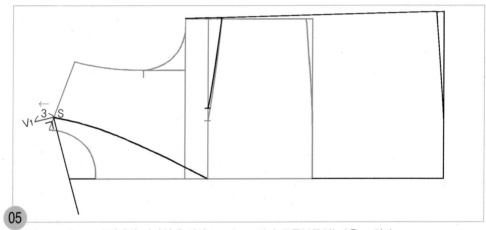

05 **S~V₁=3cm** S점에서 칼라선에 직각으로 3cm 칼라 주름분폭선(V₁)을 그린다.

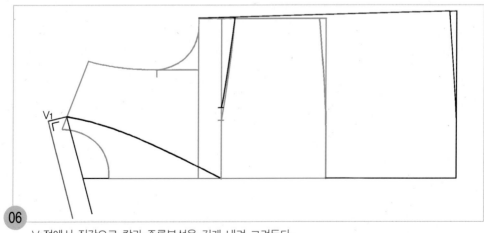

06 V₁점에서 직각으로 칼라 주름분선을 길게 내려 그려둔다.

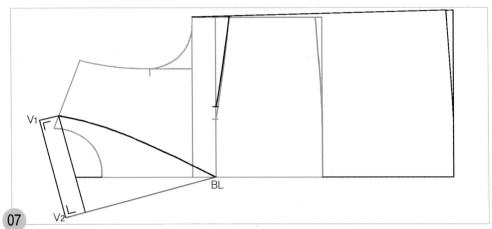

07 **BL~V₂=칼라드레이프선** V₁점에서 긱작으로 내려 그린 선과 몸판의 앞 중심 쪽 가슴둘레선(BL) 위치를 직각자로 연결하여 칼라드레이프선을 그린다.

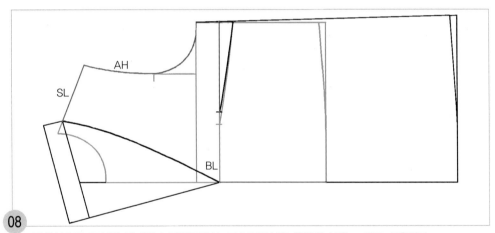

08 적색선으로 표시된 어깨선과 진동둘레선, 가슴둘레선은 원형의 선을 그대로 사용한다.

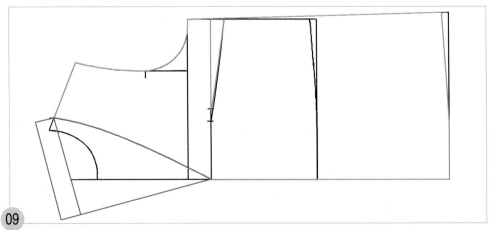

09 청색선이 앞몸판의 완성선, 적색선이 드레이프 칼라의 완성선이다.

한 장 소매 제도하기 ⋯⋯

1. 소매 기초선을 그린다.

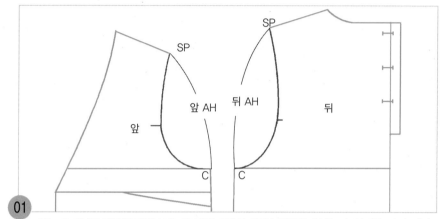

01

SP~C=앞/뒤 진동둘레선(AH) SP에서 C점의 앞/뒤 진동둘레선(AH) 길이를 각각 잰다.

☑ 뒤 AH−앞 AH=2cm 가장 이상적 치수이다. 즉, 뒤 AH이 앞 AH보다 2cm 정도 더 길어야 하며 허용치수는 ±0.3cm 이다. 만약 뒤 AH−앞 AH=1.7~2.3cm 보다 크거나 작으면 몸판의 겨드랑밑 옆선 위치를 이동한다.

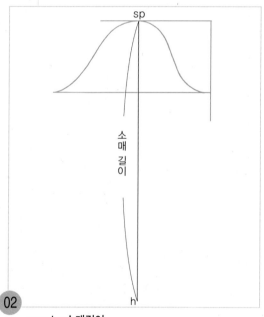

02

sp~h=소매길이

소매산 곡선까지는 p.38~p.41 소매 원형을 참조하여 같은 방법으로 소매산 곡선을 그린 다음, 소매산점(sp)에서 직각으로 소매길이의 소매 기본 중심선(h)을 내려 그린다.

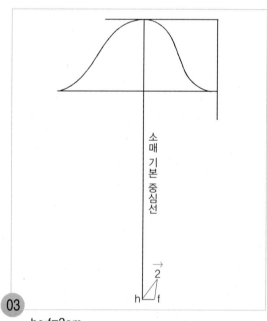

03

h~f=2cm

h점에서 직각으로 앞 소매 쪽을 향해 2cm 이동할 소매중심 안내선(f)을 그린다.

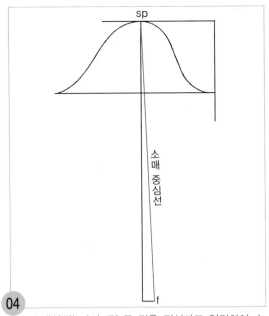

04 소매산점(sp)과 f점 두 점을 직선자로 연결하여 소매산 중심선을 수정한다.

2. 소매밑선을 그린다.

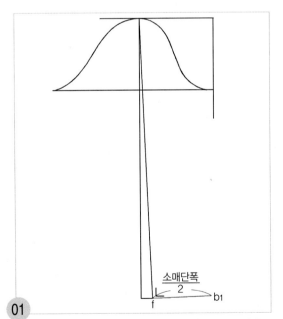

01 **f∼b₁=소매단폭/2** f점에서 소매 중심선에 직각으로 소매단폭/2 치수의 앞 소매단폭선(b₁)을 그린다.

참고 소매단폭은 손목둘레 치수에 여유분 6cm를 더한 치수, 또는 p.13의 손바닥둘레 치수에 +2cm한 치수를 사용한다.

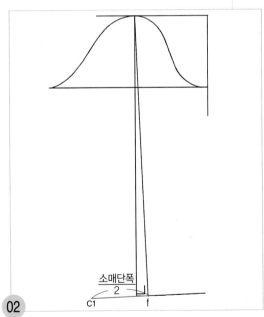

02 **f∼c₁=소매단폭/2**
f점에서 소매 중심선에 직각으로 소매단폭/2 치수의 뒤 소매단폭선(c₁)을 그린다.

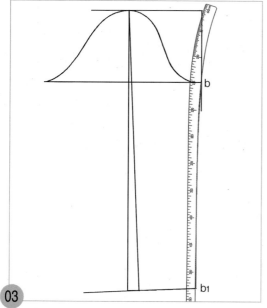

03 앞 소매폭점(b)에 hip곡자 15위치를 맞추면서 앞 소매단폭선 끝점(b1)과 연결하여 앞 소매밑선을 그린다.

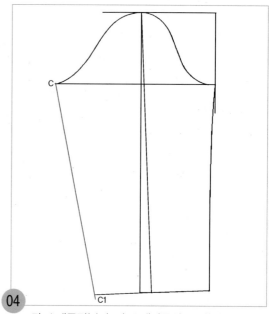

04 뒤 소매폭점(c)과 뒤 소매단폭선 끝점(c1) 두 점을 직선자로 연결하여 뒤 소매밑 안내선을 그린다.

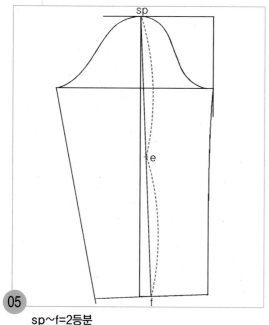

05 sp~f=2등분

소매산점(sp)에서 f점의 소매중심선을 2등분하여 e점으로 한다.

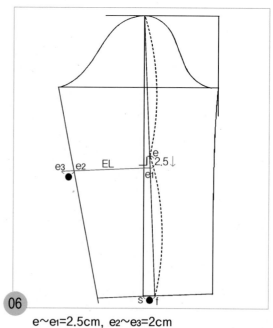

06 e~e1=2.5cm, e2~e3=2cm

e점에서 2.5cm 내려와 팔꿈치선 위치(e1)를 표시하고 직각으로 팔꿈치선(EL)을 뒤 소매밑 안내선과의 교점(e2)에서 s~f길이만큼 연장시켜 그리고 뒤 소매밑선을 그릴 안내선점(e3)을 표시한다.

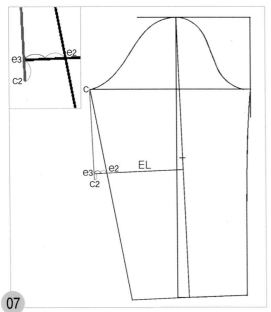

07 뒤 소매폭점(c)과 e3점 두 점을 직선자로 연결하여 팔꿈치선(EL) 위쪽 뒤 소매밑선을 e3점에서 e2~e3점의 1/2 치수만큼 연장시켜 그리고 팔꿈치선(EL) 아래쪽 뒤 소매밑선을 그릴 안내선점(c2)을 표시한다.

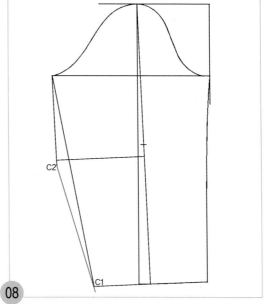

08 c2점과 c1점 두 점을 직선자로 연결하여 팔꿈치선(EL) 아래쪽 뒤 소매밑선을 그린다. 이때 c1점에서 약간 길게 내려 그려둔다.

3. 뒤 소매폭점과 소매단선 위치를 수정하여 소매를 완성한다.

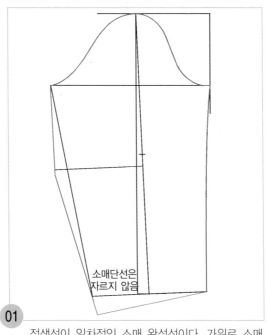

소매단선은 자르지 않음

01 적색선이 일차적인 소매 완성선이다. 가위로 소매 완성선을 오려내고 소매단 쪽은 수정을 하기 위해 청색처럼 여유있게 오려둔다.

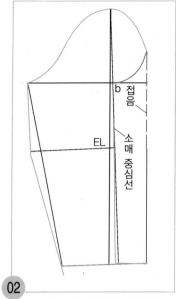

02 앞 소매밑선을 팔꿈치선까지
소매중심선에 맞추어 반으로
접는다.

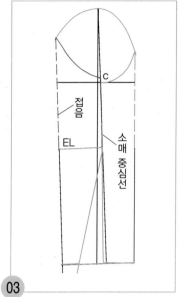

03 뒤 소매밑선을 팔꿈치선끼리
맞추면서 소매중심선에 맞추어
반으로 접는다.

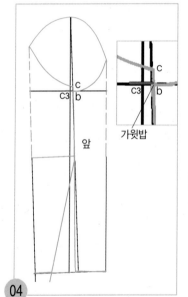

04 앞 소매폭점(b)과 뒤 소매폭점
(c)이 소매중심선과 소매폭선
의 교점에서 차이지게 된다.
앞 소매폭점(b)에 맞추어 뒤
소매 쪽에 가윗밥을 넣어 뒤
소매폭선 위치를 수정할 위치
(c3)를 표시해 둔다.

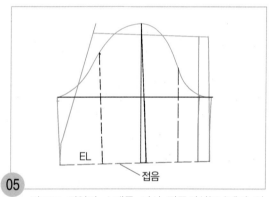

05 반으로 접었던 소매를 펴서 팔꿈치선(EL)에서 접
는다.

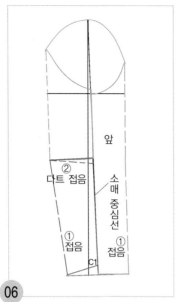

06

팔꿈치선(EL) 아래쪽 ①앞 소매밑선을 소매중심선에 맞추어 반으로 접고, 뒤 소매밑선을 소매중심선에 맞추어 반으로 접으면 팔꿈치선(EL)에서 뜨는 분량이 다트분량이다. ②팔꿈치선(EL) 다트분량을 접는다.

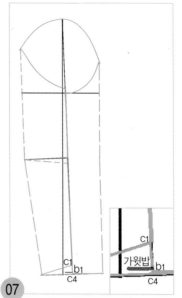

07

소매단 쪽의 b1점과 c1점이 차이지게 될 것이다. 이 차이지는 분량만큼 뒤 팔꿈치선 아래쪽 소매밑선을 늘려 주어야 하므로, 앞 소매단폭점(b1)에 맞추어 뒤 소매에 가윗밥을 넣어 뒤 소매단폭 끝점(c4)을 표시해 둔다.

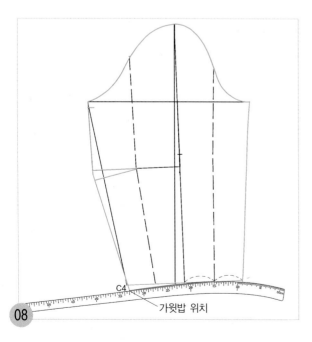

08

앞 소매단폭의 1/2점에 hip곡자 15위치를 맞추면서 뒤 소매단 쪽에 가윗밥을 넣어 표시해둔 c4점과 연결하여 소매단 완성선을 그린다.

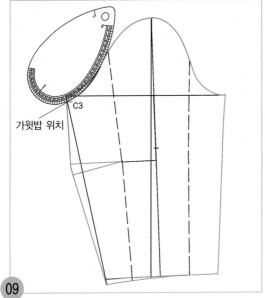

09 04에서 앞 소매폭점(b)과 맞추어 뒤 소매폭점(c)에서 내려온 위치에 가윗밥을 넣어 표시해둔 C3점과 뒤 소매산 곡선을 뒤 AH자로 연결하여 뒤 소매산 곡선을 수정한다.

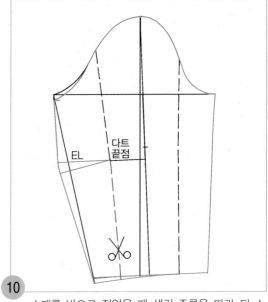

10 소매를 반으로 접었을 때 생긴 주름을 따라 뒤 소매단의 1/2점에서 팔꿈치선의 다트끝점까지 가위로 자른다.

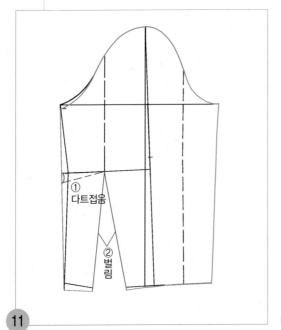

11 팔꿈치선의 다트를 접어 10에서 자른 선을 벌어지는 양만큼 벌린다.

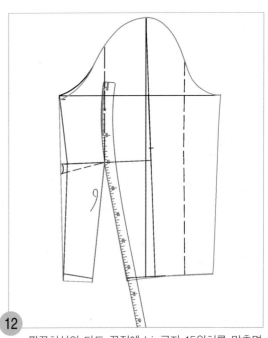

12 팔꿈치선의 다트 끝점에 hip곡자 15위치를 맞추면서 소매단선과 연결하여 절개선을 수정한다.

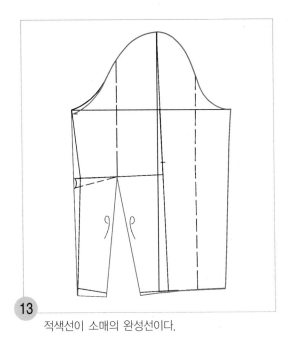

13
적색선이 소매의 완성선이다.

패턴 분리하기

1. 앞/뒤 몸판의 패턴을 분리한다.

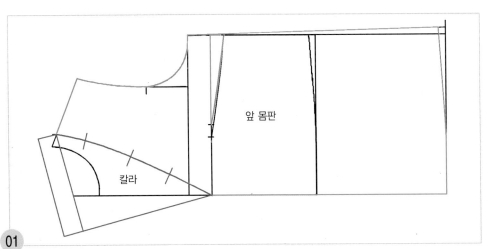

앞 몸판

칼라

01
적색선은 칼라의 완성선, 청색선은 앞 몸판의 완성선이다. 앞 몸판의 칼라와 몸판을 맞출 수 있도록 맞춤표시를 넣는다.

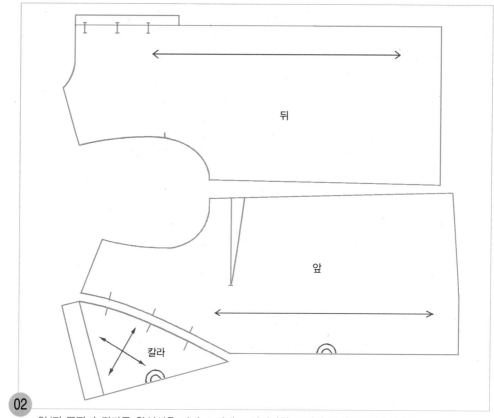

02 앞/뒤 몸판과 칼라를 완성선을 따라 오려내고 식서방향 표시와 골선표시를 넣는다.

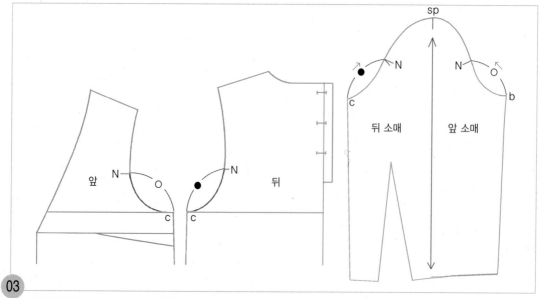

03 앞/뒤 몸판의 N점에서 C점까지의 길이를 재어, 앞/뒤 소매폭 끝점(b, c)에서 소매산 곡선을 따라 올라가 맞춤 표시(N)를 넣는다.

보우트 넥 | 프렌치 소매 블라우스

Boat Neck Line | French Sleeve Blouse

■■■ B.L.O.U.S.E 10

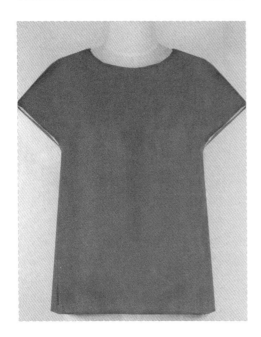

실루엣 ●●● 소매 달림선이 없이 어깨끝점에서 조금 팔을 감싸는 정도의 소매분이 몸판에 추가되는 프렌치 소매와 옆 목점 쪽이 어깨선 쪽으로 넓게 파이면서 자연스런 타원형의 곡선을 형성하는 보우트 넥의 박스 실루엣 블라우스이다. 뒤쪽은 솔기선 없이 슬래시 여밈으로 하여 착탈이 쉽도록 되어 있다.

소 재 ●●● 착용목적에 따라 다르나 실크, 화섬의 조오젯, 새틴, 자카드, 도비 직물 등 무늬가 들어가 있는 것은 세련돼 보이면서 고급스런 느낌을, 면소재나 얇은 율소재의 경우는 시원해 보이면서 활동적인 느낌을 준다.

포인트 ●●● 소매달림선이 없이 몸판에서 추가된 소매이기 때문에 겨드랑이 밑쪽에 당겨짐이 없어야 하고, 또 뒤판 쪽은 팔을 앞으로 움직였을 때 팔에 무리가 없이 아름답게 따를 수 있도록 얕은 곡선으로 그려야 하며, 앞판 쪽의 소매입구는 팔에 무리가 없는 곡선으로 그려야 한다. 이러한 프렌치 소매를 그리는 법과 보우트 넥 라인 그리는 법을 배운다.

보우트 넥 | 프렌치 소매 블라우스의 제도 순서

제도 치수 구하기 ·····

계측 부위		계측 치수 의 예	자신의 계측 치수	제도 각자 사용 시의 제도 치수	일반 자 사용 시의 제도 치수	자신의 제도 치수
가슴둘레(B)		86cm		B°/2	B/4	
허리둘레(W)		66cm		W°/2	W/4	
엉덩이둘레(H)		94cm		H°/2	H/4	
등길이		38cm		치수 38cm		
앞길이		41cm		41cm		
뒤품		34cm		뒤 품/2=17		
앞품		32cm		앞 품/2=16		
유두 길이		25cm		25cm		
유두 간격		18cm		유두 간격/2=9		
어깨너비		37cm		어깨 너비/2=18.5		
블라우스 길이		58cm		계측한 등길이+20cm		
진동깊이				B°/2	B/4=21.5	
앞/뒤 위 가슴둘레선				(B°/2)+2.5cm	(B/4)+2.5cm=24cm	
밑단선	뒤			위 가슴둘레선+0.6cm		
	앞			위 가슴둘레선+2.5cm		

🟦 진동깊이=B/4의 산출치가 20~24cm 범위안에 있으면 이상적인 진동깊이의 길이라 할 수 있다. 따라서 최소치=20cm, 최대치=24cm까지이다. (이는 예를 들면 가슴둘레 치수가 너무 큰 경우에는 진동깊이가 너무 길어 겨드랑밑 위치에서 너무 내려가게 되고, 가슴둘레 치수가 너무 적은 경우에는 진동깊이가 너무 짧아 겨드랑밑 위치에서 너무 올라가게 되어 이상적인 겨드랑 밑 위치가 될 수 없다. 따라서 B/4의 산출치가 20cm 미만이면 뒤 목점(BNP)에서 20cm 나간 위치를 진동깊이로 정하고, B/4의 산출치가 24cm 이상이면 뒤 목점(BNP)에서 24cm 나간 위치를 진동깊이로 정한다.)

01

자신의 각 계측부위를 계측하여 빈칸에 넣어두고 제도치수를 구하여 둔다.

뒤판 제도하기 ···▸

1. 뒤 중심선과 밑단선, 옆선을 그린다.

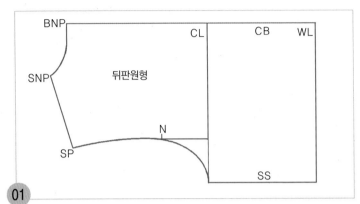

01

뒤판의 원형선을 옮겨 그린다.

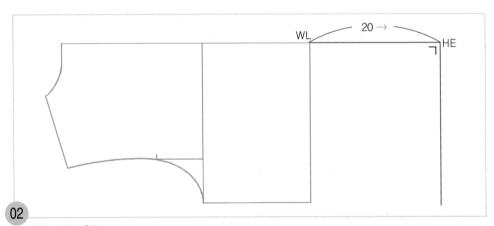

02

WL~HE=20cm

뒤 원형의 뒤 중심 쪽 허리선(WL)에서 수평으로 20cm 뒤 중심선을 연장시켜 그리고 밑단선 위치 (HE)를 정한 다음, 직각으로 밑단선을 내려 그린다.

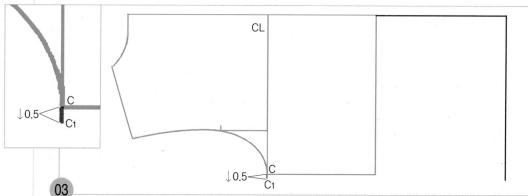

C~C₁=0.5cm 원형의 위 가슴둘레선 옆선 쪽 끝점(C)에서 0.5cm 내려그려 위 가슴둘레선의 옆선 쪽 끝점(C₁)을 이동한다.

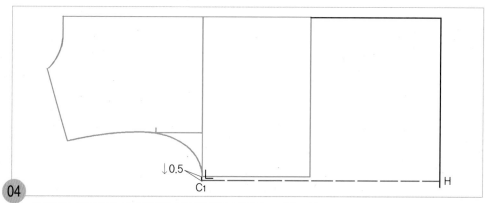

C₁점에서 직각으로 밑단선까지 옆선의 안내선(H)을 그린다.

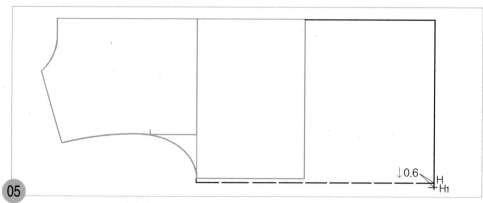

H~H₁=0.6cm H점에서 0.6cm 치수를 내려와 옆선 쪽 밑단선 끝점(H₁)을 표시한다.

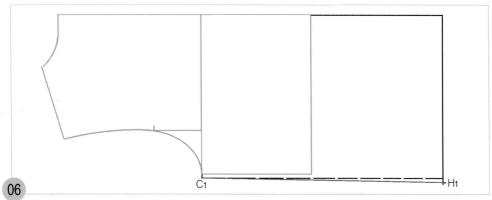

06

C₁~H₁=옆선   C₁점과 H₁점 두 점을 직선자로 연결하여 옆선의 완성선을 그린다.

2. 뒤 목둘레선을 그린다.

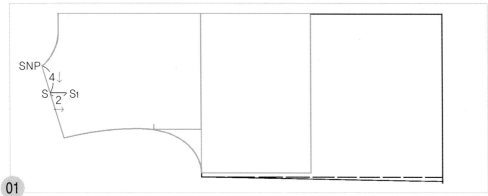

01

SNP~S=4cm, S~S₁=2cm   원형의 옆 목점(SNP)에서 어깨선을 따라 4cm 내려와 옆 목점 위치(S)를 표시하고 수평으로 2cm 뒤 목둘레선을 그릴 안내선(S₁)을 그린다.

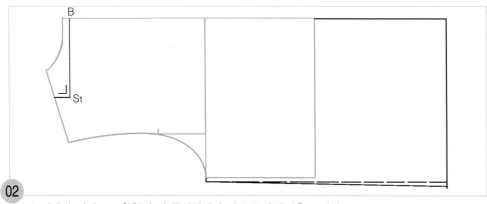

02

S₁점에서 직각으로 원형의 뒤 중심선까지 뒤 목둘레선(B)을 그린다.

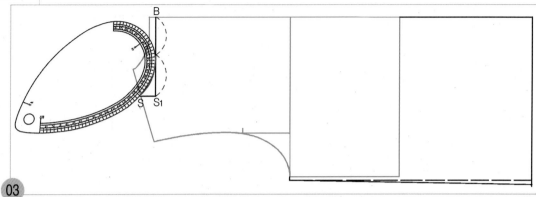

03 S₁점에서 B점까지를 2등분하여 1/2점과 이동한 옆 목점(S)을 뒤 AH자 쪽으로 연결하여 뒤 목둘레선을 수정한다.

3. 뒤 프렌치 소매를 그린다.

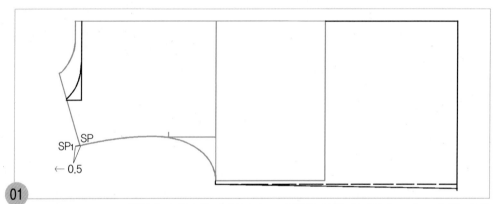

01 **SP~SP₁=0.5cm** 원형의 어깨끝점(SP)에서 0.5cm 진동둘레선을 추가하여 그리고 어깨끝점 위치(SP₁)을 이동한다.

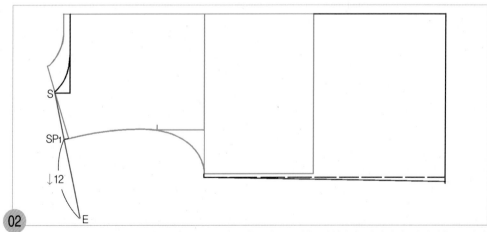

02 **SP₁~E=12cm** 수정한 옆 목점(S)과 어깨끝점(SP₁) 두 점을 직선자로 연결하여 어깨선을 그리면서 어깨끝점(SP₁)에서 12cm 소매를 그릴 안내선(E)을 내려 그린다.

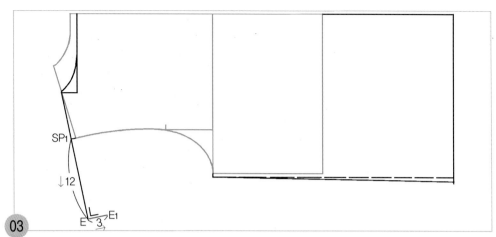

E~E₁=3cm E점에서 직각으로 3cm 소매단선을 그릴 안내선(E₁)을 그린다.

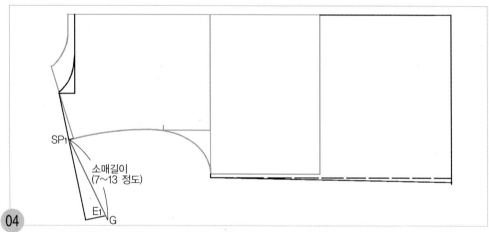

SP₁~G=소매길이 이동한 어깨끝점(SP₁)과 소매 안내선 끝점(E₁) 두 점을 직선자로 연결하여 소매길이만큼 소매 솔기선(G)을 그린다.

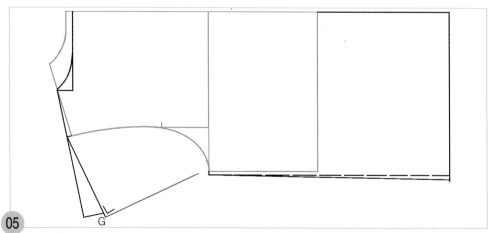

소매 솔기선 끝점(G)에서 직각으로 소매단선을 그린다.

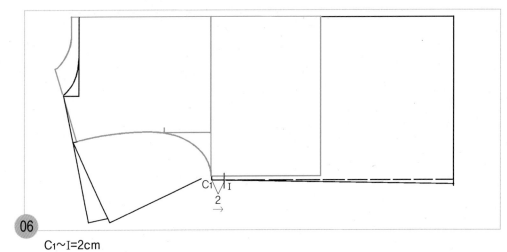

06

C₁~I=2cm

위 가슴둘레선 끝점(C₁)에서 옆선을 따라 2cm 나가 겨드랑밑 옆선의 끝점(I)을 표시한다.

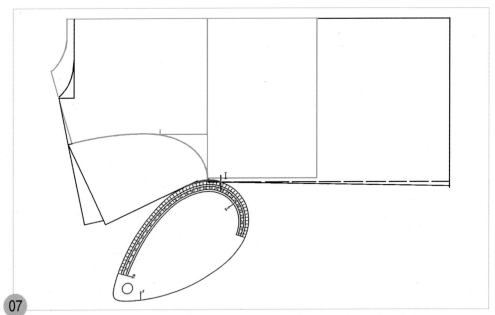

07

I점과 05에서 그린 소매단선을 뒤 AH자 쪽으로 연결하여 약한 곡선으로 수정한다.

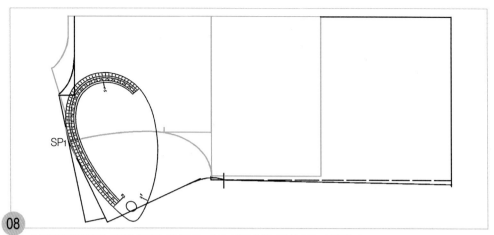

08

어깨끝점(SP₁)의 각진부분을 AH자를 대고 자연스런 곡선으로 수정한다.

4. 뒤 슬래시선을 그린다.

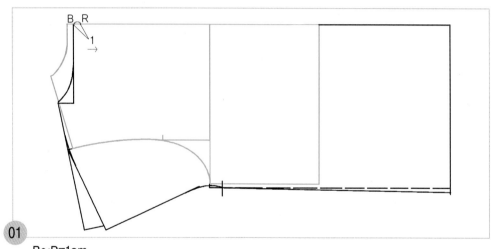

01

B~R=1cm

이동한 뒤 목점(B)에서 1cm 나가 단추고리 끝점(R)을 표시하고 단추고리 기호를 넣는다.

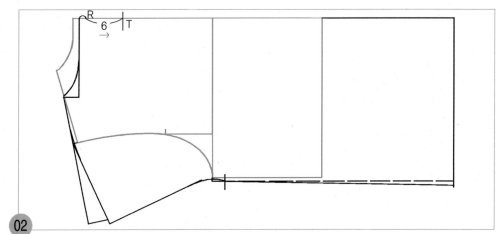

02 **R~T=6cm** 단추고리 끝점(R)에서 6cm 나가 뒤 슬래시 끝점(T) 위치를 표시한다.

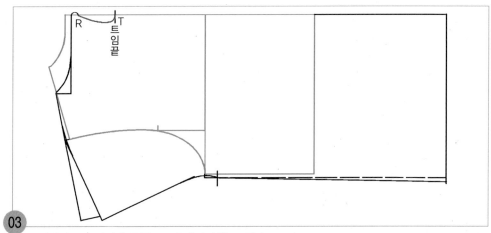

03 R점에서 T점 사이에 곡선으로 슬래시 선을 그린다.

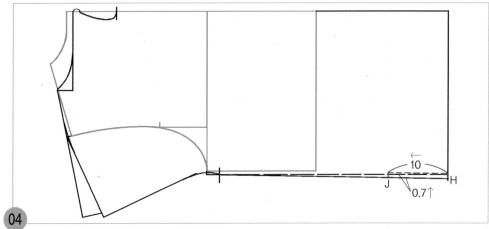

04 **H~J=10cm** 옆선 쪽 밑단선 끝점(H)에서 10cm 옆선을 따라 들어가 트임끝 위치(J)를 표시하고 0.7cm폭으로 스티치선을 그린다.

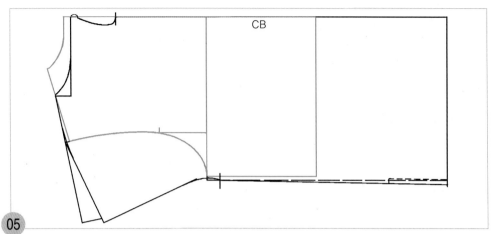

05

적색선으로 표시된 뒤 중심선은 원형의 선을 그대로 사용한다.

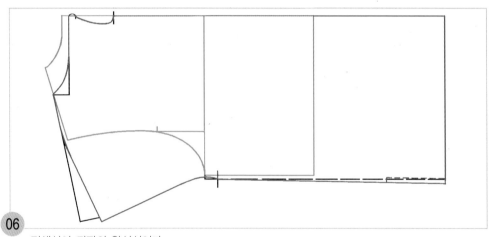

06

적색선이 뒤판의 완성선이다.

앞판 제도하기 ••••➤

1. 앞 중심선과 밑단선, 옆선을 그린다.

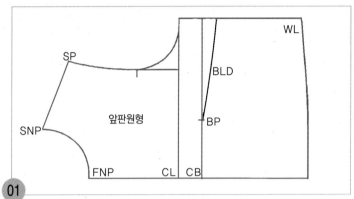

01 앞판의 원형선에서 가슴다트선을 제외한 적색선만을 옮겨 그린다.

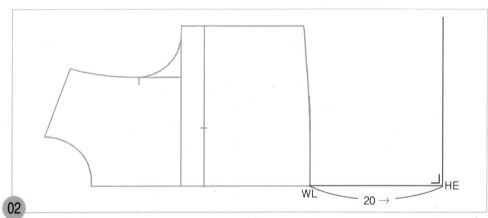

02 **WL~HE=20cm**
직각자를 대고 앞 원형의 WL점에서 수평으로 20cm 앞 중심선(HE)을 연장시켜 그리고, 직각으로 밑단의 안내선을 올려 그린다.

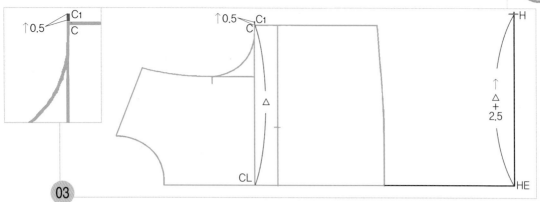

03 $C{\sim}C_1{=}0.5cm,\ HE{\sim}H{=}(\triangle){+}2.5cm$ 원형의 위 가슴둘레선(CL) 옆선 쪽 끝점(C)에서 0.5cm 올라가 옆선의 끝점(C_1)을 표시하고, 앞 중심 쪽 밑단선 끝점(HE)에서 위 가슴둘레선길이 ($\triangle$)+2.5cm를 올라가 옆선 쪽 밑단선 끝점(H)을 표시한다.

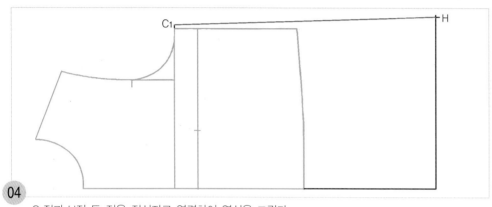

04 C_1점과 H점 두 점을 직선자로 연결하여 옆선을 그린다.

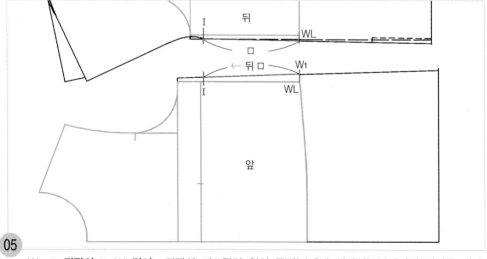

05 $W_1{\sim}I{=}$**뒤판의 I~WL길이** 뒤판의 겨드랑밑 옆선 끝점(I)에서 허리선(WL)까지의 길이를 재어, 04에서 그린 옆선까지 수직으로 앞 원형의 옆선 쪽 허리선(WL)이 올라간 교점(W_1)에서 위 가슴둘레선(CL) 쪽으로 나가 겨드랑밑 옆선의 끝점(I)을 표시한다.

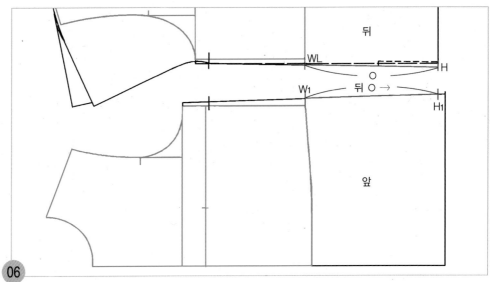

06 W₁~H₁=뒤판의 WL~H길이

$W_1{\sim}H_1$=뒤판의 WL~H길이

뒤판의 옆선 쪽 허리선(WL)에서 밑단선(H)까지의 길이(○)를 재어, 앞판의 옆선 쪽 허리선 위치 (W₁)에서 밑단 쪽으로 옆선을 따라나가 밑단의 완성선을 그릴 안내점(H₁)을 표시한다.

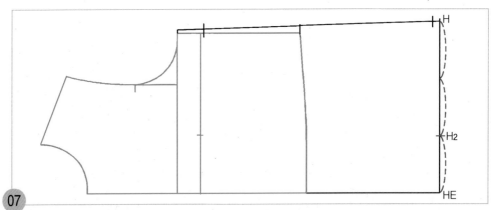

07 H₂=HE~H의 1/3

H_2=HE~H의 1/3

앞판의 밑단선(HE~H)을 3등분하고, 앞 중심 쪽 1/3위치에 밑단의 완성선을 그릴 연결점(H₂)을 표시한다.

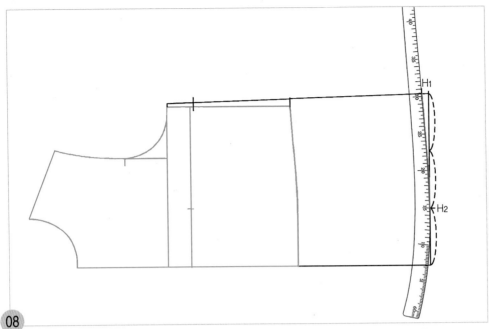

08

H₂점에 hip곡자 15근처의 위치를 맞추면서 H₁점과 연결하여 밑단의 완성선을 그린다.

2. 앞 목둘레선을 그린다.

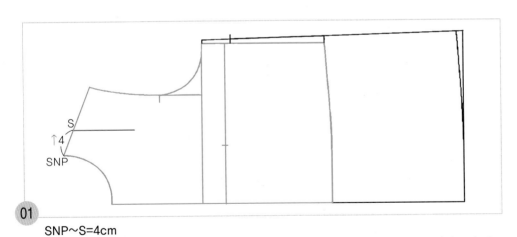

01

SNP~S=4cm

원형의 옆 목점(SNP)에서 어깨선을 따라 4cm 올라가 수정할 옆 목점 위치(S)를 표시하고, 수평으로 앞 목둘레선을 그릴 안내선을 그린다.

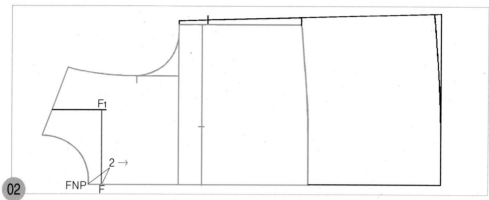

FNP~F=2cm
원형의 앞 목점(FNP)에서 2cm 앞 중심선을 따라나가 수정할 앞 목점 위치(F)를 표시하고, 직각으로 앞 목둘레선을 그릴 안내선을 01에서 그린 안내선까지 올려 그리고 그 교점을 F₁점으로 한다.

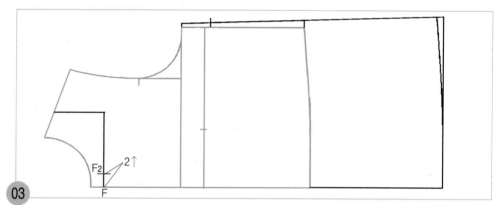

F~F₂=2cm F점에서 2cm 올라가 앞 목둘레선을 그릴 연결점(F₂)을 표시한다.

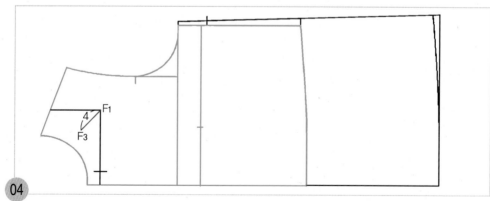

F₁~F₃=4cm F₁점에서 45도 각도로 4cm 앞 목둘레선을 그릴 통과선(F₃)을 그린다.

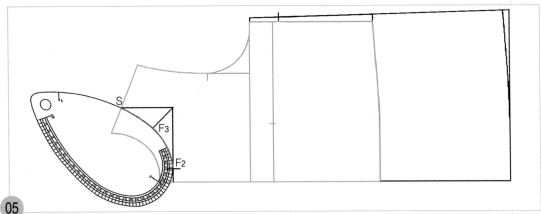

05

F2점에서 F3점을 통과하면서 S점과 연결되도록 앞 AH자 쪽으로 연결하여 앞 목둘레 완성선을 그린다.

3. 앞 프렌치 소매를 그린다.

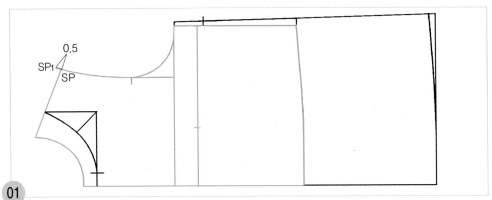

01

SP~SP₁=0.5cm 원형의 어깨끝점(SP)에서 0.5cm 진동둘레선을 추가하여 그리고 어깨끝점 위치(SP₁)을 표시한다.

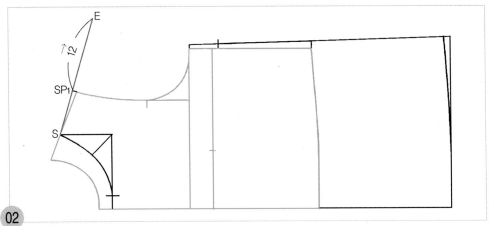

02

SP₁~E=12cm 수정한 옆 목점(S)과 어깨끝점(SP₁) 두 점을 직선자로 연결하여 어깨선을 그리면서 어깨끝점(SP₁)에서 12cm 소매를 그릴 안내선(E)을 올려 그린다.

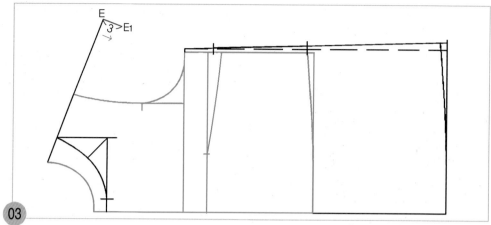

03 **E~E₁=3cm** E점에서 직각으로 3cm 소매단선을 그릴 안내선(E₁)을 그린다.

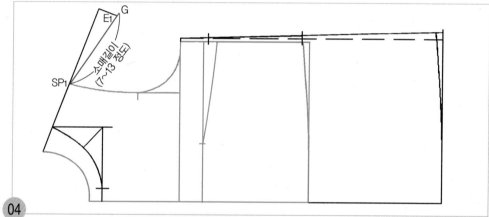

04 **SP₁~G=소매길이** 이동한 어깨끝점(SP₁)과 소매 안내선 끝점(E₁) 두 점을 직선자로 연결하여 소매길이만큼 소매 솔기선(G)을 그린다.

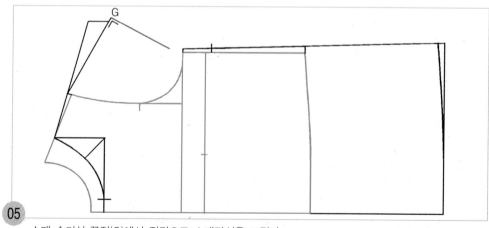

05 소매 솔기선 끝점(G)에서 직각으로 소매단선을 그린다.

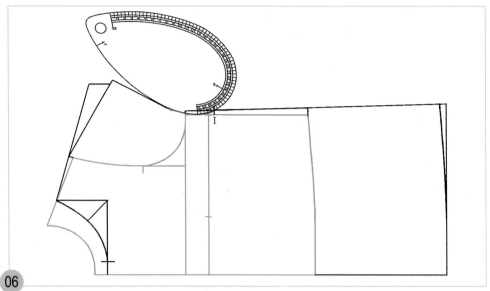

06 겨드랑밑 옆선의 끝점(I)과 05에서 그린 소매단선을 앞 AH자 쪽으로 연결하여 자연스런 곡선으로 소매단선을 그린다.

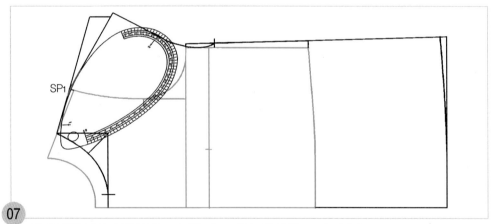

07 어깨끝점(SP₁)의 각진부분을 AH자를 대고 자연스런 곡선으로 수정한다.

4. 밑단 쪽 옆선의 트임끝 위치를 표시한다.

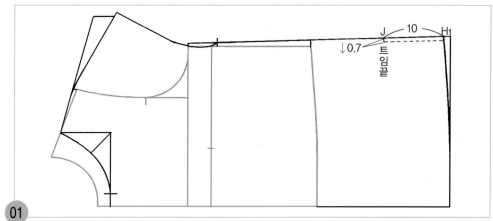

01

H₁~J=10cm 옆선 쪽 밑단의 완성선 끝점(H₁)에서 10cm 옆선을 따라 나가 트임끝 위치(J)를 표시하고, 0.7cm 폭으로 스티치선을 그린다.

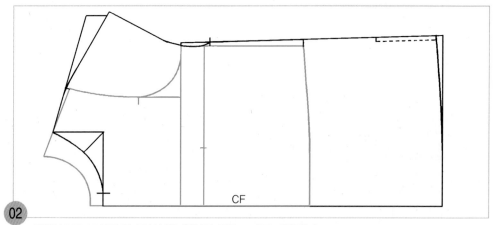

02

적색선으로 표시된 앞 중심선은 원형의 선을 그대로 사용한다.

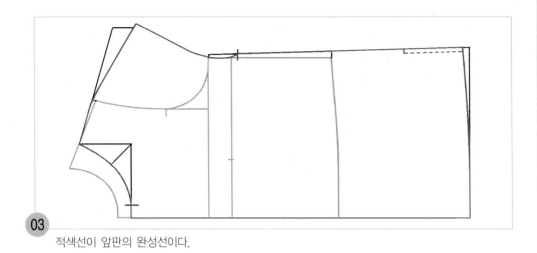

03 적색선이 앞판의 완성선이다.

패턴 분리하기

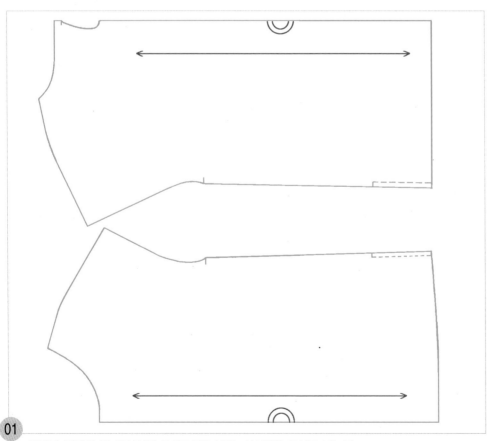

01 앞판과 뒤판의 뒤 중심선에 골선표시를 넣고, 식서방향 표시를 넣는다.

Open Collar | Winged Cuffs Sleeve Blouse

■■■ B.L.O.U.S.E **11**

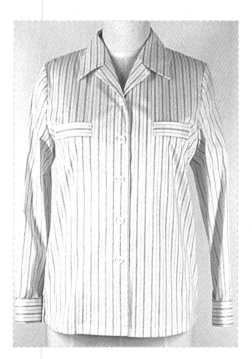

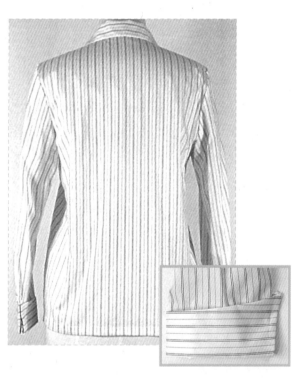

실루엣 ●●● 위칼라와 몸판에 연결된 라펠로 이루어지면서 칼라와 라펠의 끝이 갈라지는 오픈칼라와 접어올린 커프스의 양옆단이 새의 날개처럼 바깥쪽을 향해 뾰족하게 올라간 폭이 넓은 형의 커프스가 특징인 박스 실루엣의 블라우스이다.

소 재 ●●● 실크나 얇고 부드러운 화섬종류의 소재를 사용하면 고급스러우면서 여성적인 느낌을 주고, 면이나 마, 얇은 울 소재라면 셔츠 느낌의 활동적인 느낌을 준다.

포인트 ●●● 오픈칼라 그리는 법, 윙드 커프스 그리는 법을 배운다.

Open Collar | Winged Cuffs Sleeve Blouse

오픈 칼라 | 윙드 커프스 슬리브 블라우스의 제도 순서

제도 치수 구하기

계측 부위	계측 치수의 예	자신의 계측 치수	제도 각자 사용 시의 제도 치수	일반 자 사용 시의 제도 치수	자신의 제도 치수
가슴둘레(B)	86cm		B°/2	B/4	
허리둘레(W)	66cm		W°/2	W/4	
엉덩이둘레(H)	94cm		H°/2	H/4	
등길이	38cm		치수 38cm		
앞길이	41cm		41cm		
뒤품	34cm		뒤 품/2=17		
앞품	32cm		앞 품/2=16		
유두 길이	25cm		25cm		
유두 간격	18cm		유두 간격/2=9		
어깨너비	37cm		어깨 너비/2=18.5		
블라우스 길이	58cm		계측한 등길이+20cm		
소매길이	25cm		원하는 소매길이		
진동깊이	최소치=20cm, 최대치=24cm		B°/2	B/4=21.5	
위 가슴둘레선 뒤			(B°/2)+2.5cm	(B/4)+2.5cm=24cm	
위 가슴둘레선 앞			(B°/2)+2cm	(B/4)+2cm=23cm	
밑단선 뒤			위 가슴둘레선+0.6cm=24.6cm		
밑단선 앞			(H°/2)+2.5cm	(H/4)+2.5cm=26cm	
소매산 높이			(진동깊이/2)+4cm		

주 진동깊이=B/4의 산출치가 20~24cm 범위안에 있으면 이상적인 진동깊이의 길이라 할 수 있다. 따라서 최소치=20cm, 최대치=24cm까지이다.(이는 예를 들면 가슴둘레 치수가 너무 큰 경우에는 진동깊이가 너무 길어 겨드랑밑 위치에서 너무 내려가게 되고, 가슴둘레 치수가 너무 적은 경우에는 진동깊이가 너무 짧아 겨드랑밑 위치에서 너무 올라가게 되어 이상적인 겨드랑 밑 위치가 될 수 없다. 따라서 B/4의 산출치가 20cm 미만이면 뒤 목점(BNP)에서 20cm 나간 위치를 진동깊이로 정하고, B/4의 산출치가 24cm 이상이면 뒤 목점(BNP)에서 24cm 나간 위치를 진동깊이로 정한다.)

01 자신의 각 계측부위를 계측하여 빈칸에 넣어두고 제도치수를 구하여 둔다.

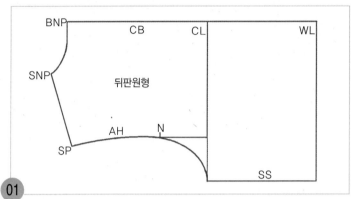

뒤판 제도하기 ····▸

1. 뒤 중심선과 밑단선을 그린다.

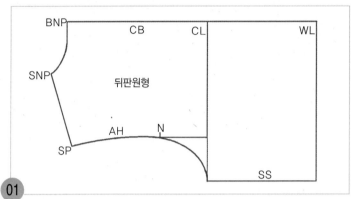

01
뒤판의 원형선을 옮겨 그린다.

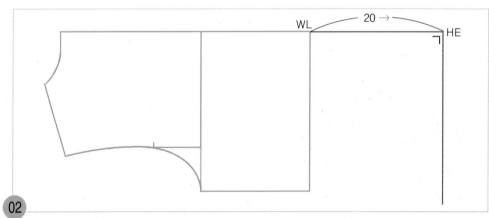

02
WL~HE=20cm
뒤 원형의 뒤 중심 쪽 허리선(WL)에서 수평으로 20cm 뒤 중심선을 연장시켜 그리고 밑단선 위치 (HE)를 정한 다음, 직각으로 밑단선을 내려 그린다.

2. 옆선을 그린다.

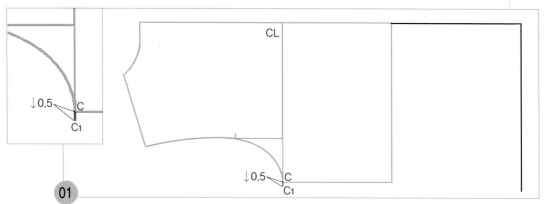

01

C~C₁=0.5cm 원형의 위 가슴둘레선(CL) 옆선 쪽 끝점(C)에서 수직으로 0.5cm 위 가슴둘레선(C₁)을 연장시켜 그린다.

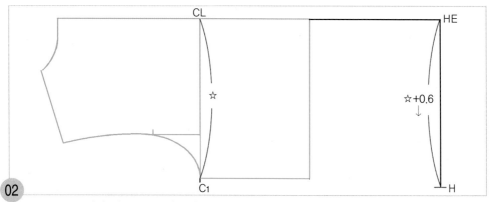

02

CL~C₁=☆=(B°/2)+2.5cm=(B/4)+2.5cm, HE~H=☆+0.6cm
원형의 위 가슴둘레선(CL)의 뒤 중심 쪽에서 옆선 쪽 끝점(C₁)까지의 길이(☆), 즉 (B°/2)+2.5cm=(B/4)+2.5cm를 재어 ☆+0.6cm한 치수를 뒤 중심 쪽 밑단선 끝점(HE)에서 내려와 옆선을 그릴 밑단선 끝점(H₁)을 표시한다.

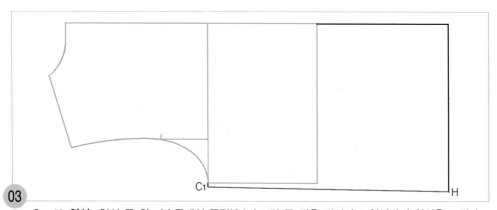

03

C₁~H=옆선 옆선 쪽 위 가슴둘레선 끝점(C₁)과 H점 두 점을 직선자로 연결하여 옆선을 그린다.

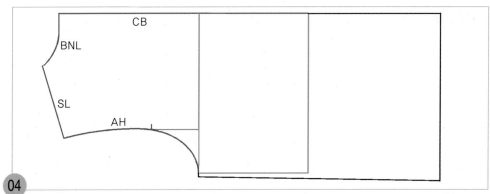

04 적색으로 표시된 뒤 중심선(CB), 뒤 목둘레선(BNL), 어깨선(SL), 진동둘레선(AH)은 원형의 선을 그대로 사용한다.

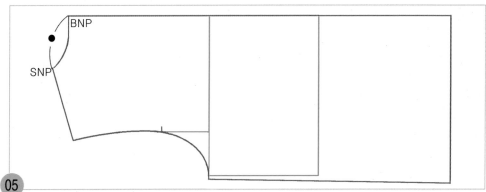

05 적색선이 뒤판의 완성선이다. 뒤 목점(BNP)에서 옆 목점(SNP)까지의 뒤 목둘레 치수(●)를 재어 표기해 둔다.

앞판 제도하기 ⋯⋗

1. 앞 중심선과 밑단의 안내선을 그린다.

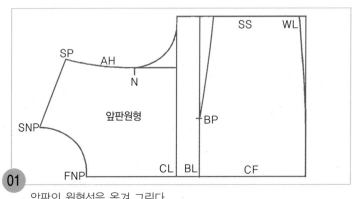

01 앞판의 원형선을 옮겨 그린다.

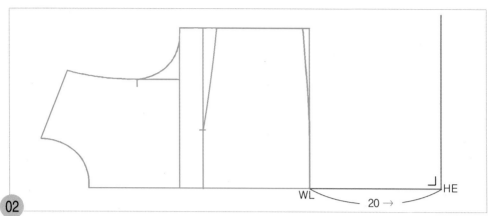

02

WL~HE=20cm 직각자를 대고 앞 원형의 WL점에서 수평으로 20cm 앞 중심선(HE)을 연장시켜 그리고, 직각으로 밑단선을 올려 그린다.

2. 옆선과 밑단의 완성선, 진동둘레선을 그린다.

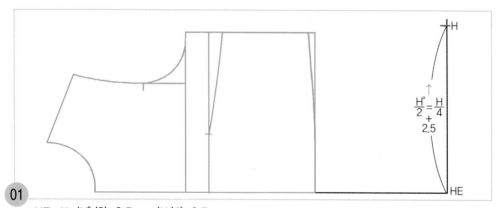

01

HE~H=(H°/2)+2.5cm=(H/4)+2.5cm
앞 중심 쪽 밑단선 끝점(HE)에서 (H°/2)+2.5cm=(H/4)+2.5cm 한 치수를 올라가 옆선을 그릴 밑단선끝점(H)을 표시한다.

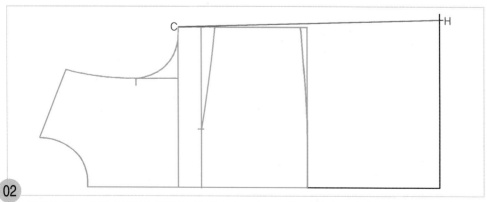

02

원형의 위 가슴둘레선(CL) 옆선 쪽 끝점(C)과 H점 두 점을 직선자로 연결하여 옆선을 그린다.

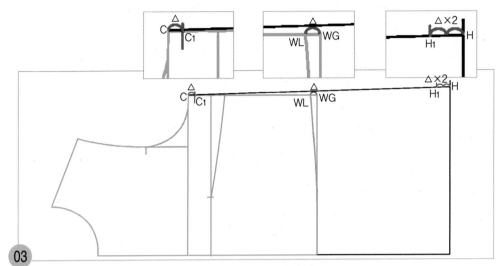

03 **C~C₁=WL~WG의 길이(△), H~H₁=WL~WG의 길이(△)×2**

원형의 허리완성선(WL)과 허리 안내선(WG)의 옆선 쪽 길이(△)를 재어, 원형의 위 가슴둘레선 옆선 쪽 끝점(C)에서 옆선을 따라 허리선 쪽으로 나가 진동둘레선을 수정할 위치(C₁)를 표시하고, 옆선 쪽 밑단선 끝점(H)에서 허리선 쪽으로 △×2 치수를 옆선을 따라 나가 밑단의 완성선을 그릴 옆선 쪽 끝점(H₁)을 표시한다.

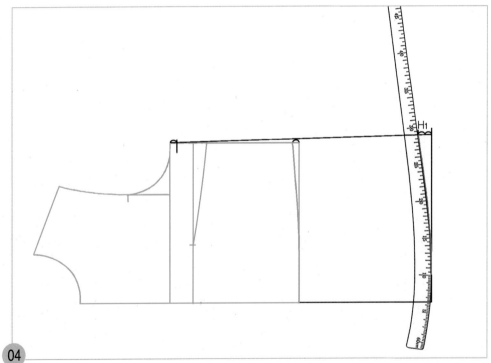

04 밑단선과 H점을 hip곡자로 연결하였을 때 밑단선에 hip곡자가 1cm정도 수직을 유지하는 위치로 맞추어 밑단의 완성선을 그린다.

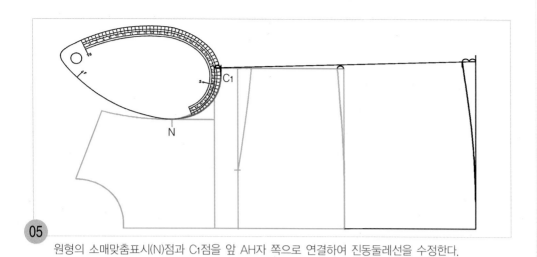

05 원형의 소매맞춤표시(N)점과 C₁점을 앞 AH자 쪽으로 연결하여 진동둘레선을 수정한다.

3. 주머니선을 그린다.

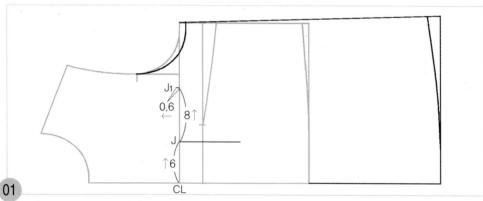

01 **CL~J=6cm, J₁=J에서 8cm 올라간 위치에서 0.6cm** 앞 중심 쪽 위 가슴둘레선 위치(CL)에서 6cm 올라가 앞 중심 쪽 주머니 입구 위치(J)를 표시하고 수평으로 주머니 깊이선을 그린 다음, J점에서 8cm 올라간 위치에서 0.6cm 왼쪽으로 나가 옆선 쪽 주머니 입구 위치(J₁)을 표시한다.

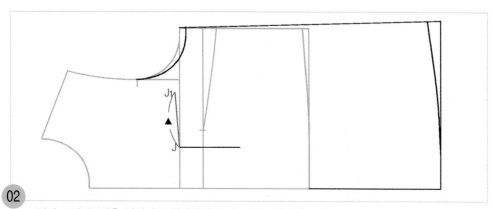

02 J점과 J₁점 두 점을 직선자로 연결하여 주머니 입구선(▲)을 그린다.

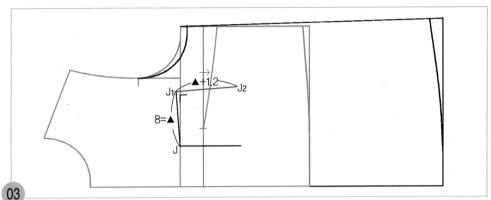

03

J1점에서 직각으로 02에서 그린 주머니 입구선 길이(▲)+1.2cm한 치수의 주머니 깊이선(J2)을 그린다.

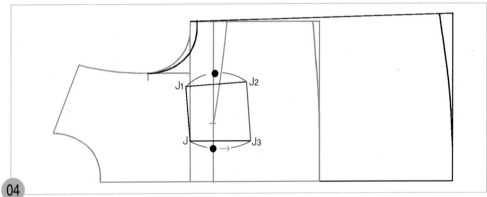

04

03에서 그린 J1~J2의 주머니 깊이선과 같은 길이(●)를 J점에서 주머니 깊이선을 따라나가 표시(J3)하고 J2점과 직선자로 연결하여 주머니 밑단선을 그린다.

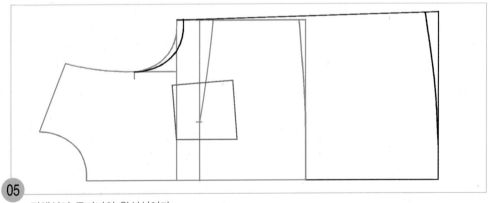

05

적색선이 주머니의 완성선이다.

4. 앞 여밈분선을 그리고 단춧구멍 위치를 표시한다.

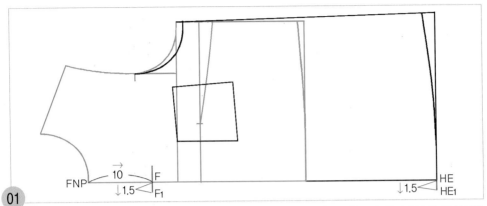

01

FNP~F=10cm, F~F₁=1.5cm, HE~HE₁=1.5cm 원형의 앞 목점(FNP) 위치에서 앞 중심선을 따라 10cm 나가 수정할 앞 목점 위치(F)를 표시하고, F점과 앞 중심 쪽 밑단선 끝점(HE)에서 수직으로 1.5cm씩 앞 여밈분선(F₁, HE₁)을 각각 내려 그린다.

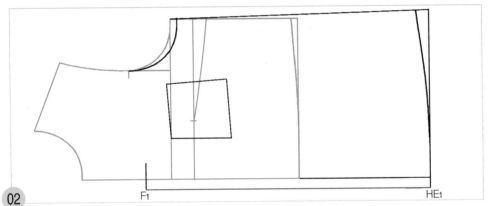

02

F₁~HE₁=앞 여밈분선 F₁점과 HE₁점 두 점을 직선자로 연결하여 앞 여밈분선을 그린다.

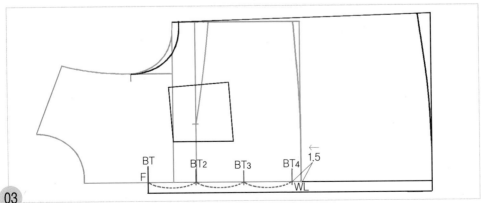

03

F점에서 첫 번째 단춧구멍 위치(BT)를 표시하고 허리선에서 왼쪽으로 1.5cm 나가 네 번째 단춧구멍 위치(BT₄)를 표시한 다음, BT~BT₄까지를 3등분하여 각 등분점에서 두 번째와 세 번째 단춧구멍 위치(BT₂, BT₃)를 각각 표시한다.

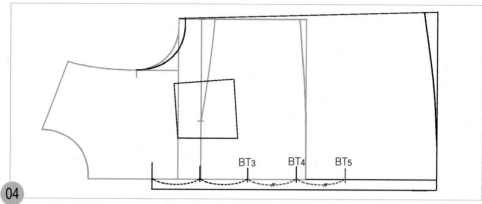

04

03에서 3등분한 1/3치수를 재어 네 번째 단춧구멍 위치(BT4)에서 밑단 쪽으로 나가 다섯 번째 단춧구멍 위치(BT5)를 표시한다.

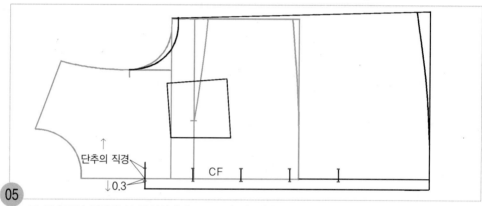

05

각 단춧구멍 위치의 앞 중심선에서 0.3cm씩 앞 여밈분선 쪽으로 내려와 단춧구멍 트임끝 위치를 표시하고, 각 단춧구멍 위치의 앞 중심선에서 단추의 직경 치수를 올라가 단춧구멍 트임끝 위치를 표시한다.

5. 오픈 칼라선을 그린다.

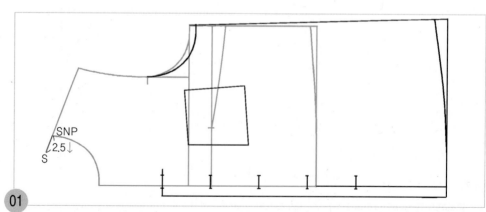

01

SNP~S=2.5cm 원형의 옆 목점(SNP)에서 2.5cm 어깨선의 연장선으로 칼라선을 그릴 안내선 (S)을 내려 그린다.

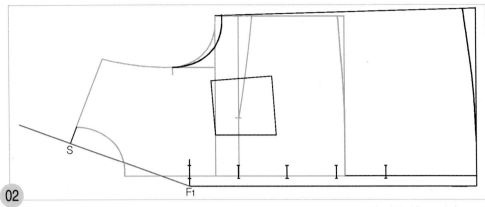

02

F₁점과 S점 두 점을 직선자로 연결하여 어깨선 위쪽으로 길게 칼라를 그릴 안내선을 그린다.

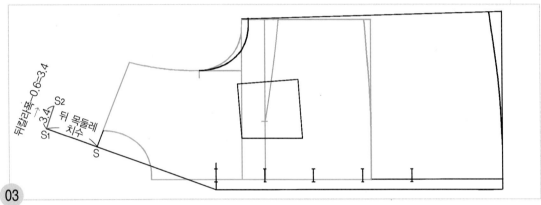

03

S~S₁=뒤 목둘레치수(●), S₁~S₂=3.4cm=뒤 칼라폭-0.6cm(조정가능 치수)

앞에서 재어 표기해둔 뒤 목둘레 치수(●)를, S점에서 라펠의 꺾임선을 따라 올라가 S₁점으로 표시하고, S₁점에서 직각으로 뒤 칼라폭(4cm)-0.6cm의 칼라 꺾임선의 안내선을 그릴 통과선(S₂)을 그린다.

참고 뒤 칼라폭을 넓게 하거나 좁게 할 경우에도 정한 칼라폭 치수에서 0.6cm를 마이너스 하면 되므로 원하는 칼라폭으로 조정하면 된다.

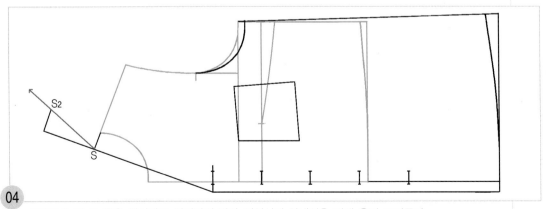

04

S점과 S₂점 두 점을 직선자로 연결하여 칼라 꺾임선의 안내선을 길게 올려 그려둔다.

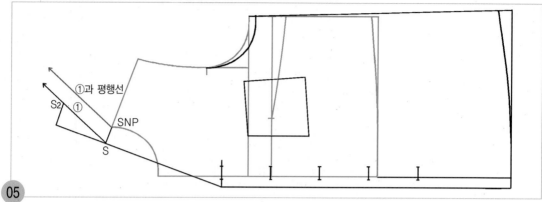

05 옆 목점(SNP)에서 S~S2선과 평행선인 칼라 솔기 안내선을 길게 올려 그린다.

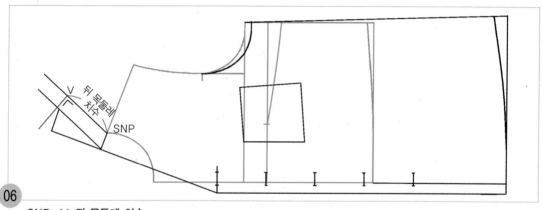

06 **SNP~V=뒤 목둘레 치수**
옆 목점(SNP)에서 05에서 그린 칼라 솔기 안내선을 따라 뒤 목둘레 치수를 나가 칼라의 뒤 중심선 위치(V)를 표시하고 직각으로 칼라 뒤 중심선을 내려 그린다.

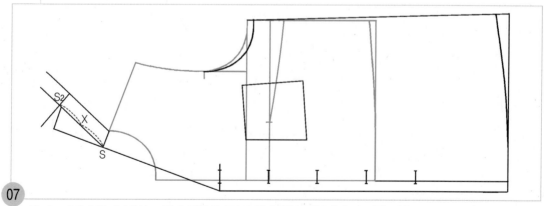

07 **X=S2~S의 1/2**   04에서 그린 S2점에서 S점의 안내선을 2등분하여 1/2점을 X점으로 한다.

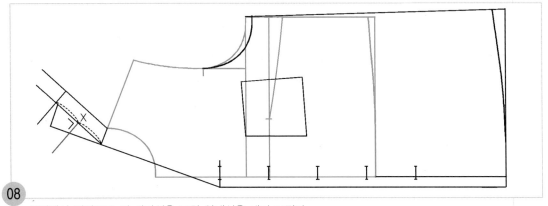

08 X점에서 직각으로 뒤 칼라선을 그릴 안내선을 내려 그린다.

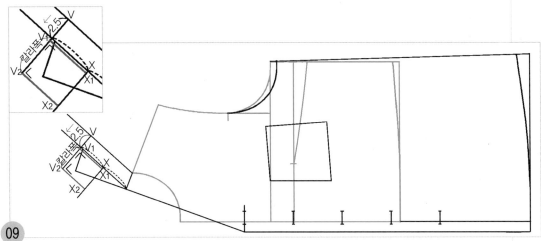

09 **V~V₁=2.5cm, V₁~V₂=뒤 칼라폭 4cm** V점에서 직각으로 그린 칼라의 뒤 중심선을 따라 2.5cm 내려와 칼라의 꺾임선 위치(V_1)를 표시하고 직각으로 S~S₂의 2등분 위치(X)까지 칼라 꺾임선(X_1)을 그린 다음, V_1점에서 뒤 칼라중심선을 따라 칼라폭 4cm를 내려와 뒤 칼라폭 끝점(V_2)을 표시하고 직각으로 X점에서 직각으로 내려 그린 안내선까지 뒤 칼라 완성선을 그려 마주닿는 교점을 X_2점으로 한다.

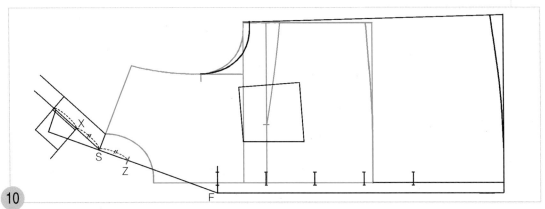

10 S~X점까지의 길이를 재어 S점에서 F점까지의 안내선을 따라 나가 칼라 꺾임선을 그릴 안내점 위치(Z)를 표시한다.

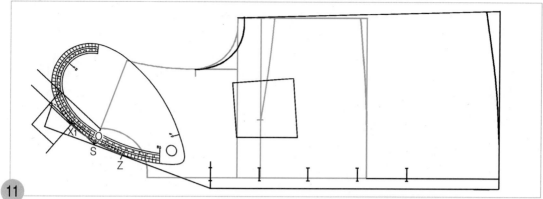

11 X₁점과 Z점을 뒤 AH자 쪽으로 연결하여 칼라 꺾임 완성선을 그리고 S선과 칼라 꺾임 완성선과의 교점을 O점으로 한다.

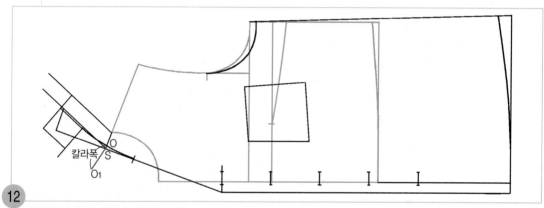

12 O점에서 칼라 꺾임 완성선에 직각으로 칼라폭 4cm의 안내선(O₁)을 내려 그린다.

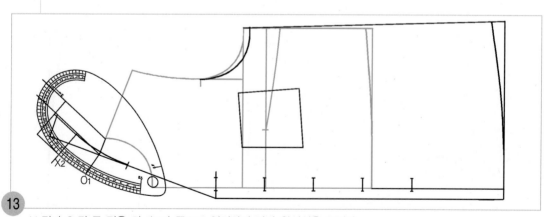

13 X₂점과 O₁점 두 점을 뒤 AH자 쪽으로 연결하여 칼라 완성선을 그린다.

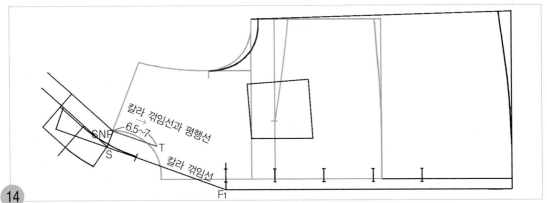

14

원형의 옆 목점(SNP)에서 칼라 꺾임선(F₁~S)의 안내선과 평행한 선으로 6.5~7cm 몸판의 칼라 솔기선(T)을 그린다.

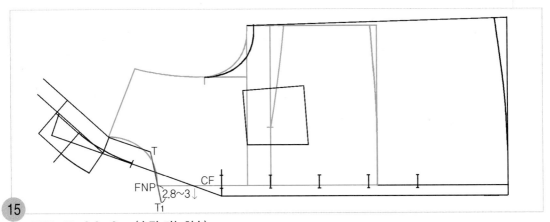

15

FNP~T₁=2.8~3cm(수정 가능치수)
T점과 원형의 앞 목점(FNP)을 직선자로 연결하여 FNP에서 2.8~3cm 칼라 고지선(T₁)을 연장시켜 그린다.

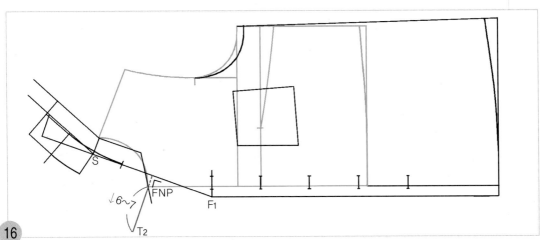

16

원형의 앞 목점(FNP)을 통과하도록 직각자를 칼라 꺾임선(F₁~S)에 대고, FNP에서 6~7cm 앞 칼라폭 완성선 (T₂)을 내려 그린다.

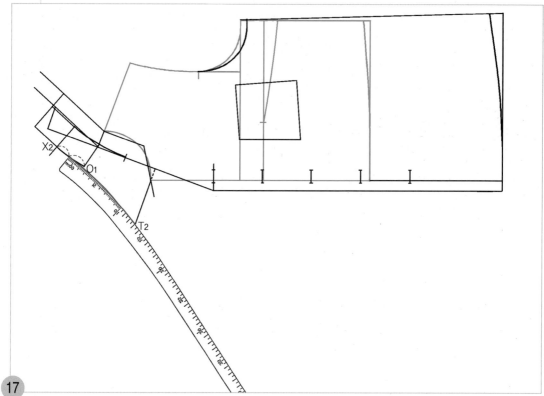

17 X₂점에서 O₁점의 1/2 위치에 hip곡자 끝 위치를 맞추면서 T₂점과 연결하여 칼라의 완성선을 그린다.

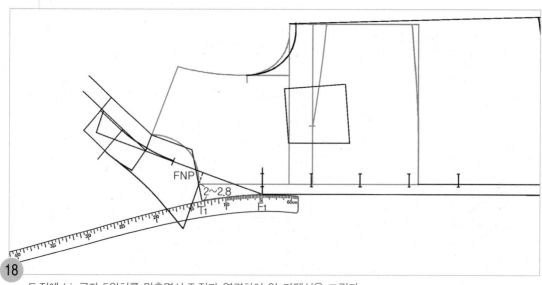

18 F₁점에 hip곡자 5위치를 맞추면서 T₁점과 연결하여 앞 라펠선을 그린다.

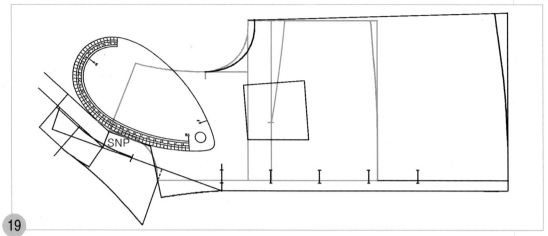

19 원형의 옆 목점(SNP)에 각진부분을 AH자로 연결하여 자연스런 곡선으로 칼라 솔기선을 그린다.

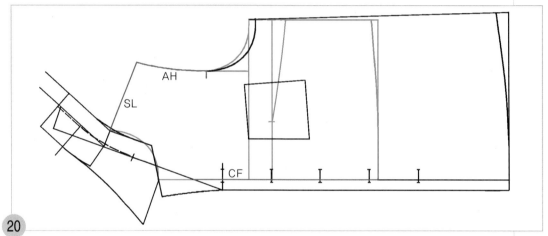

20 적색으로 표시된 앞 중심선(CF), 어깨선(SL), 진동둘레선(AH)은 원형의 선을 그대로 사용한다.

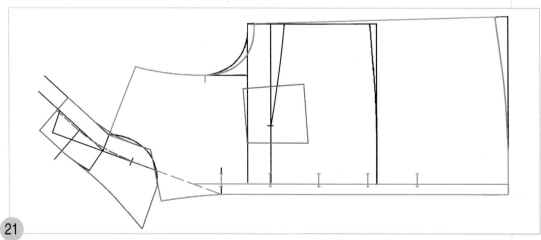

21 적색선이 칼라와 주머니의 완성선이고, 청색선이 앞 몸판의 완성선이다.

소매 제도하기 ••••▷

1. 소매를 그린다.

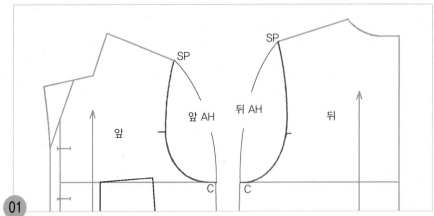

01

SP~C=앞/뒤 진동둘레선(AH)
어깨끝점(SP)에서 C점의 앞/뒤 진동둘레선(AH) 길이를 각각 잰다.

☑ 뒤 AH치수-앞 AH치수=2cm 내외가 가장 이상적 치수이다. 즉 뒤 AH 치수가 앞 AH치수보다 2cm정도 더 길어야 하며 허용치수는 ±0.3cm까지이다.

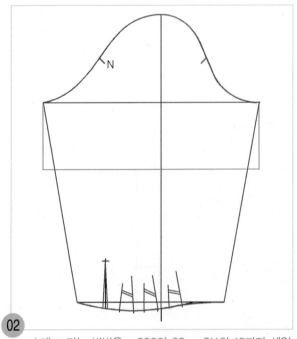

02

소매 그리는 방법은 p.206의 02~p.211의 15까지 세일러 칼라 블라우스의 소매제도를 참조하여 같은 방법으로 소매를 그린다.

2. 윙드 커프스를 그린다.

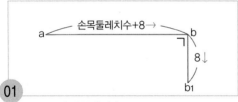

01

a~b=손목둘레치수+8cm
직각자를 대고 a점에서 수평으로 손목둘레
치수+8cm의 커프스 솔기선(b)을 그린 다음,
b점에서 직각으로 8cm 커프스 폭선(b1)을
내려 그린다.

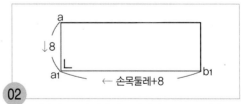

02

직각자를 뒤집어서 a점에서 8cm 내려온 a1
점에 직각자의 모서리를 대고 b1점과 연결하
여 커프스 폭선과 커프스 단선을 그린다.

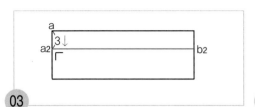

03

a~a2=3cm
a점에서 3cm 내려와 커프스 꺾임선 위치
(a2)를 표시하고 직각으로 b의 커프스 폭선
까지 커프스 꺾임선(b2)을 그린다.

04

a1~a3, b1~b3=1cm
a1점과 b1점에서 각각 1cm씩 커프스 단선
(a3, b3)을 연장시켜 그린다.

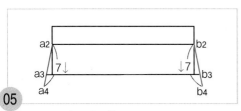

05

a2~a4, b2~b4=7cm
a2점과 a3점, b2점과 b3점을 각각 직선자로
연결하여 a2점과 b2점에서 각각 7cm(조정가
능치수) 커프스 폭 완성선(a4, b4)을 그린다.

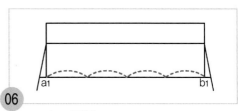

06

a1~b1=4등분
a1점에서 b1점까지를 4등분한다.

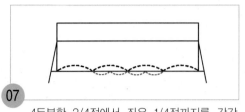

07

4등분한 2/4점에서 좌우 1/4점까지를 각각
2등분한다.

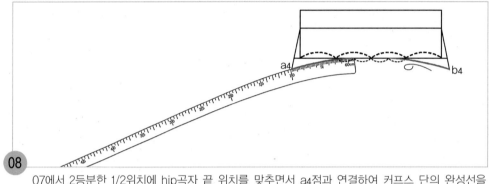

a4

b4

08

07에서 2등분한 1/2위치에 hip곡자 끝 위치를 맞추면서 a4점과 연결하여 커프스 단의 완성선을
그린 다음, hip곡자를 반대쪽으로 뒤집어서 같은 방법으로 b4점 쪽의 커프스 단의 완성선을 그
린다.

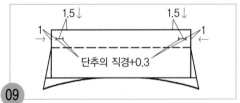

1.5↓   1.5↓

1   1

단추의 직경+0.3

09

커프스의 솔기선에서 1.5cm, 커프스 폭선에
서 1cm씩 들어가 단춧구멍 위치를 표시한다.

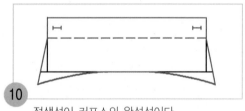

10

적색선이 커프스의 완성선이다.

패턴 분리하기 ···▶

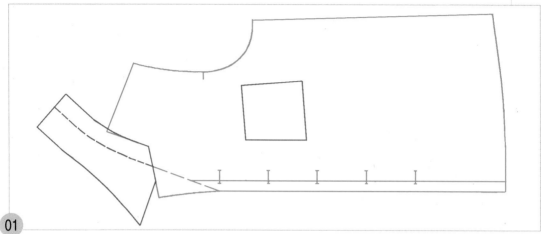

01 칼라와 주머니를 새 패턴지에 옮겨 그리고, 옮겨 그린 칼라와 주머니의 완성선을 따라 오려내어 원래의 패턴 위에 얹어 패턴에 차이가 없는지 확인한다. 칼라와 주머니의 패턴이 옮겨졌으면, 청색선인 앞 몸판을 완성선을 따라 오려낸다. 이때 옆 목점 쪽에서 적색선인 칼라선을 따라 오리지 않도록 주의한다.

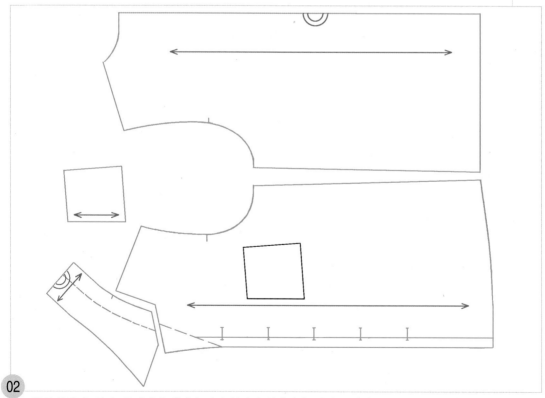

02 앞뒤 몸판과, 칼라, 주머니의 패턴이 각각 분리된 상태이다. 앞뒤 몸판과, 칼라, 주머니에 식서방향 표시를 넣고, 뒤 몸판의 뒤 중심선과 칼라의 뒤 중심선에 골선표시를 넣는다.

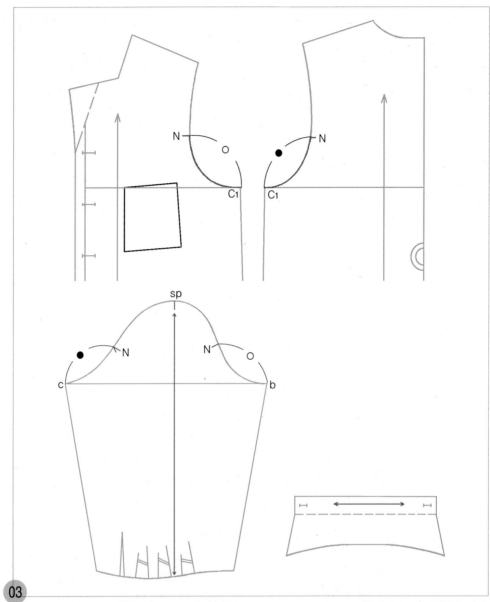

03

앞뒤 몸판의 소매 맞춤 표시점(N)에서 위 가슴둘레선의 옆선 쪽 끝점(C₁)까지의 진동둘레선 길이
를 각각 재어, 소매의 앞뒤 소매폭점에서 소매산 곡선을 따라 올라가 소매 맞춤 표시(N)을 넣고,
소매산점(sp)의 소매 중심선과, 커프스에 식서방향 표시를 한다.

U넥 라인 | 민소매 블라우스

U Neck Line | Sleeve-less Blouse

■■■ B.L.O.U.S.E 12

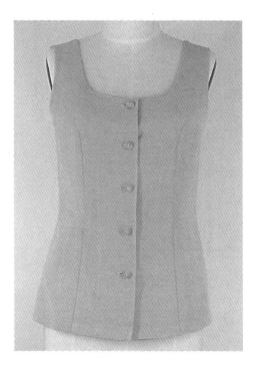
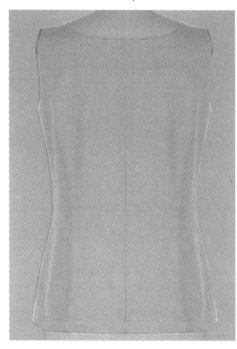

실루엣 ●●● 앞 부분을 U자 형으로 깊이 판 U넥 라인과 소매가 없이 허리를 피트시킨 오버블라우스식으로 착용하는 시원하고 세련된 느낌의 블라우스이다.

소 재 ●●● 소매가 없고 앞 목둘레가 깊이 파인 여름용 블라우스이므로 면이나 마, 얇은 울 소재인 트로피컬과 같은 소재가 적합하나 화섬류도 많이 사용된다.

포인트 ●●● 앞뒤 넥라인을 깊이 파면 목둘레가 뜨기 때문에 뜨는 분량을 없애 주어야 한다. 이 뜨는 분량을 없애는 방법과 민소매의 제도법을 배운다.

제도 치수 구하기 ····▷

계측 부위	계측 치수의 예	자신의 계측 치수	제도 각자 사용 시의 제도 치수	일반 자 사용 시의 제도 치수	자신의 제도 치수
가슴둘레(B)	86cm		$B°/2$	$B/4$	
허리둘레(W)	66cm		$W°/2$	$W/4$	
엉덩이둘레(H)	94cm		$H°/2$	$H/4$	
등길이	38cm		치수 38cm		
앞길이	41cm		41cm		
뒤품	34cm		뒤 품/2=17		
앞품	32cm		앞 품/2=16		
유두 길이	25cm		25cm		
유두 간격	18cm		유두 간격/2=9		
어깨너비	37cm		어깨 너비/2=18.5		
블라우스 길이	58cm		계측한 등길이+20cm		
앞/뒤 위 가슴둘레선		산출치수	$(B°/2)+1.2cm$	$(B/4)+1.2cm=22.7cm$	
밑단선 뒤			$(H°/2)+0.6cm$	$(H/4)+0.6cm=24.1cm$	
앞			$(H°/2)+2cm$	$(H/4)+2cm=25.5cm$	

01 자신의 각 계측부위를 계측하여 빈칸에 넣어두고 제도치수를 구하여 둔다.

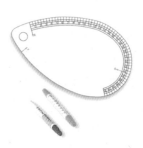

뒤판 제도하기 ···▶

1. 뒤 중심선과 밑단선을 그린다.

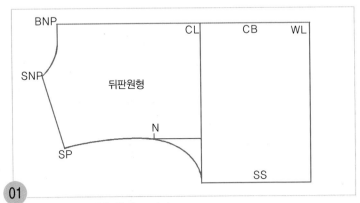

01

뒤판의 원형선을 옮겨 그린다.

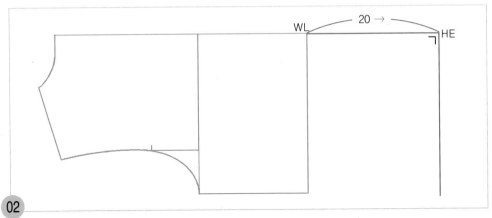

02

WL~HE=20cm

뒤 원형의 뒤 중심 쪽 허리선(WL)에서 수평으로 20cm 뒤 중심 안내선(HE)을 연장시켜 직각으로
밑단선을 내려 그린다.

2. 뒤 중심 완성선을 그린다.

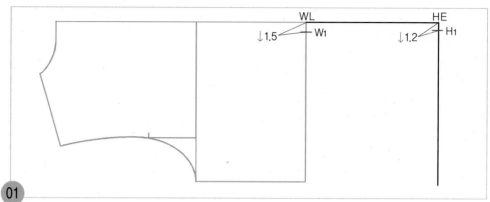

01

WL~W₁=1.5cm, HE~H₁=1.2cm 원형의 뒤 중심 쪽 허리선에서 1.5cm 내려와 뒤 중심선을 그릴 안내점(W₁)을 표시하고, 뒤 중심 쪽 밑단선 끝점(HE)에서 1.2cm 내려와 뒤 중심선 끝점(H₁)을 표시한다.

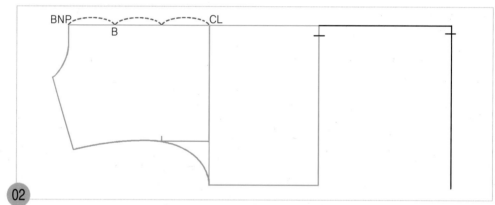

02

B=BNP~CL의 1/3 원형의 뒤 목점(BNP)에서 위 가슴둘레선(CL)까지를 3등분하여, 뒤 목점 쪽 1/3 위치에 뒤 중심 완성선을 그릴 안내점(B)을 표시한다.

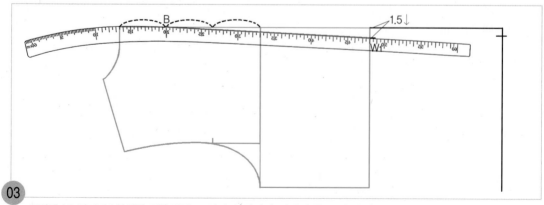

03

B점에 hip곡자 20위치를 맞추면서 W₁점과 연결하여 허리선 위쪽 뒤 중심 완성선을 그린다.

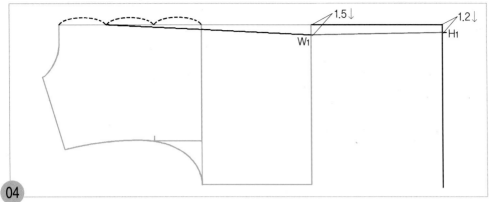

04 W₁점과 H₁점 두 점을 직선자로 연결하여 허리선 아래쪽 뒤 중심 완성선을 그린다.

3. 옆선의 완성선을 그린다.

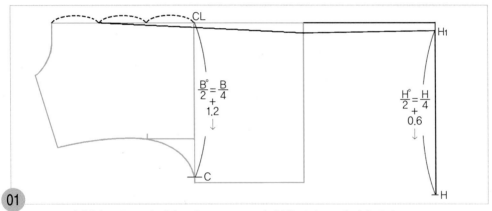

01 CL~C=(B°/2)+1.2cm=(B/4)+1.2cm, H₁~H=(H°/2)+0.6cm=(H/4)+0.6cm

원형의 위 가슴둘레선 뒤 중심 쪽 끝점(CL)에서 (B°/2)+1.2cm=(B/4)+1.2cm 한 치수를 내려와 옆선쪽 위 가슴둘레선 끝점(C)을 표시하고, H₁점에서 (H°/2)+0.6cm=(H/4)+0.6cm한 치수를 내려와 옆선 쪽 밑단선 끝점(H)을 표시한다.

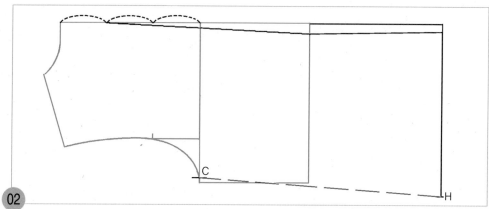

02 C점과 H점 두 점을 직선자로 연결하여 옆선의 안내선을 점선으로 그린다.

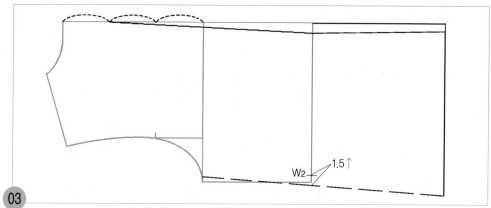

03 원형의 허리선과 02에서 그린 옆선의 안내선과의 교점에서 1.5cm 올라가 옆선의 완성선을 그릴 안내점(W2)을 표시한다.

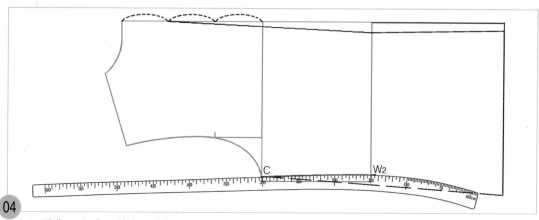

04 W2점에 hip곡자 15위치를 맞추면서 C점과 연결하여 허리선 위쪽 옆선의 완성선을 그린다.

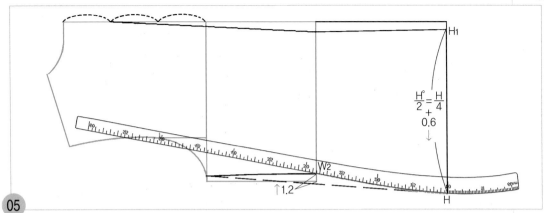

05

H점에 hip곡자 10위치를 맞추면서 W2점과 연결하여 허리선 아래쪽 옆선의 완성선을 그린다.

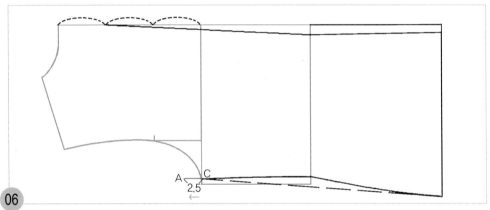

06

C~A=2.5cm C점에서 수평으로 2.5cm 허리선 위쪽 옆선의 완성선(A)을 연장시켜 그린다.

4. 진동둘레선을 그린다.

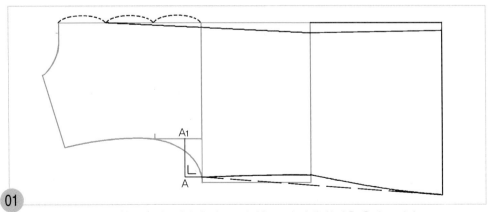

01

A점에서 직각으로 원형의 뒤품선까지 진동둘레선을 그릴 안내선(A1)을 올려 그린다.

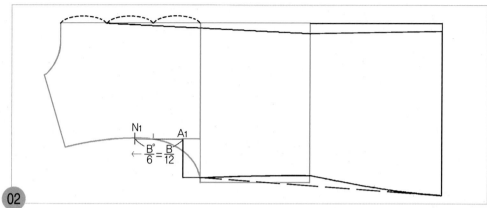

02

A₁~N₁=B°/6=B/12

A₁점에서 B°/6=B/12 치수를 어깨선 쪽으로 나가 진동둘레선을 그릴 안내점(N₁)을 표시한다.

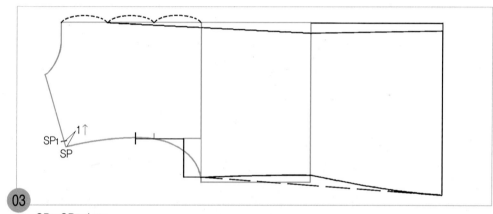

03

SP~SP₁=1cm

원형의 어깨끝점(SP)에서 어깨선을 따라 1cm 올라가 수정할 어깨끝점 위치(SP₁)를 표시한다.

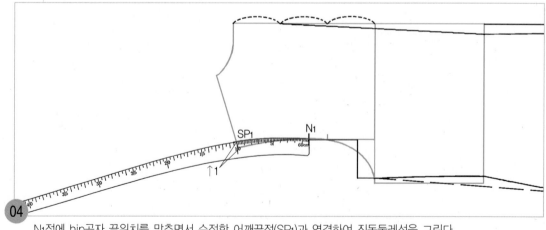

04

N₁점에 hip곡자 끝위치를 맞추면서 수정한 어깨끝점(SP₁)과 연결하여 진동둘레선을 그린다.

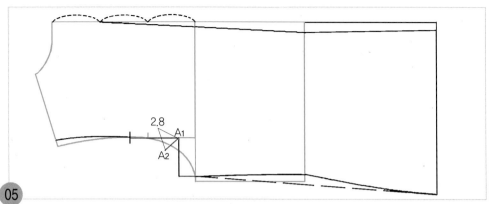

05

A₁~A₂=2.8cm A점에서 45도 각도로 2.8cm의 진동둘레선을 그릴 통과선(A₂)을 그린다.

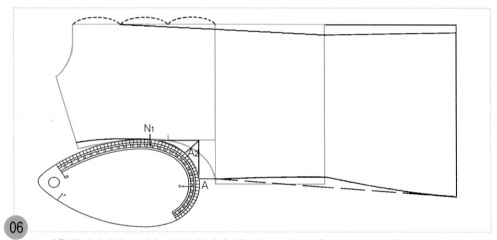

06

A₂점을 통과하면서 N₁점과 A점이 연결되도록 뒤 AH자로 맞추어 진동둘레선을 그린다.

5. 뒤 목둘레 선을 그린다.

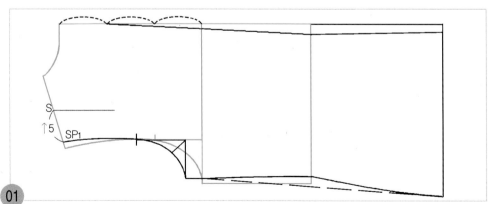

01

SP₁~S=5cm 수정한 어깨끝점(SP₁)에서 어깨선을 따라 5cm 올라가 수정할 옆 목점 위치(S)를 표시하고, 수평으로 뒤 목둘레선을 수정할 안내선을 그린다.

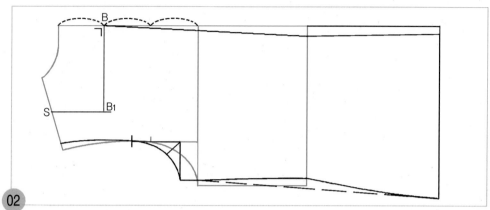

02

뒤 중심 쪽의 B점에서 직각으로 01에서 그린 안내선까지 뒤 목둘레선을 그릴 안내선을 내려 그리고, 그 교점을 B1점으로 한다.

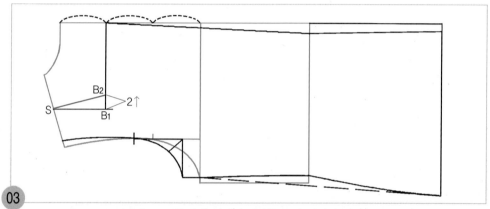

03

B1~B2=2cm B1점에서 2cm 올라가 뒤 목둘레선을 그릴 안내점 위치(B2)를 표시하고 S점과 직선자로 연결하여 뒤 목둘레선을 그린다.

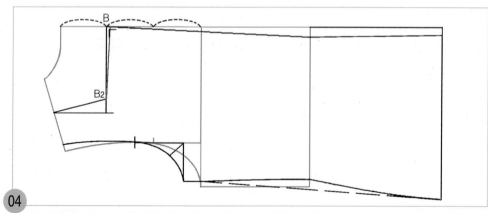

04

뒤 목둘레선이 뜨지 않도록 하기 위해 B점에서 뒤 중심 완성선에 직각으로 B2점과 연결하여 뒤 목둘레선을 그린다.

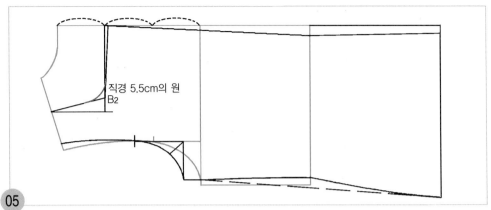

05

B2점의 각진 부분을 직경 5.5cm 정도의 자로 연결하여 뒤 목둘레 완성선을 곡선으로 수정한다.

6. 뒤 패널라인을 그린다.

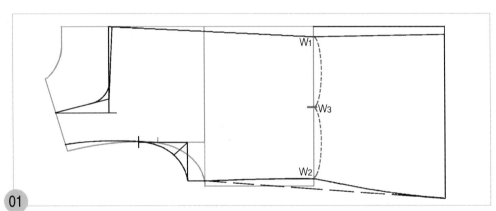

01

W3=W1~W2의 1/2 허리선의 W1점에서 W2점까지를 2등분하여 1/2 위치에 옆선 쪽 패널라인을 그릴 통과점(W3)을 표시한다.

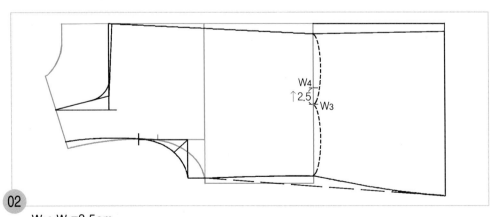

02

W3~W4=2.5cm
W3점에서 뒤 중심 쪽으로 2.5cm 올라가 뒤 중심 쪽 패널라인을 그릴 통과점(W4)을 표시한다.

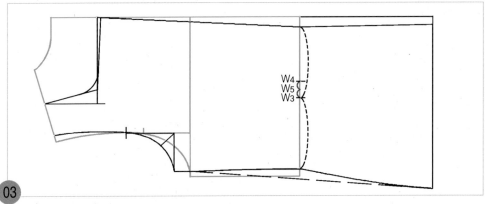

03

W5=W3~W4의 1/2

W3점에서 W4점까지를 2등분하여 1/2 위치에 패널라인 중심선을 그릴 안내점(W5)을 표시한다.

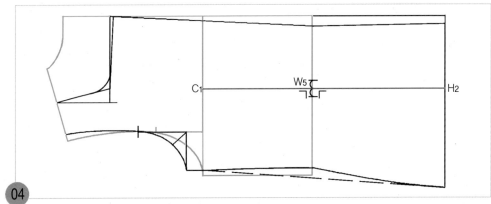

04

W5점에서 직각으로 위 가슴둘레선(CL)까지 패널라인 중심선(C1)을 그린 다음, 다시 W5점에서 직각으로 밑단선까지 패널라인 중심선(H2)을 그린다.

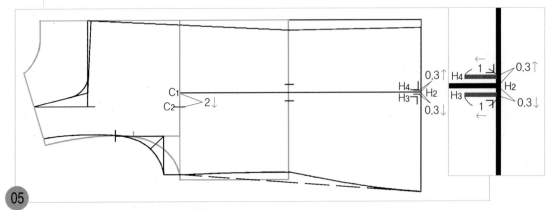

05

C1~C2=2cm, H2~H3, H2~H4=0.3cm

위 가슴둘레선의 패널라인 중심선 끝점(C1)에서 2cm 내려와 뒤 중심 쪽 패널라인을 그릴 통과점 (C2)을 표시하고, 밑단선의 패널라인 중심선 끝점(H2)에서 0.3cm 내려와 직각으로 1cm 옆선 쪽 패널라인(H3) 그리고, H2점에서 0.3cm 내려와 직각으로 1cm 뒤 중심 쪽 패널라인(H4)을 그려둔다.

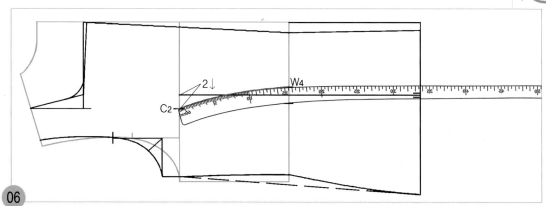

06 C2점에 hip곡자 끝 위치를 맞추면서 허리선의 W4점과 연결하여 뒤 중심 쪽의 허리선 위쪽 패널라인을 그린다.

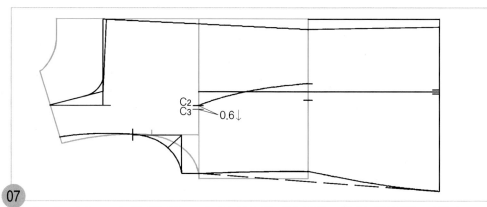

07 **C₂∼C₃=0.6cm** C2점에서 0.6cm 내려와 옆선 쪽 패널라인을 그릴 통과점(C3)을 표시한다.

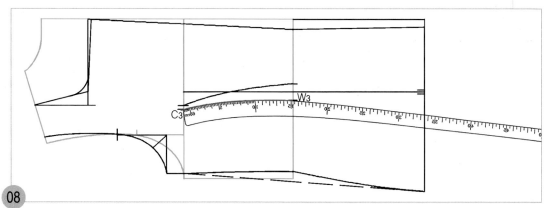

08 C3점에 hip곡자 끝 위치를 맞추면서 허리선의 W3점과 연결하여 옆선 쪽의 허리선 위쪽 패널라인을 그린다.

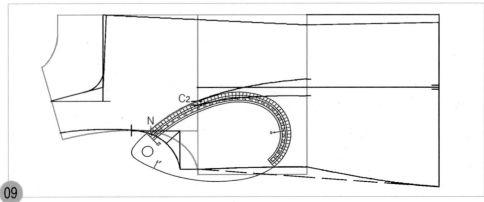

09

C2점과 원형의 N점 두 점을 뒤 AH자 쪽으로 연결하여 진동둘레선(AH)까지 남은 뒤 중심 쪽의 허리선 위쪽 패널라인을 그린다.

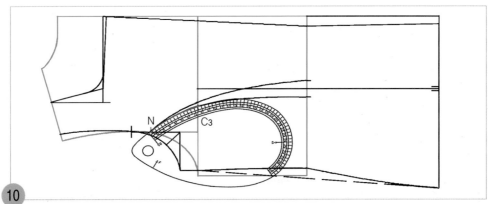

10

C3점과 원형의 N점 두 점을 뒤 AH자 쪽으로 연결하여 진동둘레선(AH)까지 남은 옆선 쪽의 허리선 위쪽 패널라인을 그린다.

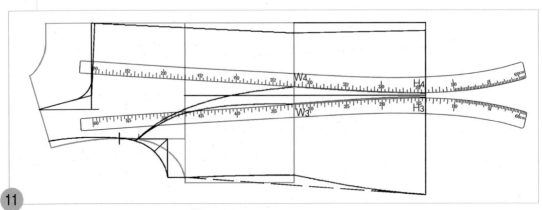

11

W3~H3, W4~H4=허리선 아래쪽 패널라인
밑단선의 H3점에 hip곡자 15위치를 맞추면서 허리선의 W3점과 연결하여 옆선 쪽의 허리선 아래쪽 패널라인을 그린 다음 hip곡자를 수직반전하여 H4점에 hip곡자 15위치를 맞추면서 허리선의 W4점과 연결하여 뒤 중심 쪽의 허리선 아래쪽 패널라인을 그린다.

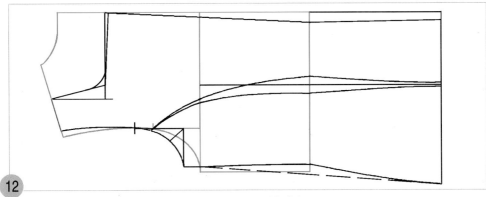

12 적색선으로 표시된 어깨선은 원형의 선을 그대로 사용한다.

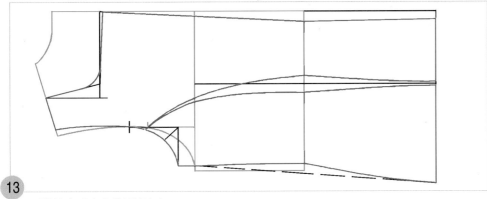

13 적색선이 뒤판의 완성선이다.

앞판 제도하기

1. 앞 중심선과 밑단의 안내선을 그린다.

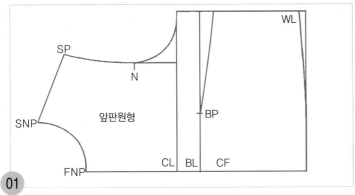

01 앞판의 원형선을 옮겨 그린다.

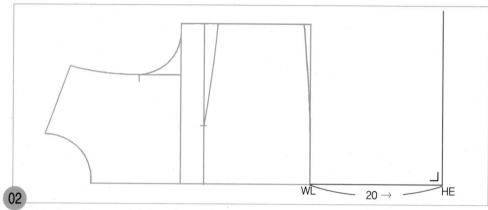

02

WL~HE=20cm 직각자를 대고 앞 원형의 WL점에서 수평으로 20cm 앞 중심선(HE)을 연장시켜 그리고, 직각으로 밑단의 안내선을 올려 그린다.

2. 옆선의 완성선을 그린다.

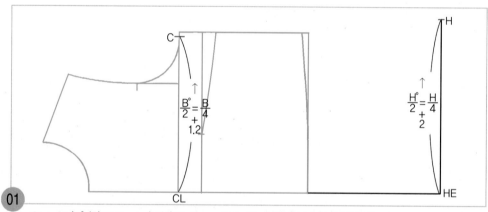

01

CL~C=(B°/2)+1.2cm=(B/4)+1.2cm, HE~H=(H°/2)+2cm=(H/4)+2cm
원형의 위 가슴둘레선(CL)의 앞 중심 쪽에서 옆선 쪽으로 (B°/2)+1.2cm=(B/4)+1.2cm한 치수를 올라가 옆선을 그릴 안내점(C)을 표시하고, 앞 중심 쪽 밑단선 끝점(HE)에서 (H°/2)+2cm=(H/4)+2cm한 치수를 올라가 옆선을 그릴 밑단선 끝점(H)을 표시한다.

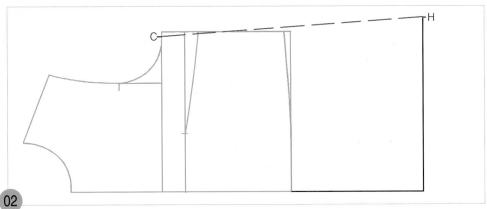

02 01에서 표시한 C점과 H점 두 점을 직선자로 연결하여 점선으로 옆선의 안내선을 그린다.

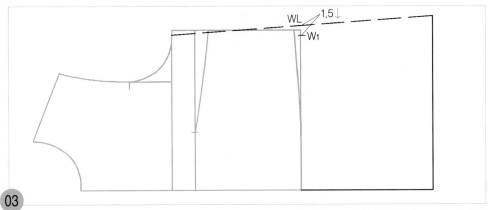

03 **WL~W₁=1.5cm** 02에서 그린 옆선의 안내선과 원형의 옆선 쪽 허리안내선과의 교점(WL)에서 1.5cm 내려와 옆선의 완성선을 그릴 안내점(W₁)을 표시한다.

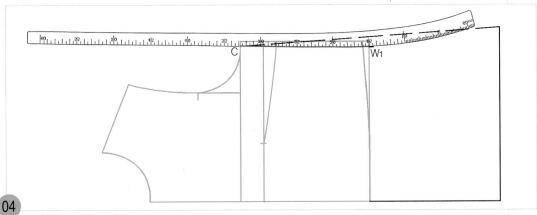

04 W₁점에 hip곡자 15위치를 맞추면서 C점과 연결하여 허리선 위쪽 옆선의 완성선을 그린다.

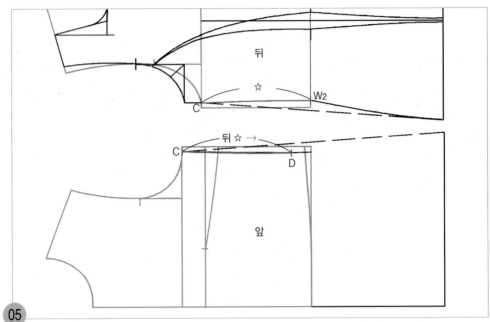

05

C~D=뒤판의 C~W₂의 옆선길이(☆)

뒤판의 C점에서 W₂점까지의 옆선길이를 재어(☆), 앞판의 C점에서 옆선의 완성선을 따라 나가 가슴다트량을 구할 안내점(D)을 표시한다.

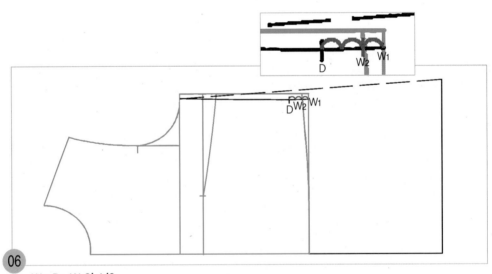

06

W₂=D~W₁의 1/3

D점에서 W₁점까지를 3등분하여 W₁점 쪽 1/3 위치에 허리선점(W₂)을 표시한다.

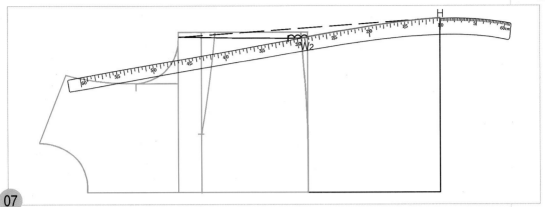

07

H점에 hip곡자 10위치를 맞추면서 W₂점과 연결하여 옆선의 완성선을 그린다.

3. 밑단의 완성선과 가슴다트선을 그린다.

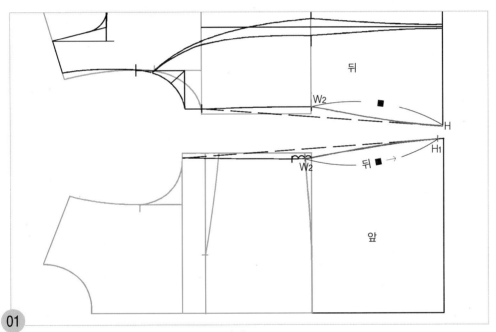

01

W₂~H₁=뒤판의 W₂~H점까지의 옆선길이(■)

뒤판의 W점에서 H점까지의 옆선길이(■)를 재어, 그 치수(■)를 앞판의 옆선 쪽 허리선점(W₂)에서
옆선의 완성선을 따라나가 밑단의 완성선을 그릴 옆선의 끝점(H₁)을 표시한다.

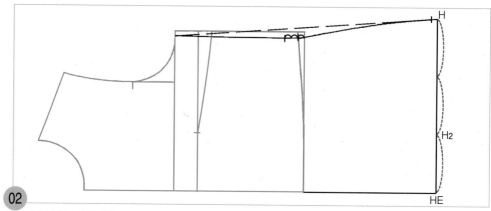

02

H2=HE~H의 1/3

밑단의 안내선(HE~H)을 3등분하여 앞 중심 쪽 1/3위치에 밑단의 완성선을 그릴 연결점 위치(H2)
를 표시한다.

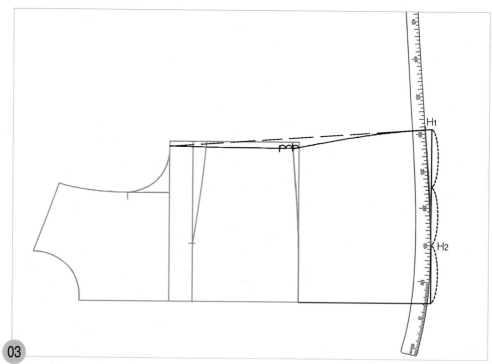

03

H2점에 hip곡자 15위치를 맞추면서 H1점과 연결하여 밑단의 완성선을 그린다.

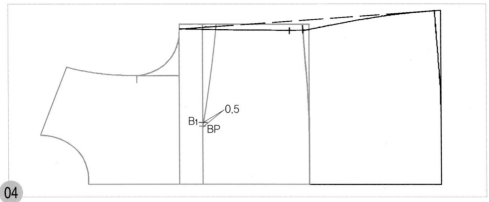

04

BP~B$_1$=0.5cm 원형의 유두점(BP)에서 0.5cm 올라가 가슴다트 끝점(B$_1$)을 표시한다.

05

원형의 옆선 쪽 가슴다트점(D$_1$)에 hip곡자 20 위치를 맞추면서 가슴다트 끝점(B$_1$)과 연결하여 가슴다트선을 그린다.

4. 진동둘레선을 그린다.

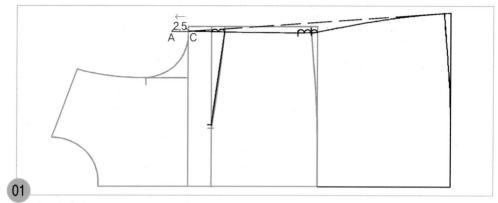

01

C~A=2.5cm

위 가슴둘레선의 옆선 쪽 끝점(C)에서 수평으로 2.5cm 옆선의 완성선(A)을 연장시켜 그린다.

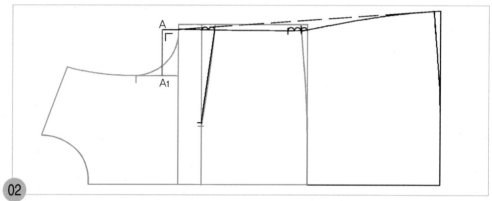

02

A점에서 직각으로 원형의 앞품선까지 진동둘레선을 수정할 안내선(A₁)을 내려 그린다.

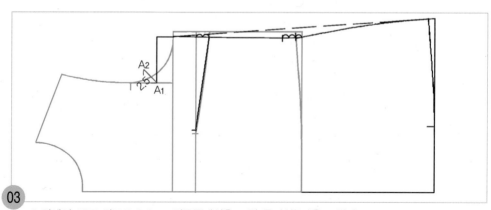

03

A₁점에서 45도 각도로 2.5cm 진동둘레선을 그릴 통과선(A₂)을 그린다.

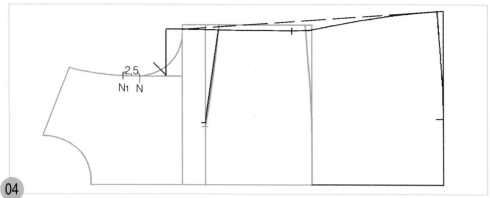

04

N~N₁=2.5cm　원형의 소매맞춤 표시점(N)에서 어깨선 쪽으로 2.5cm 나가 진동둘레선을 그릴
연결점 위치(N₁)를 표시한다.

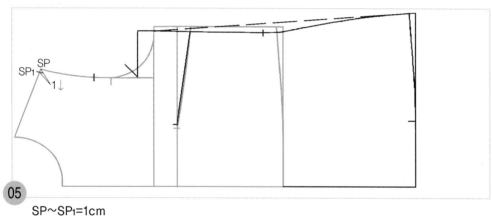

05

SP~SP₁=1cm
원형의 어깨끝점(SP)에서 어깨선을 따라 1cm 내려와 수정할 어깨끝점 위치(SP₁)를 표시한다.

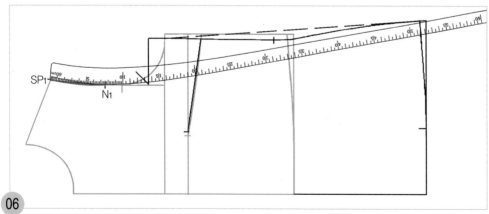

06

이동한 어깨끝점(SP₁)에 hip곡자 끝 위치를 맞추면서 N₁점과 연결하여 어깨선 쪽 진동둘레선을
그린다.

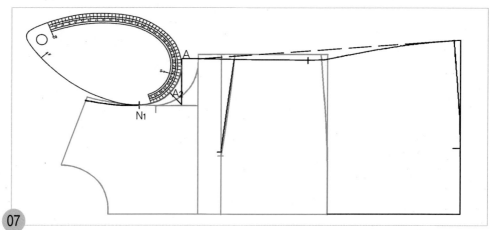

07 A2점을 통과하면서 A점과 N1점이 연결되도록 앞 AH자 쪽으로 맞추어 남은 진동둘레선을 그린다.

5. 앞목둘레선을 그린다.

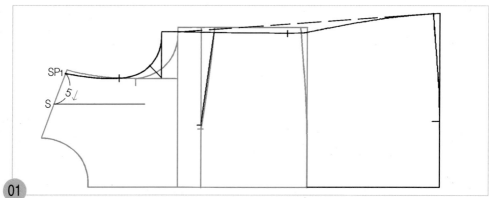

01 **SP1~S=5cm(원하는 어깨너비로 조정 가능)** 이동한 어깨끝점(SP1)에서 어깨선을 따라 5cm 내려와 수정할 옆 목점 위치(S)를 표시하고 수평으로 앞 목둘레선을 그릴 안내선을 길게 그려둔다.

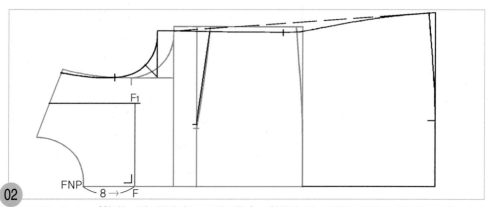

02 **FNP~F=8cm(원하는 앞 목깊이로 조정 가능)** 원형의 앞 목점(FNP)에서 앞 중심선을 따라 8cm 나가 수정할 앞 목점 위치(F)를 표시하고, 직각으로 01에서 그린 안내선까지 앞 목둘레선(F1)을 올려 그린다.

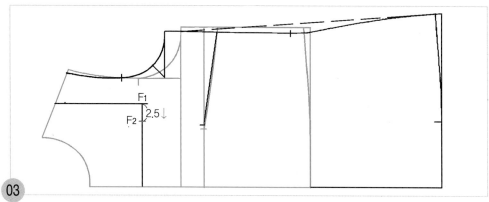

03

F₁~F₂=2.5cm F₁점에서 2.5cm 내려와 앞 목둘레선을 그릴 안내점(F₂)을 표시한다.

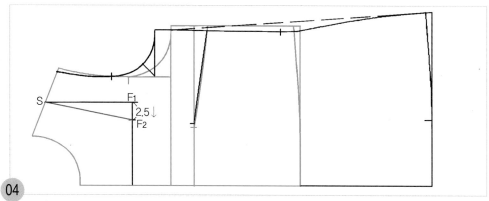

04

S점과 F₂점 두 점을 직선자로 연결하여 앞 목둘레 완성선을 그린다.

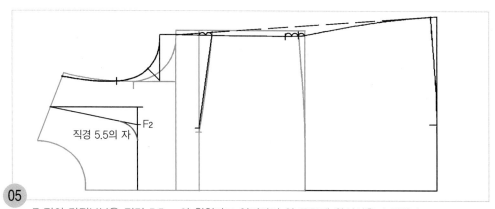

05

F₂점의 각진부분을 직경 5.5cm의 원형자로 연결하여 앞 목둘레 완성선을 수정한다.

6. 앞 패널라인을 그린다.

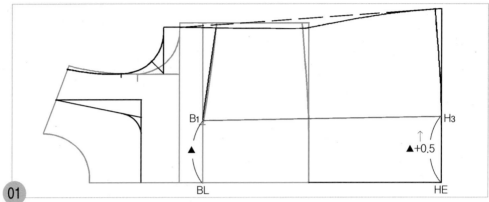

01

HE~H₃=BL~B₁길이(▲)+0.5cm　가슴둘레선(BL)의 앞 중심 쪽에서 가슴다트 끝점(B₁)까지의 길이(▲)를 재어, 앞 중심 쪽 밑단선 끝점(HE)에서 ▲+0.5cm한 치수를 올라가 밑단선 쪽 패널라인 중심선 위치(H₃)를 표시하고 B₁점과 직선자로 연결하여 패널라인 중심선을 그린다.

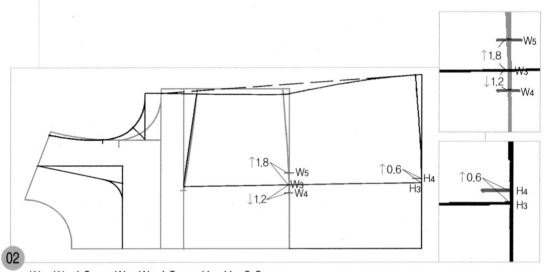

02

W₃~W₄=1.2cm, W₃~W₅=1.8cm, H₃~H₄=0.6cm
01에서 그린 패널라인 중심선과 허리선과의 교점(W₃)에서 1.2cm 내려와 앞 중심 쪽 패널라인을 그릴 안내점(W₄)을 표시하고, W₃점에서 1.8cm 올라가 옆선 쪽 패널라인을 그릴 안내점(W₄)을 표시한 다음, 밑단선 쪽 패널라인 중심선 끝점(H₃)에서 0.6cm 올라가 옆선 쪽 패널라인을 그릴 안내점(H₄)을 표시한다.

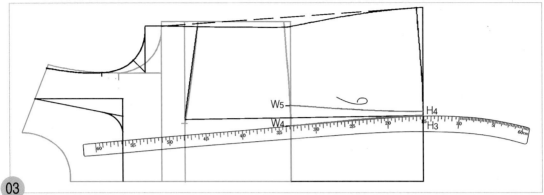

03 H3점에 hip곡자 15 위치를 맞추면서 W4점과 연결하여 앞 중심 쪽의 허리선 아래쪽 패널라인을 그린 다음,
hip곡자를 수직 반전하여 H4점에 hip곡자 15위치를 맞추면서 W5점과 연결하여 옆선 쪽의 허리선 아래쪽 패
널라인을 그린다.

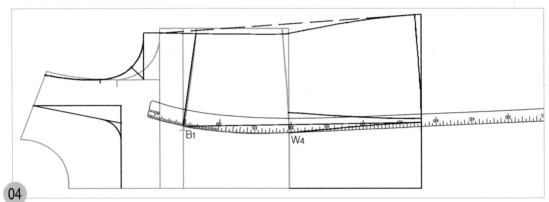

04 가슴다트 끝점(B1)에 hip곡자 5 위치를 맞추면서 W4점과 연결하여 앞 중심 쪽의 허리선 위쪽 패널라인을 그
린다.

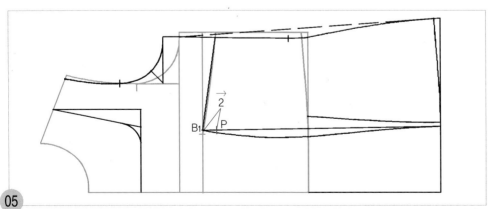

05 **B1~P=2cm** 가슴다트 끝점(B1)에서 패널라인 중심선을 따라 2cm 나가 옆선 쪽 패널라인을 그
릴 안내점(P)을 표시한다.

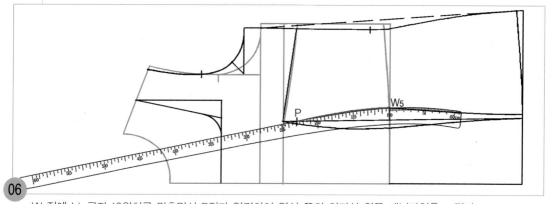

06

W5점에 hip곡자 10위치를 맞추면서 P점과 연결하여 옆선 쪽의 허리선 위쪽 패널라인을 그린다.

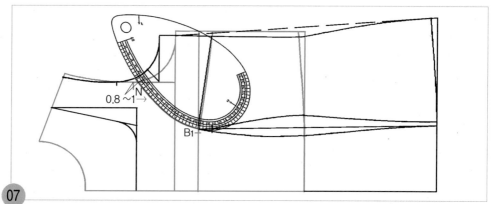

07

원형의 소매맞춤 표시점(N)에서 위 가슴둘레선 쪽으로 0.8~1cm 나간 위치와 B1점을 AH자로 연결하여 앞 중심 쪽 패널라인을 완성한다.

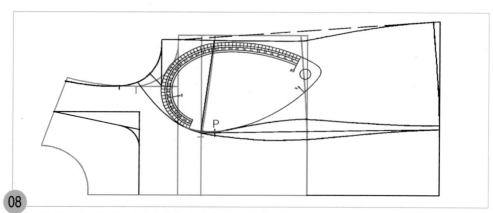

08

P점 위치의 옆선 쪽 패널라인이 각지지 않고 자연스런 곡선으로 연결되도록 07에서 그린 패널라인과 06에서 그린 패널라인을 AH자로 연결하여 옆선 쪽 패널라인을 완성한다.

7. 앞 여밈선을 그리고, 단춧구멍 위치를 표시한다.

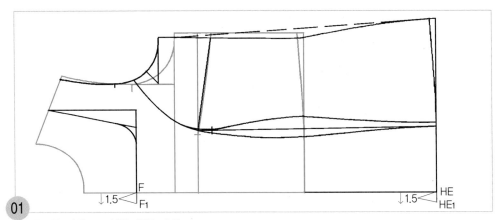

01

F〜F₁=1.5cm, HE〜HE₁=1.5cm
수정한 앞 목점 위치(F)와 밑단선 끝점(HE)에서 각각 1.5cm씩 앞 여밈폭선(F₁, HE₁)을 내려 그린다.

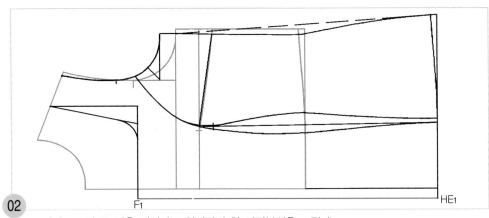

02

F₁점과 HE₁점 두 점을 직선자로 연결하여 앞 여밈분선을 그린다.

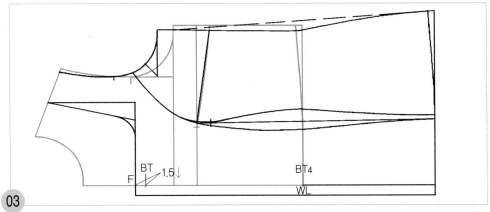

03

F〜BT=1.5cm 수정한 앞 목점(F)에서 1.5cm 나가 첫 번째 단춧구멍 위치(BT)를 표시하고, 허리
선 위치에 네 번째 단춧구멍 위치(BT₄)를 표시한다.

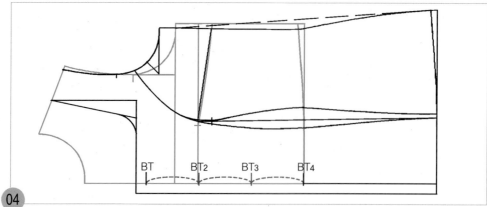

04 BT~BT4점까지를 3등분하고 각 등분점에서 두 번째 단춧구멍 위치(BT2)와 세 번째 단춧구멍 위치(BT3)를 표시한다.

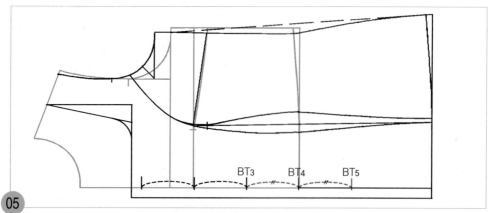

05 04에서 3등분한 1/3치수를 재어, 네 번째 단춧구멍 위치(BT4)에서 밑단선 쪽으로 앞 중심선을 따라나가 다섯 번째 단춧구멍 위치(BT5)를 표시한다.

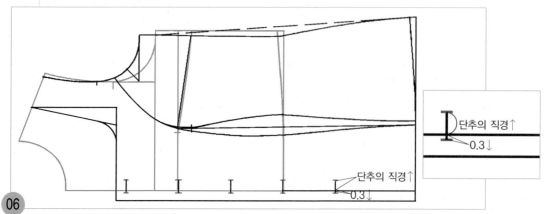

06 앞 중심선에서 0.3cm 내려와 각 단춧구멍 트임끝 위치를 표시하고, 앞 중심선에서 단추의 직경치수를 올라가 각 단춧구멍 트임끝 위치를 표시한다.

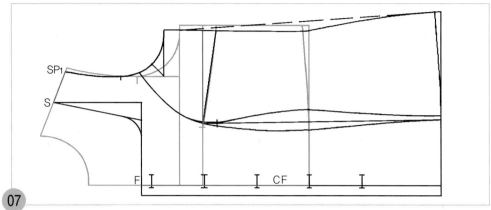

07

적색선으로 표시된 가슴둘레선(BL), 어깨선(SP₁~S), 앞 중심선(CF)은 원형의 선을 그대로 사용한다.

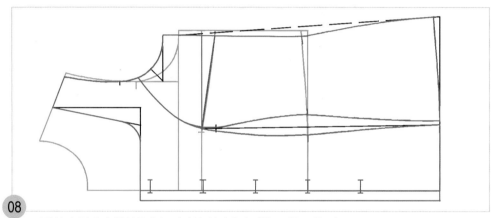

08

적색선이 앞판의 완성선이다. 허리선 위치에서 맞춤표시를 넣는다.

8. 앞뒤 안단선을 그린다.

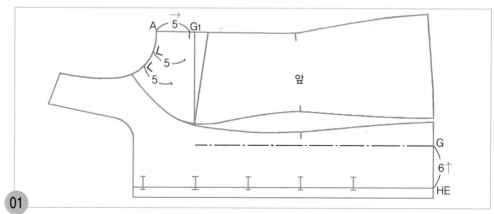

01

HE~G=6cm, A~G₁=5cm

앞 중심 쪽 밑단선끝점(HE)에서 6cm 올라가 안단선 위치(G)를 표시하고, 직각으로 가슴둘레선 (BL) 위치까지 앞 안단선을 그린 다음, 앞 옆선 쪽 진동둘레선 끝점(A)에서 5cm 옆선을 따라나가 안단선 위치(G₁)를 표시하고, 진동둘레선에 직각으로 5cm 나가 안단선을 그릴 통과점을 표시해 둔다.

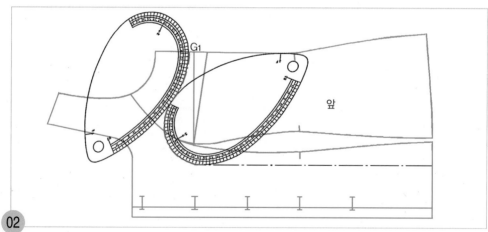

02

01에서 표시해둔 통과점에 맞추어 AH자로 연결하여 옆선 쪽 안단선을 그린 다음, 01에서 그린 안 단선과 자연스런 곡선으로 연결되도록 AH자로 맞추어 앞 안단선을 완성한다.

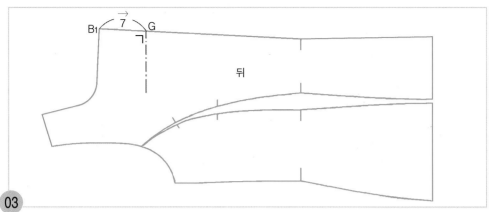

03

B₁~G=7cm 수정한 뒤 목점(B₁)에서 7cm 뒤 중심선을 따라나가 안단선 위치(G)를 표시하고, 직각으로 뒤 안단선을 내려 그린다.

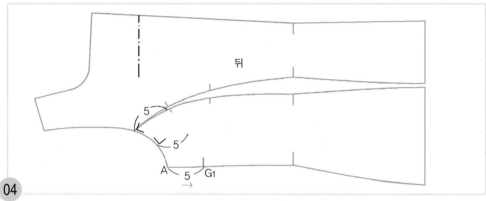

04

A~G₁=5cm 뒤 진동둘레선 옆선 쪽 끝점(A)에서 5cm 옆선을 따라나가 안단선 위치(G₁)를 표시하고, 진동둘레선에 직각으로 5cm 나가 안단선을 그릴 통과점을 표시해 둔다.

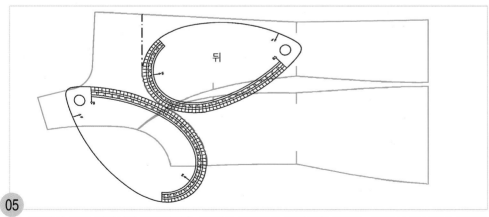

05

03에서 그린 안단선과 패널라인을 AH자로 연결하여 안단선을 그리고, 04에서 표시해둔 통과점끼리 연결하면서 먼저 그린 안단선과 자연스런 곡선으로 연결되도록 AH자로 맞추어 뒤 안단선을 완성한다.

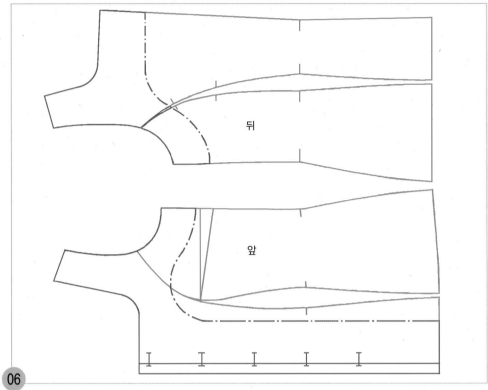

06

적색선이 앞뒤 안단의 완성선이다.

9. 앞 넥라인의 뜨는 분량을 수정한다.

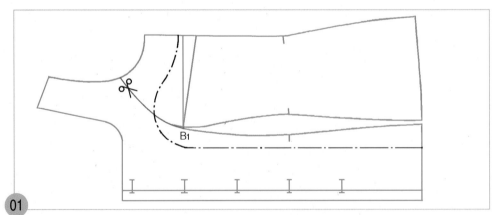

01

앞 진동둘레선의 패널라인 끝점에서 가슴다트 끝점(B₁)까지 패널라인을 자른다.

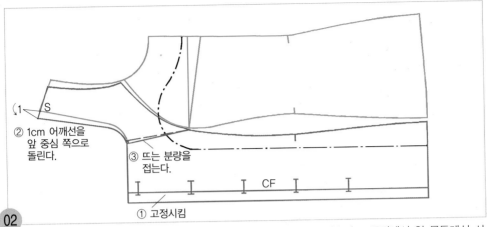

02

앞 중심 쪽을 고정시키고 수정한 옆 목점(S) 쪽을 1cm 내리면 가슴다트 끝점에서 앞 목둘레선 사
이가 뜨게 된다. 그 뜨는 분량을 접어 테이프로 고정시킨다.

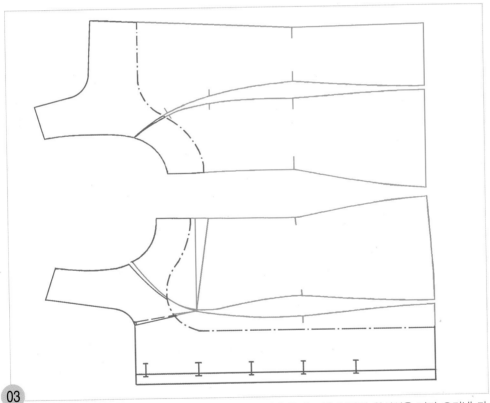

03

새 패턴지에 앞뒤 안단을 옮겨 그린 다음 새 패턴지에 옮겨 그린 안단의 완성선을 따라 오려낸 다
음, 원래의 패턴 위에 맞추어 얹어 패턴에 차이가 없는지 확인한다.

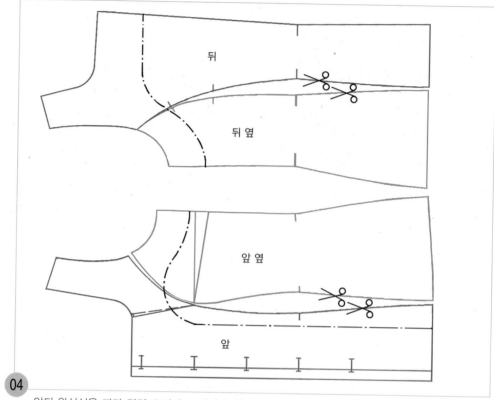

앞뒤 완성선을 따라 각각 오려내고 패널라인을 따라 오려낸다.

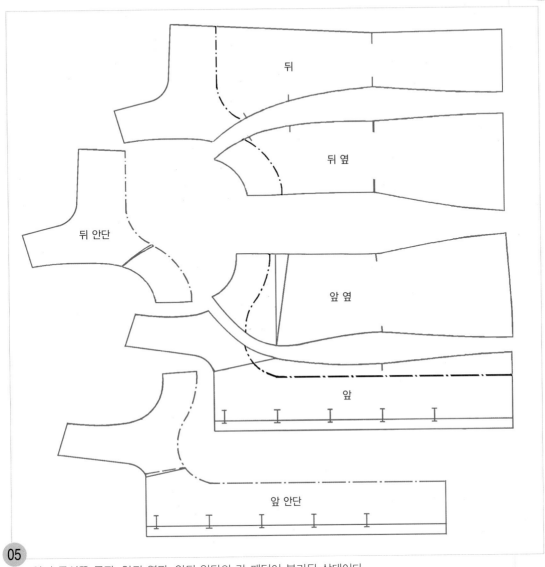

뒤

뒤 옆

뒤 안단

앞 옆

앞

앞 안단

앞뒤 중심쪽 몸판, 앞뒤 옆판, 앞뒤 안단의 각 패턴이 분리된 상태이다.

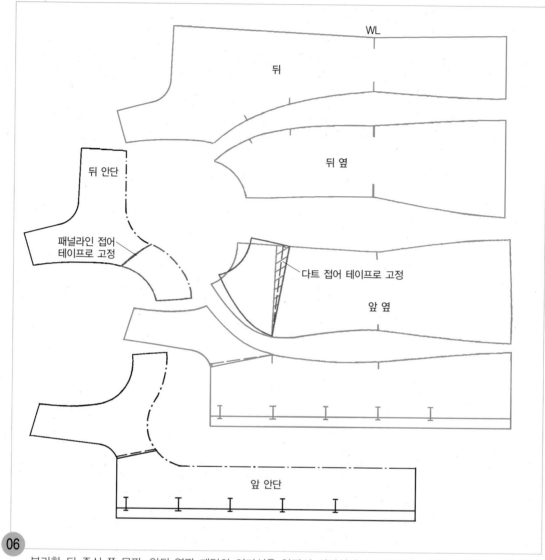

WL

뒤

뒤 옆

뒤 안단

패널라인 접어
테이프로 고정

다트 접어 테이프로 고정

앞 옆

앞 안단

06 분리한 뒤 중심 쪽 몸판, 앞뒤 옆판 패턴의 허리선을 앞판의 허리선에서 일직선이 되도록 배치하고, 뒤 안단의 패널라인, 앞 옆판의 가슴다트를 접어 테이프로 고정시킨다.

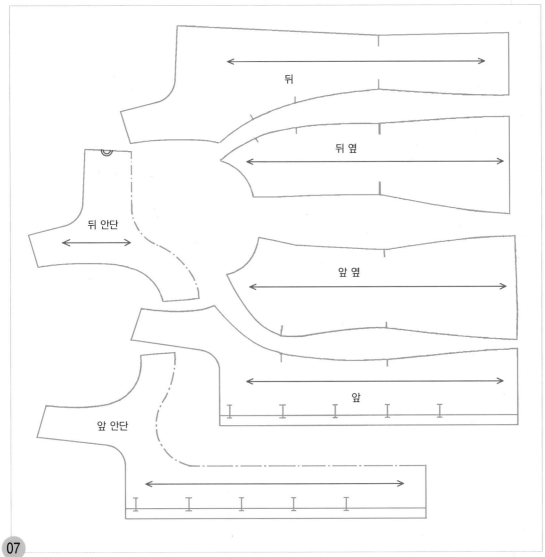

뒤

뒤 옆

뒤 안단

앞 옆

앞

앞 안단

뒤 안단의 뒤 중심선에 골선표시를 넣고, 각 패턴에 수평으로 식서방향 기호를 넣는다.

Lee Kwang Hoon

이 광 훈

- 홍익대학교 미술대학 섬유염색 전공 졸업
- 홍익대학교 미술대학원 섬유염색 전공 수료
- 홍익대학교 산업미술대학원 의상디자인 전공 수료
- 이훈 부띠끄 디자이너로 운영
- 홍익대학교 산업미술대학원, 중앙대학교, 건국대학교 강사 역임
- 현, 한서대학교 의상디자인학과 교수
  한국패션일러스트레이션협회 초대 회장 역임, 현 고문
  (사)한국패션문화협회 이사
  (사)한국의류기술 진흥협회 자문위원

  – 저서 : 「패션일러스트레이션으로 보는 크리에이티브 디자인의 발상방법」, 「재킷 제도법」
  – 전시 : 패션일러스트레이션 및 Art to wear에 관한 30여회의 전시 참여

Jung hye min

정 혜 민

- 일본 동경 문화여자대학교 가정학부 복장학과 졸업
- 일본 동경 문화여자대학 대학원 가정학연구과(피복학 석사)
- 일본 동경 문화여자대학 대학원 가정학연구과(피복환경학 박사)
- 경북대학교 사범대학 가정교육과 강사
- 성균관대학교 일반대학원 의상학과 강사
- 동양대학교 패션디자인학과 학과장 역임
- 동양대학교 패션디자인학과 조교수
- 현, 이제창작디자인연구소 소장

  – 저서 : 「패션디자인과 색채」, 「텍스타일의 기초 지식」, 「봉제기법의 기초 」
    「어린이 옷 만들기」, 「팬츠 만들기」, 「스커트 만들기」, 「팬츠 제도법」
    「스커트 제도법」, 「재킷 제도법」

Lim byung yeul

임 병 렬

- 서울 교남양장점 패션실장 역임(1961)
- 하이패션 클립 설립(1963)
- 관인 세기복장학원 설립,
  원장역임(1971~1982)
- 사단법인 한국학원 총연합회 서울복장교육협회 부회장 역임(1974)
- 노동부 양장직종 심사위원 국가기술검정위원(1971~1978)
- 국제기능올림픽 한국위원회 전국경기대회 양장직종 심사장(1982)
- 국제장애인기능올림픽대회 양장직종 국제심사위원(제4회 호주대회)
- 국제장애인기능올림픽대회 한국선수 인솔단(제1회, 제3회)
- (주)쉬크리 패션 생산 상무이사(1989~현재)
- 사단법인 한국의류기술진흥협회 부회장 역임, 현 고문

  – 상훈 : 제2회 국제기능올림픽대회 선수지도공로 부문 보건사회부장관상(1985),
    석탑산업훈장(1995), 제5회 국제장애인기능올림픽대회 종합우승 선수지도 부문
    노동부장관상(2000)

  – 저서 : 「팬츠 만들기」, 「스커트 만들기」, 「팬츠 제도법」, 「스커트 제도법」, 「재킷 제도법」

프로에게 자 사용법으로 쉽게 배우는

블라우스 제도법

이광훈 정혜민 임병렬 공저

2016년 8월 25일   2판 1쇄 발행

발행처 ＊ 전원문화사

발행인 ＊ 남병덕

등록 ＊ 1999년 11월 16일

　　　제1999-053호

서울시 강서구 화곡로 43가길 30. 2층

　　　T.02)6735-2100 F.6735-2103

E-mail ＊ jwonbook@naver.com

＊ 특허출원 10-2003-51985 ＊